공업열역학

박광서 · 오태균 공저

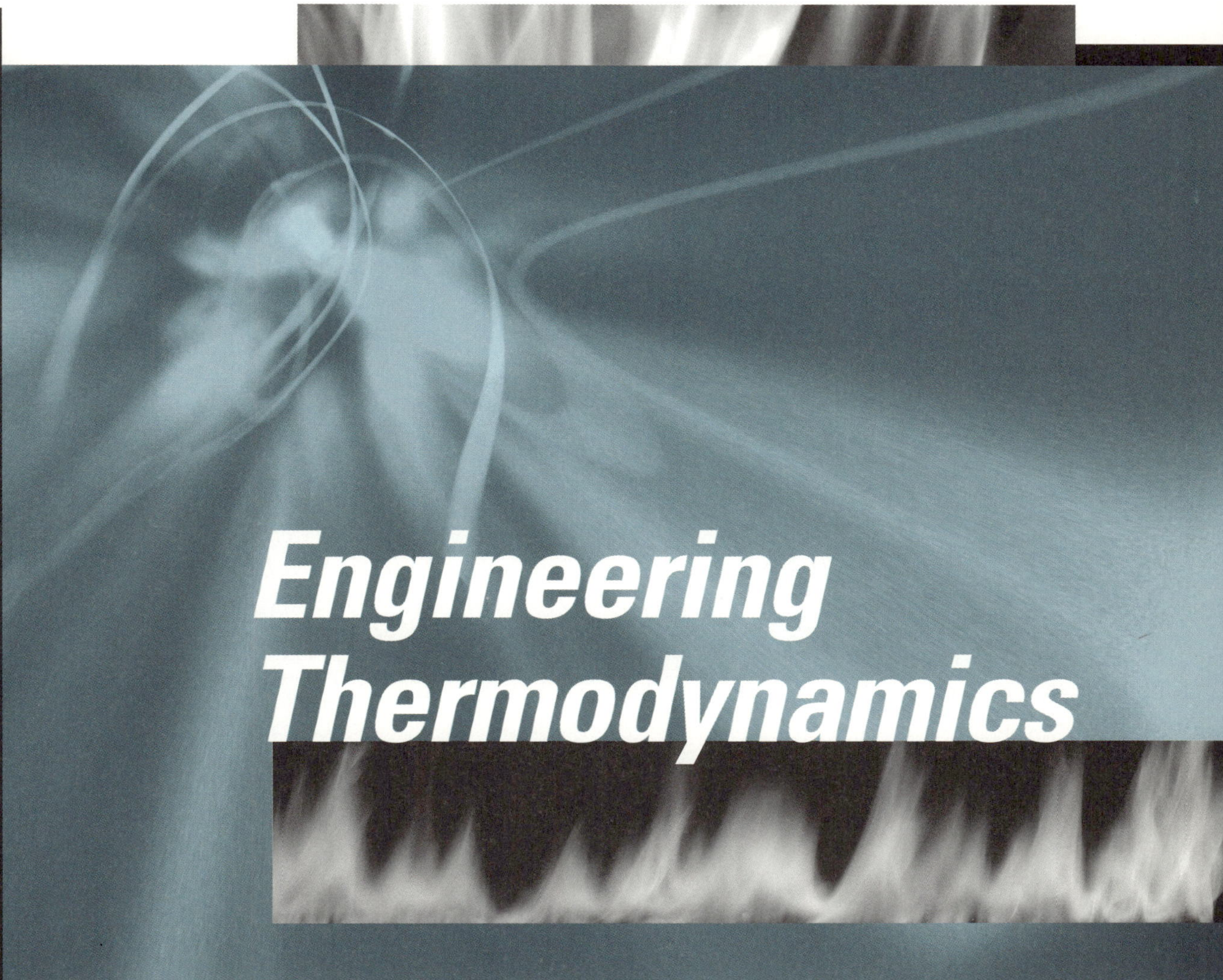

Engineering Thermodynamics

도서출판 대가

머리말

이 책은 대학에서 기계공학을 전공하는 학생들을 대상으로 한 학기 강의에 적절하도록 편찬한 교재이다. 열역학은 열과 일 그리고 이들을 다루는데 있어 필요한 여러 가지 상태량들을 다루는 학문으로, 18세기부터 연구가 시작되어 체계적으로 발전된 고전적 학문이라 이론적인 배경의 상당수는 고등학교까지 학생들이 많이 접했던 내용으로 구성되어 있다. 열역학은 기계공학을 전공하려는 학생들에게 가장 기초가 되고 반드시 이수해야 하는 학과목이고, 또한 기계공학의 응용 학문 분야인 내연기관과 냉동 및 공기조화, 자동차공학 등의 이론적인 바탕이 되는 학문이다.

요즘 대학에 입학하는 학생들은 기초학력이 크게 부족한 것으로 알려져 있다. 열역학은 경험을 근거로 성립된 상당히 체계적인 학문으로 다른 역학과목에 비하면 수학적인 서술이 적은 편이므로 이해하는데 비교적 용이하다. 시중에 출판되어 나오는 대부분의 열역학 교재는 대학에서 2개 학기 이상의 기간 동안 이수하는 내용으로 구성되어 있다. 이에 따라 대학원 과정을 이수하지 않는 학생들에게는 불필요한 내용이 상당수 포함되어 있으며, 열역학적 개념을 설명하는데 수학적으로 기술한 부분이 많아 기초 학력이 떨어지는 학생들이 학습하는데 어려움을 겪고 있다. 아직도 다수의 열역학 교재가 공학단위 위주로 기술되어 있는데, 이는 초, 중, 고등학교에서 익숙하게 배운 단위가 아니므로 단위에서의 연속성이 떨어지고 있다. 또한 최근 국가공인 자격증을 취득하는 시험에서도 국제단위계(SI)를 중심으로 문제가 출제되는 등 시대적 추세를 제대로 반영하지 못하고 있다. 이 책은 대학에서 열역학의 개념을 쉽게 이해할 수 있도록 꼭 필요한 내용만을 발췌하여 기술하였으며, 극히 필요한 일부분을 제외하고는 공학단위를 삭제하고 국제단위계(SI) 위주로 내용을 기술한 점이 특징이다. 또한 저자들은 가급적 수학적인 서술방식을 피하려고 고심하였으며, 열역학의 핵심 파악이 용이하도록 쉬운 용어와 수식을 사용하여 개념 위주로 기술하였다. 책의 각 장의 시작

부분에 그 장의 대략적인 내용과 목차 및 응용되는 분야를 간단히 거론하였고, 각 장의 절마다 학습한 내용을 활용할 수 있도록 예제 문제를 배치하여 풀이함으로써 열역학을 처음 접하는 학생들이 쉽게 이해 할 수 있도록 노력하였다.

저자들이 아직 미비된 상태에서 책을 저술하다 보니 내용을 기술하는데 있어 잘못된 부분이 있거나 불완전한 부분이 있을 것이다. 이 책을 읽는 독자들이 이러한 내용을 지적해 주시면 기꺼이 살펴보고 교정을 하면서 보다 나은 책이 되도록 노력할 것이다.

끝으로 이 책이 나올 때까지 끊임없는 관심과 지원을 아끼지 않은 대가출판사의 김호석 사장님과 편집부 여러분께 심심한 감사의 말을 전한다.

저자 씀

목차

기호설명

[알파벳]

A	단면적
C	상수
C	비열(액체, 고체: kJ/kg · °C 혹은 kJ/kg · K)
C_p	정압비열
C_v	정적비열
C_n	폴리트로픽 비열
e	비에너지(kJ/kg)
E	에너지(kJ)
f	함수
F	함수
F	힘(N)
g	중력가속도(m/s^2)
g	질량비(혼합물)
h	엔탈피(kJ/kg)
H	엔탈피(kJ)
k	비열비$\left(=\dfrac{C_p}{C_v}\right)$
K	절대온도단위, 켈빈(kelvin)
l	길이(m)
l	잠열(kJ/kg)
L	길이(m)
m	질량(kg)
M	분자량(g/mol 혹은 kg/kmol)
$\dot{m}$	질량유량률 혹은 질량변화율(kg/s)
n	몰수
n	폴리트로픽 지수
q	단위질량당 열량(kJ/kg)
Q	열량(kJ)
$\dot{q}$	단위시간당, 단위질량당 열량(kJ/kg · s = kW/kg)
$\dot{Q}$	단위시간당 열량(kJ/s = kW)
r	반경(m)
r	질량비(혼합물)
R	기체상수(kJ/kg · K)
$\overline{R}$	일반기체상수(kJ/kmol · K)
s	거리(m)
s	비엔트로피(kJ/kg · K)
S	엔트로피(kJ/K)
t	시간(s)
t	섭씨온도(°C)
T	절대온도(K)
T	화씨온도(°F)
T	토크(N · m)
U	내부에너지(kJ)
v	비체적(m^3/kg)
V	체적(m^3)
V	물체의 속도(m/s)
ω	단위질량당 일(kJ/kg)
W	일(kJ)

$\dot{W}$ 단위시간당 일(kJ/s = kW)

x 건도

x 거리(m)

z 높이, 위치수두(m)

[그리스 문자]

α 폭발비

α 등엔트로피 압력비

β 정압팽창비 혹은 차단비

ϵ 성능계수

ϵ 압축비

η 열효율

θ 축의 회전각

ρ 밀도(m^3/kg)

[하첨자]

1 고온열원 혹은 처음상태 혹은 입구상태

2 저온열원 혹은 최종상태 혹은 출구상태

B 보일러

C 응축기

f 포화액체

f 유동일

g 포화증기

h 열펌프

H 고온열원

i 성분기체

id 이상과정

k 운동에너지

L 저온열원

p 정압과정

p 펌프

p 위치에너지

r 냉동기

Re 재생사이클

rev 가역과정

sh 축일

t 터빈

th 이론열효율

v 정적과정

Engineering Thermodynamics

CHAPTER 1

열역학 개요

학습내용

1장에서는 열역학의 개요와 열역학을 기술하는데 필요한 열역학적 용어를 다루고 단위계 특히, 국제단위계(SI)를 자세하게 기술하면서 공학단위계와의 관계를 간략하게 설명한다. 또한 열역학의 핵심요소인 일과 열을 정의하고 유용한 일을 얻는 수단으로서 사용되는 사이클과 사이클을 구성하는 과정에 대해 학습함으로써 열역학의 기초적 지식을 갖도록 하는 것이 1장의 학습목표이다.

❖ 적용분야

열역학 이론, 각종 단위환산, 열과 일의 응용 분야

Chapter 1 열역학 개요

1-1 개요

19세기 말에 이론적 기초가 완성된 열역학(thermodynamics)은 거시적인 입장에서 상태의 변화에 따른 물질의 열적 성질을 연구하는 학문으로 일(work), 열(heat) 및 에너지(energy) 사이의 관계를 유도할 수 있다. 대부분의 열역학의 원리는 물리적인 현상에 대해 경험과 실험에 의한 관찰에 근거한 것이다. 열역학은 실생활에서 많이 활용되는 에너지를 주로 다룬다. 에너지는 물체가 일을 할 수 있는 능력으로 정의되는데, 형태에 따라서 운동에너지, 위치에너지, 화학적 에너지, 열에너지, 원자력에너지 등의 이름으로 사용된다. 에너지는 시스템 내부에 저장될 수 있고 또한 한 시스템에서 또 다른 시스템으로 여러 형태(열이나 일)로 전달될 수 있다. 기계공학에서 열역학은 열역학적 사이클을 이용하여 열에너지를 기계적인 에너지로 전환하여 동력을 얻는 열기관이나 열기관과 열과 일의 흐름이 반대인 냉동 분야에서 경제성과 효율성을 높이고자 가장 널리 응용되고 있다.

열역학이 물리학의 한 분야로 등장한 것은 18세기로서 초기에는 열을 물질의 일종으로 보고 열소(caloric)라고 하였다. 열은 물질의 온도 변화의 원인이 되는 것으로서 일상생활과 밀접한 관련을 갖고 있다. 19세기 중반 영국의 Joule(James Prescott Joule)은 열이 물질이 아닌 에너지의 한 형태로서 열과 일은 상호 변환될 수 있다는 것을 실험을 통해 입증하였다. 또한 프랑스의 Carnot(Sadi Carnot)는 열기관의 성능 향상을 위한 연구를 수행하면서 동력은 뜨거운 물체에서 찬 물체로 열이 이동하면서 발생한다는 원리를 발표했으며 더불어 Carnot 사이클의 개념을 도입하였다. 한편 독일의 Clausius(Rudolf Julius Emanuel Clausius)는 Joule과 Carnot의 이론을 체계화하여 열역학 제2법칙을 공식화하였고, 영국의 Thomson (William Thomson)은 Carnot의 열기관 이론을 근거로 하여 절대온도눈금을 도입하였다. 이후 영국의 Maxwell(James Clerk Maxwell)과 독일의 Boltzmann (Ludwig Eduard Boltzmann) 및 미국의 Gibbs(Josiah Willard Gibbs) 등은 열역학에 확률의 개념을 도입하여 열역학의 법칙을 통계역학적으로 해석하는 성과를 거두었다. 독일의 Nernst(Walter Herrmann Nernst)는 절대영도에서의 엔트로피에 관한 정리를 열역학 제3법칙으로 발표하였다. 열역학은 3개의 주요 법칙과 열평형 개념 성립에 관한 법칙(열역학 제0법칙)을 근거한 이론체계가 주요 부분으로 구성되어 있고 실생활에 광범위하고 유용하게 활용되고 있다.

열역학은 크게 고전열역학(classical thermodynamics)과 통계열역학(statistical thermodynamics)으로 구분된다. 공업열역학(engineering thermodynamics)은 고전열역학의 한 분야로서 공학 분야 또는 열과 기계적인 일 등을 주로 취급하는 산업현장에 그 이론과 원리를 직접 적용하는데 목적을 둔다. 또한 열역학에서 물질의 상태는 미시적 관점과 거시적 관점에서 관찰하면서 설명된다. 통계열역학은 물질이 근원적으로 미소한 입자들로 구성되어 있으므로 열적 현상을 원자나 분자의 운동이나 배열 등에 대해 적절한 평균의 개념을 도입하여 통계적으로 묘사하는 미시적 관점(microscopic approach)에서 다루는 분야이다. 한편 물질을 원자나 분자 등의 각각의 운동과 이의 결과로 보지 않고 이들의 집합체의 현상으로 관찰하는 방법을 거시적 관점(macroscopic approach)이라고 하며, 물질 전체의 규칙적인 이론과 현상을 발견하려는 노력으로 실험과 경험적 사실에 근거를 두고 있다.

1-2 단위계

1-2-1 단위계의 정의

단위는 어떤 물리량의 크기를 나타낼 때 비교의 기준이 되는 크기로서 이 책에서는 본문과 예제, 연습문제에서 모두 국제단위계(International System of Units)로 기술하였다. 1948년 국제도량형위원회에서는 길이, 질량, 시간의 단위를 미터(m), 킬로그램(kg), 초(s)로 표시하기로 정하였고, 1954년 전기의 기본 단위로 암페어(A)를 추가로 채용하여 MKSA 단위계를 발전시켰다. 한편 약어로 SI 라고 하는 국제단위계는 MKSA 단위계를 기초로 하여 7개의 기본단위(kg, m, s, mol, K, A, cd), 2개의 보조단위(rad, sr) 및 기본단위의 조합으로 구성된 각 영역의 유도단위

(derived unit)를 갖고 있다. 유도단위는 물리적 법칙과 정의에 따라 기본단위를 조합하여 만들어진다.

실용상 SI단위와 병용되는 단위로 시간에 분, 시, 일, 부피에서 리터, 질량에서 톤(ton) 등이 있으며 각도에서 도, 분, 초 등이 있고 유체의 압력단위로 바(bar) 등이 널리 사용되고 있다. 현재 국제단위계에서는 다음의 표 1-1과 같이 20개의 접두어를 정해서 물리량의 크기에 따라 각 단위에 접두어를 붙여 사용하는 방식이 국제적으로 널리 통용되고 있다.

한편 산업 현장에서는 길이, 힘, 시간을 기본단위로 하는 공학단위가 아직도 널리 사용되고 있는데, 국제단위계를 제대로 이해하고 있으면 이들 단위와의 상호변환을 하는데 별 어려움 없으므로 이를 잘 익혀 놓아야 한다.

표 1-1 국제 단위계의 접두어

크기	접두어	기호	크기	접두어	기호
10^{-1}	데시(deci)	d	10^{24}	요타(yotta)	Y
10^{-2}	센티(centi)	c	10^{21}	제타(zetta)	Z
10^{-3}	밀리(milli)	m	10^{18}	엑사(exa)	E
10^{-6}	마이크로(micro)	μ	10^{15}	페타(peta)	P
10^{-9}	나노(nano)	n	10^{12}	테라(tera)	T
10^{-12}	피코(pico)	p	10^{9}	기가(giga)	G
10^{-15}	펨토(femto)	f	10^{6}	메가(mega)	M
10^{-18}	아토(atto)	a	10^{3}	킬로(kilo)	k
10^{-21}	젭토(zepto)	z	10^{2}	헥토(hecto)	h
10^{-24}	욕토(yocto)	y	10^{1}	데카(deca)	da

예제 1-1 2 주일을 초로 환산하는데 적당한 접두어를 사용해서 표시하여라.

【풀이】 2 주일 = 14 일 = $(14\ \text{일})\left(\dfrac{24\ hr}{1\ \text{일}}\right)\left(\dfrac{3{,}600\ s}{1\ hr}\right)$ = 1.21 Ms

■

예제 1-2 200 GB 의 하드디스크는 한글 몇 글자를 저장할 수 있는가?

【풀이】 한글 1 자는 2 Byte 로 표시된다. 따라서 200 GB 의 하드디스크의 한글 저장능력은 대략 1,000억 글자이다. ■

1-2-1 유도단위의 예

기계공학에서는 7개의 기본단위 중에서 5개(m, kg, s, mol, K)가 주로 사용된다. 유도단위로 먼저 길이 단위의 조합으로 구성된 면적(m^2), 체적(m^3)이 있다. 또한 물체의 단위시간당 변위(이동거리)로 정의되는 속도(m/s)가 있으며 속도의 시간변화율인 가속도(m/s^2)가 사용되고 있다. 실제로 역학 분야에서 사용되고 있는 SI 유도단위를 몇 가지 예로 들어보자.

(1) 힘의 단위 : N(Newton)

질량 1 kg의 물체에 힘이 작용하여 발생되는 가속도가 1 m/s^2일 때, 이 때 힘의 크기를 1 뉴톤(Newton)이라고 하며 N으로 표시한다. 공학단위에서는 kg_f을 사용하는데 N 과는 다음과 같은 관계식을 갖는다.

$$1\ kg_f = 1\ kg\ 중(重) = 9.81\ N \tag{1-1}$$

(2) 에너지(열, 일 포함)의 단위 : J(Joule)

어떤 물체에 1 N의 힘이 작용하여 힘을 준 방향으로 1 m 이동하였을 때 한 일 혹은 그 일로 환산할 수 있는 양을 1 Joule이라고 하며 J로 표시한다. 열과 일 및 에너지는 공학단위에서 kg · m이나 cal를 사용하는데 SI와의 관계식은 다음과 같다.

$$1\ cal = 4.184\ J \tag{1-2a}$$

$$1\ kg_f \cdot m = 9.81\ N \cdot m = 9.81\ J \tag{1-2b}$$

(3) 일률(power)의 단위 : W(Watt)

일률은 단위시간당 하는 일의 양을 의미한다. 1초 동안 1 J의 일을 하면 1와트(Watt)라고 하며 W로 표시한다. 책에 따라서 동력, 공률, 출력, 마력이라고도 한다. 일률의 공학단위로는 마력(horsepower)이 널리 사용되고 있는데, 국내에서는 미터마력 혹은 불마력이 사용되며 SI 와의 관계식은 다음과 같다.

$$1\ \text{ps} = 75\ \text{kg}_\text{f} \cdot \text{m/s} = 735.75\ \text{W} = 0.73575\ \text{kW} \tag{1-3}$$

예제 1-3 어느 학급 학생들의 체중을 측정해보니 평균 75 kg 이었다. 평균 체중을 N 의 단위로 표시하여라.

【풀이】 $75\ \text{kg 중} = 75\ \text{kg} \times 9.81\ \text{m/s}^2$

$$= 735.75\ \text{kg} \cdot \text{m/s}^2 = 735.75\ \text{N}$$ ■

예제 1-4 성인 남자는 하루에 3,000 kcal 정도의 에너지 섭취를 권장받고 있다. 이를 SI 단위인 kJ 로 표시하여라.

【풀이】 1 cal = 4.184 J 이므로 $3{,}000\ \text{kcal} = (3{,}000\ \text{kcal})\left(\dfrac{4.184\ \text{kJ}}{1\ \text{kcal}}\right)$

$$= 12{,}552\ \text{kJ}$$ ■

예제 1-5 국내의 어떤 $1{,}500\ \text{cm}^3 (= \text{cc})$ 차량의 엔진 출력이 105 ps으로 알려져 있는데, 이를 SI 단위인 kW로 표시하여라.

【풀이】 $105\ \text{ps} = (105\ \text{ps})\left(\dfrac{0.73575\ \text{kW}}{1\ ps}\right) = 77.25\ kW$ ■

1-3 압력(pressure)

압력은 단위면적에 수직으로 작용하는 힘을 말한다. 크기가 F인 힘이 면적이 A인 물체에 균일하게 작용할 경우 압력 P는 다음과 같은 크기를 갖는다.

$$P = \frac{F}{A} \tag{1-4}$$

압력의 SI 단위는 파스칼(Pa, Pascal)인데, 1 m^2의 면적에 수직으로 1 N의 힘이 가해질 경우 1 Pa의 압력이 작용한다고 말한다.

$$1\ \text{Pa} = 1\ \text{N/m}^2 = 1\ \text{kg/m} \cdot \text{s}^2 \tag{1-5}$$

또한 압력의 단위로 기상학에서는 hPa, bar(mbar), 산업체에서는 공학기압인 kg/cm^2, 수은 액주의 높이로 나타내는 mmHg 등이 쓰이고 있다. 지표상에서 대기의 압력은 장소와 시각에 따라서 차이가 있는데, 표준대기압(standard atmospheric pressure)은 중력가속도 $g = 9.80665\ \text{m/s}^2$의 표준값인 장소에서 밀도가 13.5951 g/cm^3인 수은의 액주의 높이가 760 mm에 상당하는 압력을 말하며 1 atm으로 표시한다. 표준대기압을 기준으로 SI와 다른 압력단위와의 관계식을 살펴보면 다음과 같다.

$$\begin{aligned} 1\ \text{atm} &= 760\ \text{mmHg} = 101.325\ \text{kPa} = 1.03323\ \text{kg/cm}^2(=\text{at}) \\ &= 1.01325\ \text{bar}\ (= 1013.25\ \text{mbar}) = 14.7\ \text{psi} \end{aligned} \tag{1-6}$$

일반적으로 지표상에서 모든 물체는 대기의 압력이 항상 작용하고 있으므로 압력의 크기를 나타낼 때는 대기압도 포함해서 말하는 경우와 대기압을 기준점으로 하여 측정한 압력으로 대기압 이외의 압력의 크기를 말하는 경우가 있다. 대기압을 포함하여 완전진공(절대압력 0)을 기준으로 할 경우를 절대압력(absolute pressure), 대기압을 기준점으로 하는 경우를 계기압력(guage pressure)이라 한다. 절대압력과 계기압력 사이의 관계식은 다음과 같으며 이를 그림 (1-2)에 표시하였다.

$$\text{절대압력}(P_a) = \text{대기압}(P_{atm}) + \text{계기압력}(P_g) \tag{1-7}$$

절대압력은 항상 0보다 크고 계기압력은 0보다 크거나 작을 수 있다. 계기압력이 0보다 크면 압력이 대기압보다 크다는 것을 말하며 0보다 작으면 대기압보다 작은 압력을 갖는다. 흔히 대기압 미만의 압력을 진공(vacuum)이라고 한다.

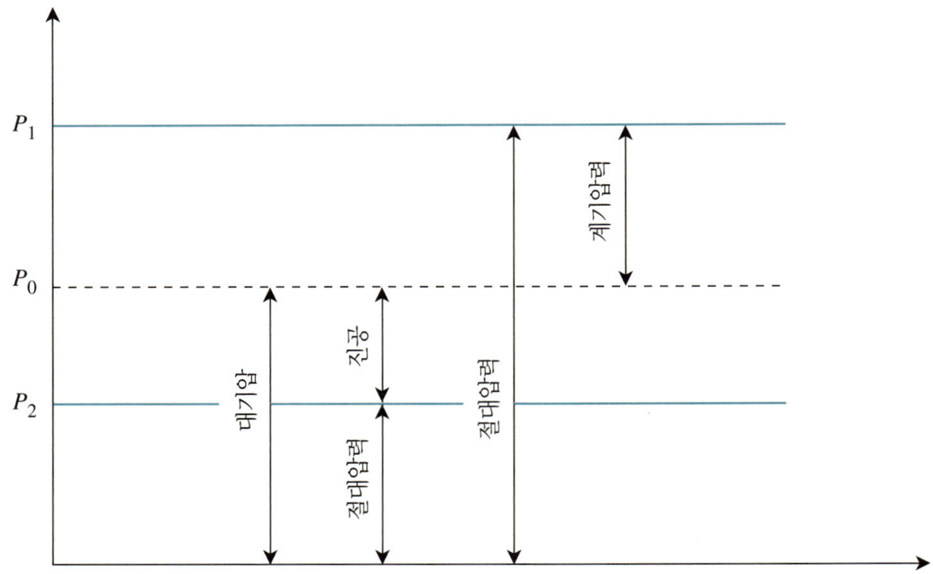

그림 1-1 절대압력, 진공, 계기압력과의 관계

공업열역학에서 특별한 언급이 없을 경우 압력이 포함된 식에서 사용되는 압력은 절대압력이다.

예제 1-6 어떤 사람의 수축기 혈압이 120 mmHg라고 한다. 이를 SI단위인 kPa로 환산하여라.

[풀이] $120\ \text{mmHg} = (120\ \text{mmHg})\left(\dfrac{101.325\ \text{kPa}}{760\ \text{mmHg}}\right) = 16.00\ \text{kPa}$

■

예제 1-7 현재 대기압이 100 kPa이고 어느 탱크 내 기체의 계기압력이 200 kPa이라고 한다. 탱크 내 기체의 절대압력을 구하여라.

[풀이] $P_a = P_{atm} + P_g = 100\ \text{kPa} + 200\ \text{kPa} = 300\ \text{kPa}$

■

1-4 온도

온도(temperature)는 어떤 물질이 덥고 차가운 정도를 표시하는 기본 성질로서 일반적으로 정해진 온도계에 새겨진 눈금의 값으로 표시된다. 통계역학에서는 물질 내에 존재하는 원자 또는 분자의 운동에너지 강도를 표시하는 척도로서 온도가 정의되고 원자나 분자의 운동이 활발할수록 온도는 높게 나타난다.

1-4-1 열역학 제 0 법칙

온도가 다른 두 물체를 접촉시키면 더운 물체에서 찬 물체쪽으로 열이 이동한다. 시간이 한참 경과하면 결국 두 물체는 열평형상태가 이루어지게 되며, 이 때 두 물체의 온도는 같다고 한다. 온도계를 통해 측정한 온도가 누구나 공감할 수 있는 객관적인 값이 되려면 이에 대한 충분한 근거가 마련되어야 한다.

3 개의 물체 A, B, C가 있는 경우를 생각해 보자. 먼저 물체 A와 B가 열평형상태에 있고 물체 A와 C가 또한 열평형 상태에 있다면, 물체 B와 C도 열평형 상태에 있

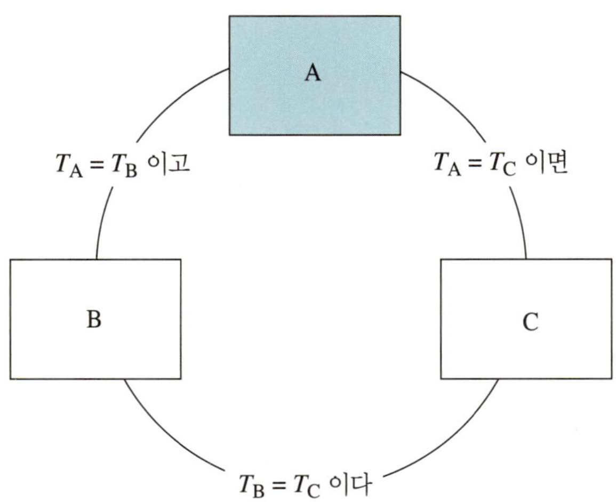

그림 1-2 열역학 제 0 법칙

다고 말할 수 있다. 이것을 그림 (1-2)와 같이 온도를 이용하여 표시하면 다음과 같다.

$T_A = T_B$ 이고 $T_A = T_C$ 이면 $T_B = T_C$ 이다.

위의 사실은 오랜 기간 당연한 사실로 받아들여져 왔으나 이것은 열역학에서 온도계를 이용한 온도측정의 근거와 열역학 제1법칙과 제2법칙을 기술하는데 출발점이 되는 중요한 개념이다. 이 원리는 열역학 제1법칙과 제2법칙이 정립된 한참 후인 1930년대에 와서 열역학 제 0법칙이라고 명명되었다.

1-4-2 온도계와 온도눈금

온도는 보통 온도계에서 지시하는 값을 읽은 것으로 표기된다. 온도를 측정하는 방법으로는 알콜 온도계와 수은 온도계처럼 물질의 열팽창을 이용하거나 저항온도계와 같이 온도에 따른 물체의 전기저항의 변화를 이용한다. 또한 서로 다른 금속이나 합금의 양쪽 접합점에 온도차를 주었을 때 발생하는 기전력을 이용하는 열전대 등이 있으며, 기타 빛에 따른 색온도를 측정하는 방법 등이 있다.

온도는 실용온도와 절대온도로 표기한다. 실용온도는 실생활에서 사용되는 방법으로 섭씨온도(Celsius temperature)와 화씨온도(Fahrenheit temperature)로 분류한다. 섭씨온도는 1742년 스웨덴의 Celsius(Anders Celsius)가 제안하여 실용화한 온도눈금으로 표준대기압에서 물의 빙점(ice point)을 0도, 비등점(boiling point)을 100도로 하고 그 사이를 100등분하여 1도로 정하였으며 단위로는 ℃를 사용한다. 한편 독일의 Fahrenheit(Gabriel Daniel Fahrenheit)는 1720년 수은온도계를 처음으로 제작하여 사용하였는데, 1724년 표준대기압에서 물의 빙점을 32도, 비등점을 212도로 하고 그 사이를 180등분하여 1도로 정하였으며 단위로는 ℉를 사용한다. 섭씨온도와 화씨온도 사이에는 다음과 같은 관계식이 존재한다.

$$T(^\circ\mathrm{F}) = \frac{9}{5}t(^\circ\mathrm{C}) + 32 \quad \text{또는} \quad t(^\circ\mathrm{C}) = \frac{5}{9}[T(^\circ\mathrm{F}) - 32] \qquad (1\text{-}8)$$

물의 빙점과 비등점 이외의 온도는 국제 도량형위원회에서 발표한 자료로 일정한 기준값에 따라 정한 ITS-90(The International Temperature Scale of 1990)을 사용하고 있다.

절대온도(absolute temperature)는 1848년 영국의 Kelvin(Lord Kelvin, 본명은 William Thomson)이 Carnot 사이클을 근거로 제안한 온도눈금으로 단위로는 켈빈(Kelvin)이라 읽는 K를 사용한다. 물질을 구성하고 있는 원자나 분자의 움직임이 완전히 정지된 상태를 절대온도 0(0 K)으로 하고 이 값을 기준으로 해서 물질의 온도를 평가한다. 한편 온도계의 기준이 되는 기준점은 실험적으로 반복하여 구하기 쉬워야 한다. 1954년 국제 도량형총회(General Conference on Weights and Measures)에서는 수증기, 물, 얼음 이렇게 3개의 상이 공존하는 3중점(triple point)에서의 온도를 273.16 K로 정하였고 이를 기준으로 해서 측정한 물의 빙점은 273.15 K, 비등점은 373.15 K이다. 오래 동안 일상생활에서 사용한 섭씨온도와 절대온도와의 관계식은 다음과 같다.

$$T(\text{K}) = t(^\circ\text{C}) + 273.15 \qquad (1\text{-}9)$$

섭씨온도의 1 ℃의 차이는 절대온도 1 K와 정확하게 일치한다. 한편 공업열역학에서 온도가 포함된 식에서는 반드시 절대온도를 사용해서 계산하여야 한다.

예제 1-8 물의 3 중점은 273.16 K인데 이를 섭씨온도로 표시하여라.

【풀이】 $T_{tri} = 273.16\ \text{K} = (273.16 - 273.15)\ ^\circ\text{C} = 0.01\ ^\circ\text{C}$ ■

1-5 비체적과 밀도

비체적(specific volume)은 물질의 단위질량당의 체적을 말하며 기호로는 주로 v를 사용한다. 비체적은 SI에서 [m^3/kg]의 단위를 갖는다. 한편 일상생활에서 널리 사용하는 밀도(density)는 비체적의 역수로서 기호로는 ρ를 사용하는데, 비체적과 다음의 관계식이 성립한다.

$$\rho(\text{kg/m}^3) = \frac{1}{v} \qquad (1\text{-}10)$$

실제로 비체적은 계측기를 이용하여 물질의 체적과 질량을 측정함으로써 구할 수 있다.

예제 1-9 압력이 0.1 MPa, 온도가 500℃인 수증기의 비체적이 3.565 m^3/kg 이다. 이 수증기의 밀도를 구하여라.

【풀이】 $\rho = \dfrac{1}{v} = \dfrac{1}{3.565\ m^3/kg} = 0.281\ kg/m^3$

■

1-6 분자단위

국제단위계에서 물질의 양을 표시하는 단위로 몰(mole)을 사용한다. 몰에 대한 정확한 정의를 알기 위해서는 아보가드로수(Avogadro number)에 대해 알아야 한다. 1811년 이탈리아의 Avogadro(Amedio Avogadro)는 같은 온도, 같은 압력 하에서 모든 기체는 동일한 부피 속에 동일한 수의 분자를 가진다는 가설을 제안하였다. 그 후 기체분자운동론의 관점에서 이 가설에 대한 증명이 이루어졌고 실험적으로 아보가드로수가 6.022045×10^{23}이라는 것이 결정되었다. 모든 기체는 분자라고 하는 미소입자로 구성되어 있는데 예를 들어 표준상태(0℃, 1 기압)에서는 어떤 기체라도 같은 부피($0.0224\ m^3 = 22.4\ L$) 속에 6.022045×10^{23}개의 분자가 들어 있다고 볼 수 있다.

1 몰은 어떤 물질이 아보가드로수만큼의 집합체로 구성되어 있을 때의 양으로 정의한다. 예를 들어 탄소의 질량수 12인 동위원소 ^{12}C의 0.012 kg중에 포함되는 분자의 수가 아보가드로수와 같은 물질 입자를 포함하는 양을 탄소 1몰이라고 한다. 한편 물질 1몰의 질량을 분자량(molar mass)이라고 하며 기호로는 M으로 나타낸다. 위의 탄소의 분자량 수식은

$$M = 12\ g/mol = 12\ kg/kmol \tag{1-11}$$

으로 표시된다.

한편 분자량이 M인 물질 n몰과 질량 m 사이에는 다음과 같은 관계식이 성립한다.

$$m = nM \tag{1-12}$$

물질의 양으로서 몰은 1971년 제14차 국제도량형총회에서 국제단위계(SI)의 기본단위로 채택되었고, 국내에서는 1982년 처음으로 미터(m), 킬로그램(kg), 초(sec), 켈빈온도(K), 칸델라(cd) 및 암페어(A)와 함께 7가지의 기본단위인 법정 계량단위로 설정되었다.

예제 1-10 어느 용기에 들어 있는 산소의 질량이 80 g으로 측정되었다. 이 용기에 들어 있는 산소의 몰수를 계산하여라.

【풀이】 $n = \dfrac{m}{M} = \dfrac{80\ g}{32\ g/mol} = 2.5\ mol$ ■

1-7 열역학적 시스템

열역학에서 시스템(system)은 분명히 정의된 경계(boundary)에 의해 가상적으로 분리된 물질의 집합이라고 정의되며 우리말로 계라고 표현한다. 이것은 고정되어 있거나 또는 유동성이 있는 가상의 경계로 둘러싼 특정 영역을 의미한다. 여기서 경계는 고정될 수도 있고 변할 수도 있다. 한편 주위(surrounding)는 시스템의 외측에 있는 모든 물질을 의미하며 환경이라고도 하는데, 시스템과 주위와의 관계가 그림 (1-3)에 표시되어 있다.

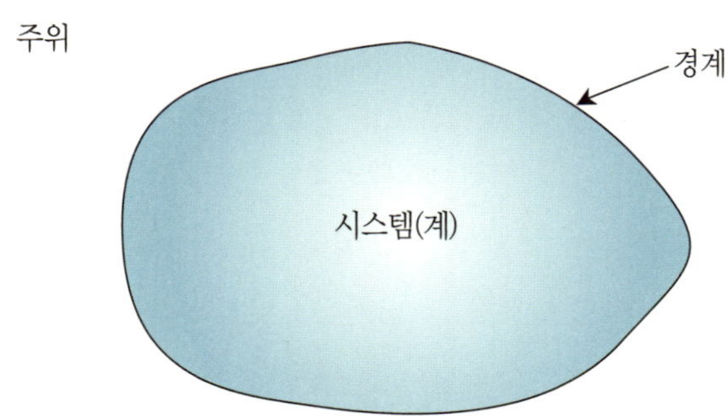

그림 1-3 시스템, 시스템 경계 및 주위

시스템은 경계를 통한 물질 통과의 유무에 따라서 밀폐시스템과 개방시스템으로 분류된다. 밀폐시스템(closed system)은 경계를 통하여 열과 일은 통과할 수 있으나 물질의 유출입이 없는 시스템을 말하고, 열과 일 뿐만 아니라 물질도 경계를 통과할 수 있으면 개방시스템(open system)이라고 한다. 한편 밀폐시스템 중에서 주위로부터 완전히 고립되어 물질 뿐만 아니라 열과 일도 전혀 통과하지 못하는 시스템을 고립시스템(isolated system)이라고 한다. 고립시스템에서 에너지는 항상 일정하며 보존된다.

1-8 시스템의 상태 및 열역학적 성질

관심을 갖고 있는 시스템 내의 측정할 수 있는 모든 물리량의 값을 얻을 수 있을 때, 시스템은 어떤 상태(state)에 있다고 말한다. 이 때 시스템을 특정지우며 측정이 가능한 물리량을 열역학적 성질(thermodynamic property) 혹은 그 순간의 시스템의 상태를 나타낸다는 의미에서 열역학적 상태량이라고 한다. 시스템의 상태를 결정하는 상태량으로는 온도, 압력, 비체적(밀도) 외에 추후 논의가 될 내부에너지, 엔탈피, 엔트로피, 비열 등이 있다. 어떤 시스템이 주어진 상태에 있을 경우 열역학적 상태량은 그 상태에서 오직 하나의 특정한 값을 갖게 된다. 어떠한 양이 상태량인지 혹은 그렇지 않은지의 판단은 그 양의 변화가 초기 및 최종상태에만 의존하고 그 과정에는 무관한지 그렇지 않은지의 여부에 달려 있다.

상태량은 강성적 상태량(intensive property)과 종량적 상태량(extensive property)으로 구별된다. 강성적 상태량은 시스템의 질량에는 무관한 상태량으로 온도, 압력 등이 이에 속한다. 종량적 상태량은 시스템의 질량에 비례하여 변하는 양으로서 체적 V, 내부에너지 U, 엔탈피 H 등이 있다. 한편 체적, 내부에너지, 엔탈피 등을 시스템의 질량으로 나눈 단위질량당 종량적 상태량은 강성적 상태량으로 취급된다.

1-9 일과 열

1-9-1 일

역학적으로 일(work)은 어떤 물체에 힘을 가하여 그 물체가 힘의 방향으로 이동했을 경우 힘과 이동거리와의 곱을 말한다. 전술한 바와 같이 국제단위계에서 일의 단위는 J 을 사용한다. 일은 적분의 경로에 따라 변하므로 열역학적 상태량이 아니며 이에 대해서는 3장에서 자세하게 다룬다. 시스템으로 일의 출입에 따라 시스템의 에너지는 변한다.

일의 종류로는 체적의 팽창과 압축에 의한 일(이동경계에 의한 일), 축의 회전일(축일) 이외에 전기적, 자기적 일, 스프링에 의한 일 등이 있으나, 이 책에서는 주로 이동경계에 의한 일(팽창일, 압축일)을 비중 있게 다룬다. 현재 실생활에서 운송수단으로 널리 활용되고 있는 승용차나 버스, 트럭은 체적의 압축과 팽창에 의해 일을 하는 기계장치이다. 한편 증기동력 사이클이나 가스터빈 등은 축의 회전에 의해 발생하는 일을 활용하는 기계장치로서, 이 책에서는 이와 같은 축일도 일부 다루고 있다.

1-9-2 열

(1) 열의 정의

일과 마찬가지로 열(heat)도 온도차로 인하여 이동하는 에너지의 한 형태로 시스템 내의 에너지를 올리거나 내리는 역할을 한다. 시스템과 주위 간에 온도차가 존재하면 경계를 통하여 열의 형태로 에너지의 전달(열전달)이 발생한다.

열에 대한 논의가 본격적으로 시작된 것은 18세기부터인데, 초기에 열은 물질의 일종으로 질량 없는 유체로 생각되면서 열소(Caloric)로 불리기도 하였다. 그러나 19세기 중반 영국의 Joule(J. P. Joule)은 일과 열의 관계를 오랜 동안 연구하여, 열이 에너지의 일종이라는 이론을 정립하였고 열과 관련된 에너지를 열에너지라고 부르게 되었다.

Joule의 실험에 의하면 일과 열은 밀접한 관련을 갖고 있다. 물체에 마찰을 가하면 마찰열이 발생하는데 이는 마찰에 의한 역학적인 일이 열로 변환되기 때문이다. 또한 자동차나 비행기의 동력발생장치인 내연기관은 연료를 태워 발생한 열에너지를 일로 변환시키는 기계장치이다. 이처럼 일이 열로 혹은 열이 일로 전환될 경우 임의의 일정한 열량은 임의의 일정한 일과 등가라는 사실이 밝혀졌다. 실생활에서 열량 단위로 널리 사용되고 있는 칼로리(calorie : cal)와 일과 열의 국제단위인 J과의 관계식은 식 (1-2a)에 표시되어 있으며, 이 계수를 열의 일당량(mechanical equivalent of heat)이라고 한다.

일상생활에서 열과 온도는 많은 혼동 속에서 사용되고 있다. 어떤 물체가 뜨겁다는 것은 그 물체의 온도가 높다고 말할 수 있으나 물체가 열을 많이 함유하고 있다고 이야기할 수 없다. 일과 열은 물체의 성질이 아니며 또한 어느 순간에 물체가 어느 정도의 일이나 열을 가지고 있는지 측정이 불가능하다.

(2) 비열(specific heat)

비열은 어떤 물질 단위질량을 단위온도 올리는데 필요한 열량으로 정의되며, 물질에 따라 고유한 값을 갖는다. 어떤 물질의 비열이 크다는 것은 다른 물질과 비교하여 동일한 질량을 동일한 온도로 올리는데 많은 열을 필요로 한다는 것을 의미한다. 일반적으로 기체에서는 부피를 일정하게 한 상태에서 측정한 비열과 압력을 일정하게 하고 측정한 비열이 서로 다른 값을 갖게 된다. 전자를 정적비열(C_v), 후자를 정압비열(C_p)이라고 하는데 정압비열이 통상적으로 큰 값을 갖는다. 이는 압력을 일정하게 유지하기 위해서는 가해진 열의 일부가 기체를 팽창시키는 일로 소모되므로, 온도를 높이기 위해서는 그만큼의 열을 더 가해야 되기 때문이다. 그러나 보통 고체와 액체에서는 정압비열과 정적비열의 차이가 거의 없으며, 실용상 측정이 가능한 정압비열이 주로 사용된다. 비열의 단위로는 [J/kg · ℃] 혹은 [J/kg · K]가 사용된다.

기체에서의 비열은 4장에서 자세히 다루기로 하고 액체와 고체에서의 비열에 관련된 문제를 살펴보자. 상변화가 없는 경우 비열이 C인 어떤 물체에 Q의 열량을 가하여 초기온도 T_1에서 최종온도 T_2로 변할 경우 다음과 같은 관계식이 성립한다.

$$Q = mC\Delta T = mC(T_2 - T_1) \tag{1-16}$$

일반적으로 질량, 비열 및 초기온도가 서로 다른 n개의 물질 (m_1, C_1, T_1), (m_2, C_2, T_2), (m_3, C_3, T_3), ..., (m_n, C_n, T_n)이 혼합되어 열평형이 이루어졌을 때 최종온도를 구하면 다음과 같다.

$$T_m = \frac{m_1C_1T_1 + m_2C_2T_2 + m_3C_3T_3 + \ldots + m_nC_nT_n}{m_1C_1 + m_2C_2 + m_3C_3 + \ldots + m_nC_n} \tag{1-17}$$

예제 1-11 질량 1,500 kg인 자동차가 20 m/s의 속도로 달리고 있다. 이 자동차에 브레이크를 작동시켜 완전히 정지시켰을 경우 주위로 발산된 열에너지를 구하여라. 단 마찰 이외에 다른 에너지 손실은 없다.

【풀이】 운동에너지가 모두 마찰열로 주위로 소산된 것으로 볼 수 있으므로 운동에너지

$$E_k = \frac{1}{2}mv^2 = \left(\frac{1}{2}\right)(1{,}500)(20^2) = 300\ \text{kJ}$$

일반적으로 계산 과정에서의 단위는 편의상 생략하는데 뒤의 모든 장에서 적용된다. ■

예제 1-12 비열이 0.502 kJ/kg · ℃이고 온도가 500℃인 2 kg의 강구(steel ball)를 비열이 4.184 kJ/kg · ℃, 온도가 15℃인 물 8 kg에 넣었을 때 평형상태에서의 온도를 구하여라.

【풀이】 최종온도를 T_2라고 하면 평형상태에서 다음의 관계식이 성립한다.

$$m_\omega C_\omega(T_2 - T_{\omega_1}) + m_s C_s(T_2 - T_{s_1}) = 0$$

$$\therefore T_2 = \frac{m_\omega C_\omega T_{\omega_1} + m_s C_s T_{s_1}}{m_\omega C_\omega + m_s C_s}$$

$$= \frac{(8)(4.184)(15) + (2)(0.502)(500)}{(8)(4.184) + (2)(0.502)} = 29.12℃$$ ■

1-10 과정과 사이클

어떤 시스템에 열과 일의 형태로 에너지가 공급되거나 방출되면 그 시스템의 열역학적 성질이 변하면서 상태가 변하게 된다. 이 때 시스템이 한 상태에서 다른 상태로 변화할 때, 각 상태의 연속된 경로(path)를 과정(process)이라고 한다. 실제 열역학적으로 일어나는 과정에 따라 시스템의 열역학적 성질이 변하지만 압력이 일정한 상태에서 과정이 진행되면 정압과정(isobaric process), 체적이 일정할 경우 정적과정(isochoric process), 온도가 일정할 경우 등온과정(isothermal process), 계와 주위 사이에서 열의 교환이 없이 단열된 상태에서 과정이 진행되면 단열과정(adiabatic process)이라고 한다.

한편 이상과정(ideal process) 또는 가역과정(reversible process)은 시스템이 한 상태에서 다른 상태로 변화하고 다시 최초의 상태로 복귀하는데, 이 때 시스템 자체 및 주위에 아무런 영향을 주지 않는 이상화된 과정으로 정의된다. 그러나 실제로는 외부에서 어떤 작용이 없이 원래 상태로 복귀가 불가능한 경우가 대부분인데, 이런 과정을 실제과정(real process) 또는 비가역과정(irreversible process)이라고 한다. 이상과정 즉, 가역과정은 실제로 존재하지 않으면서도 열역학의 과정을 설명하고 공식화하는데 중요한 역할을 하므로 실제과정에 대응하는 이상과정은 존재하는 것으로 가정해서 열역학적 문제에 접근한다.

열역학의 응용 학문인 내연기관이나 냉동 분야의 기계장치는 열역학적인 사이클로 작동하는 것으로 가정하고 이론적으로 해석한다. 사이클(cycle)은 주기 또는 순환한다는 의미로서, 최초상태의 시스템이 여러 다른 과정을 거쳐 최종적으로 다시 최초의 상태로 되돌아갈 때 시스템은 사이클을 이루었다고 말한다. 따라서 사이클의 최종상태는 최초상태와 항상 일치해야 한다. 그러나 실제로 내연기관에서 관측되는 바와 같이 작동유체의 최초상태인 연료와 공기의 혼합물과 최종상태인 연소가스의 상태는 상이하므로 열역학적인 사이클의 범주에 속한다고 말할 수 없다. 따라서 내연기관 사이클을 이론적으로 해석하기 위해서는 이상화된 과정을 가정하고 문제에 접근하는 방식을 취한다.

일과 열이 상호 변화되는 과정에는 매개물질이 필요하다. 열을 일로 변환하는 열기관에서는 연료와 공기의 혼합물이 매개물질로서 열을 받거나 방출하면서 일을 발생시킨다. 열기관에서 이러한 작용을 하는 물질을 작동유체(working fluid) 또는 동작유체라고 하며, 냉동에서는 작동유체를 특히 냉매(refrigerant)라고 부른다.

연습문제 EXERCISE

1-1 국제단위계에 대한 물음에 답하여라.

(1) 국제단위계(SI : International System of Units)에 대하여 설명하여라.

(2) SI에서 기본단위 7개를 나열해 보아라.

1-2 힘(force)에 대한 다음 물음에 답하여라.

(1) 힘의 SI 단위인 N(Newton)을 기본단위로 표시하여라.

(2) 공학단위 1 kg = (   ) N

1-3 일(work)에 대한 다음 물음에 답하여라.

(1) 힘과 거리의 관점에서 일을 정의하여라.

(2) 일의 SI 단위인 J(Joule)을 기본단위로 표시하여라.

(3) 공학단위 1 $kg_f \cdot m$ = (   ) J

1-4 일률(power : 동력, 공률이라고도 함)에 대한 다음 물음에 답하여라.

(1) 일률을 정의하여라.

(2) 일률의 SI 단위인 W를 기본단위로 표시하여라.

(3) 1 ps = (   ) $kg_f \cdot m/s$ = (   ) kW

1-5 압력(pressure)에 대한 다음 물음에 답하여라.

(1) 압력을 힘과 면적의 관점에서 정의하여라.

(2) 압력의 SI 단위인 Pa(Pascal)을 기본단위로 표시하여라.

(3) 1 atm = (   ) mmHg
= (   ) kg/cm^2 = (   ) Pa
= (   ) bar = (   ) psi

1-6 압력 2 MPa을 bar, kg/cm^2, atm, mmHg의 단위로 환산해 보아라.

1-7 체적이 0.5 m^3인 용기에 5 kg의 기체가 가득 차 있다. 이 기체의 밀도와 비체적을 구하여라.

1-8 한국의 성인 남자가 하루에 필요로 하는 열량은 2,500 kcal라고 한다. 이를 SI단위인 kJ로 환산하여라.

1-9 섭씨온도 0°C와 100°C를 화씨온도로 환산하여라.

1-10 컴퓨터가 어떤 한 입자의 속도를 구하는데 20 ns가 걸린다고 한다. 현재 입자의 개수가 80×10^{23}개라고 할 경우 모든 입자에 대한 속도를 구하는데 걸리는 시간을 초, 분, 시간, 일, 연의 단위로 계산하고 일과 연은 접두어를 사용하여 표시하여라.

1-11 다음의 용어를 설명하여라.

(1) 시스템 (2) 상태량 (3) 사이클
(4) 계기압력 (5) 절대압력
(6) 가역과정 (7) 몰 (8) 작동유체
(9) 개방시스템 (10) 단열과정

1-12 열역학 제 0법칙에 대하여 설명하여라. 또한 열역학 제 0법칙의 의의에 대해 간단히 설명하여라.

1-13 다음 몰에 관련된 문제에 답하여라.

(1) 어느 용기에 분자량이 28인 기체 14 g이 들어 있다. 이 기체의 분자의 개수를 구하여라.

(2) 메탄(CH_4)의 분자량은 16이다. 메탄 5 kmol의 질량을 구하여라.

1-14 일과 열은 상태량인가? 그렇지 않다면 그 이유를 설명하여라.

1-15 질량이 3 kg, 비열이 0.500 kJ/kg · °C, 온도가 22°C인 철제용기에 비열이 4.184 kJ/kg · °C, 온도가 20°C인 물이 20 kg들어 있다. 이 속에 온도가 200°C, 질량이 5 kg의 알루미늄 구를 넣었더니 최종온도가 30°C가 되었다. 이 때 알루미늄 구의 비열을 구하여라.

MEMO

Engineering Thermodynamics

CHAPTER 2

물질의 성질

학습내용

공업열역학은 물질의 상태변화를 통하여 열과 일 사이의 상호변환을 다루는 학문이다. 물질은 일반적으로 3상(3 phase)의 한 형태인 고체, 액체 또는 기체로 존재하며, 또한 2상 이상의 상태가 평형상태에서 공존할 수도 있다. 이와 같은 물질의 성질을 논의하기 위하여 이 장은 크게 두 부분으로 나뉘어 있다. 첫 부분은 순수물질의 개념, 그리고 물질의 상태변화와 열역학적 성질과의 관계에 대한 고찰로부터 시작한다. 그 후에는 공업열역학에서 자주 취급하는 증기의 열역학적 성질을 결정하기 위한 증기의 평형선도 및 증기표를 활용하는 방법을 다룬다. 나머지 부분은 공학적 응용에서 증기와 함께 매우 중요하게 다루어지는 이상기체의 특성에 대하여 논의한다. 즉, 이상기체의 정의와 함께 상태방정식을 나타내는 Boyle-Charles의 법칙에 대하여 살펴본다.

❖ 적용분야

열역학 이론, 각종 단위환산, 열과 일의 응용 분야

Chapter 2 물질의 성질

2-1 순수물질의 정의

순수물질(pure substance)은 물이나 질소, 산소와 같이 화학적 조성이 일정한 물질을 말한다. 순수물질은 한 가지 이상의 상(phase)으로 존재할 수 있지만, 모든 상에서 화학적 조성은 같아야 한다. 물은 고체, 액체 및 기체 상태에서 모두 동일한 화학적 조성을 가지고 있으므로, 2개 이상의 상이 공존하는 물의 혼합물은 순수물질이다. 즉, 액체인 물이나, 물과 수증기의 혼합물, 얼음과 물의 혼합물 등은 모두 순수물질이다. 그러나 기체인 공기와 액체인 공기는 그 화학적 조성이 다르기 때문에 공기와 액체공기의 혼합물은 순수물질이 아니다.

공기와 같은 여러 기체의 혼합물은 그 상이 변하지 않는 한 순수물질의 특성을 보여주므로 일반적으로 순수물질로 취급한다.

2-2 순수물질의 상태변화

2-2-1 물의 상태변화

순수물질의 상태변화(또는 상변화)를 이해하기 위하여 물이 액체 상태에서 증기 상태로 상변화하는 과정을 살펴보자. 물의 상변화과정은 다른 일반적인 물질의 상변화과정과 거의 동일하다.

그림 (2-1)의 (a)와 같은 실린더 내에 온도 20℃인 액상의 물 1 kg이 피스톤의 무게에 의하여 일정한 압력인 101.35 kPa로 유지되면서 가열된다고 하자. 실린더와 피스톤 사이는 밀폐되어 있지만 피스톤은 자유롭게 움직일 수 있다. 물은 가열됨에 따라 온도가 상승하고 체적은 팽창하면서 상변화과정을 거치게 된다. 이때 실린더 내의 체적변화를 그림 (2-2)과 같이 압력-비체적 선도에 나타낼 수 있다.

열이 물에 전달됨에 따라 물의 체적이 미소하게 증가하면서 피스톤은 위로 움직이고, 온도는 상승하지만 압력은 일정하게 유지된다. 물의 온도가 100℃에 도달할 때까지 실린더 내의 물은 액체 상태를 유지한다. 물의 온도가 100℃가 되면 온도는 더 이상 올라가지 않고 물의 일부가 증발하기 시작한다. 증발을 시작하면 물에 가한 열량은 모두 증발에 사용되므로 증발이 완료될 때까지 온도는 일정하고, 체적이 급격히 증가하게 된다. 그 후 계속 가열하면 증기의 온도가 증가하면서 체적도 증가한

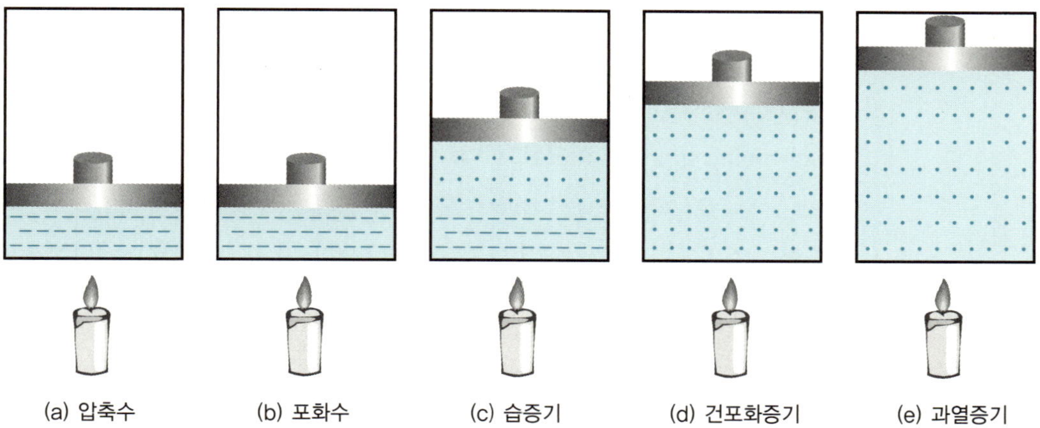

그림 2-1 물의 상변화

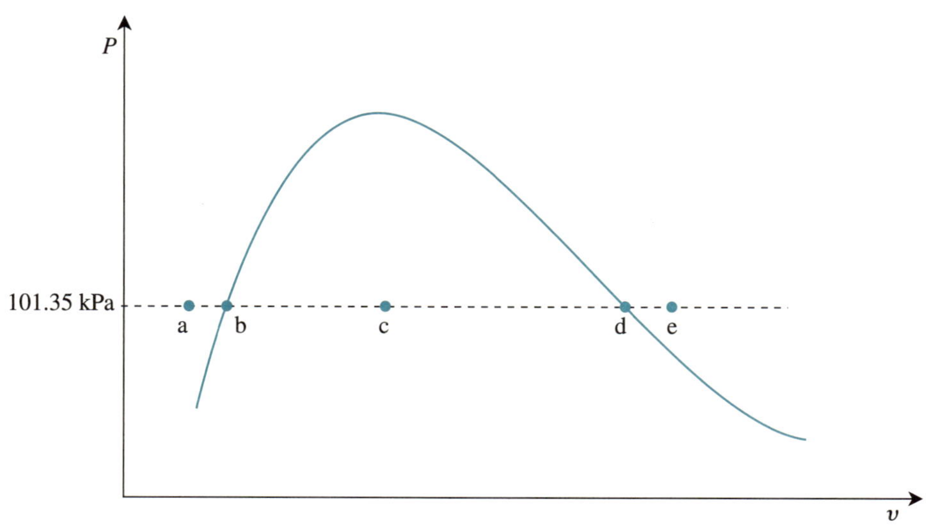

그림 2-2 물의 상변화와 $P-v$선도

다. 이와 같은 상변화과정에서 증발을 시작할 때의 온도를 포화온도(saturated temperature)라 하며, 그 때의 압력을 그 온도에 대한 포화압력(saturated pressure)이라고 한다. 순수물질은 포화온도와 포화압력 사이에 일정한 관계가 있다.

(1) 압축액 또는 불포화액

그림 (2-1)의 (a)와 같이 액체로서 포화온도에 도달하지 못한 액체를 불포화액(unsaturated liquid)이라 한다. 또한 그 온도에 상응하는 포화압력보다 높으므로 압축액(compressed liquid)이라고도 하며, 그 압력의 포화온도보다 낮으므로 과냉각액(subcooled liquid)이라고도 한다. 액체가 물인 경우에는 불포화수(unsaturated water), 압축수(compressed water) 또는 과냉각수(subcooled water)라고 한다. 불포화액을 가열하면 포화온도에 도달할 때까지 온도가 계속 증가하며, 비체적은 약간 증가한다.

(2) 포화액

그림 (2-1)의 (b)는 포화온도에 도달한 액체로서 증발 직전의 상태를 나타내며, 이를 포화액(saturated liquid)이라 한다. 액체가 물인 경우에는 포화수(saturated water)라 하며, 그림 (2-2)의 P-v 선도에 점 b로 표시되었다. 포화압력과 포화온도는 물질의 종류에 따라 다르며, 물의 경우에는 압력이 101.35 kPa일 때 포화온도가 100℃이다.

(3) 습증기

포화수를 가열하면 점차 증기로 변하기 시작하며, 이때 포화온도인 증기를 포화증기(saturated vapor)라고 한다. 포화수가 모두 포화증기로 변할 때까지 온도와 압력은 일정하게 유지되며, 비체적은 상당히 증가한다. 공급된 열은 모두 포화액을 포화증기로 상변화시키기 위해 사용하게 된다. 따라서 증발이 완료되기 전까지는 그림 (2-1)의 (c)에서 보는 바와 같이 액상인 포화수와 기상인 포화증기가 공존하게 되며, 이 상태의 물질을 습증기(wet vapor)라 한다. 그림 (2-2)의 P-v 선도에서는 점 b와 점 d사이의 상태를 나타낸다.

(4) 포화증기

앞에서 언급한 바와 같이 포화온도에 있는 증기를 포화증기라고 부르지만, 특히 그림 (2-1)의 (d)와 같이 증발이 완료되어 증기만 있는 상태를 강조하기 위하여 건포화증기(dry saturated vapor)라고도 한다. 그림 (2-2)의 P-v 선도에서는 점 d로 표시되었다.

(5) 과열증기

포화증기를 계속하여 가열하면 압력은 일정하게 유지되면서 다시 온도와 체적이 증가하기 시작한다. 이때의 증기 온도는 이 압력(101.35 kPa)에 대한 포화온도(100℃)보다 높기 때문에 과열증기(superheated vapor)라 한다. 과열증기의 상태는 그림 (2-1)의 (e)및 그림 (2-2)의 점 e에 나타내었다.

2-2-2 잠열과 현열

고체, 액체, 기체 중에서 분자간 배열상태에 따른 상호작용력은 고체에서 가장 강하며 기체에서 가장 약하다. 고체에 열을 계속 가하면 고체 내부의 분자간에 작용하고 있는 힘을 초과하게 되어 내부 배열에 큰 변화가 일어나면서 고체는 액체로 상변화가 일어나게 된다. 마찬가지로 액체에 열을 가하면 어느 시점부터 온도의 변화가 없이 기체로 상의 변화가 관찰된다. 이와 같이 물질이 온도와 압력의 변화가 없이 평형을 유지하면서 한 상에서 다른 상으로 변화할 때 흡수하거나 방출하는 열을 잠열(latent heat)이라고 한다. 잠열의 종류로 고체에 열을 가하여 액체로 될 때 흡수하는 열을 융해열(heat of fusion), 액체가 기체로 변할 때 흡수하는 열을 기화열 혹은 증발열(heat of vaporization), 고체가 액체를 거치지 않고 바로 기체로 상변화할 때 흡수하는 열을 승화열(heat of sublimation)이라고 한다. 한편 위의 경우와 반대로 열을 제거할 경우 상변화할 때 방출되는 열량은 열을 가할 때 흡수하는 열량과 크기가 동일하며, 기체에서 액체로, 액체에서 고체로, 기체에서 고체로 상변화가 일어나는 순서대로 각각 응축열(heat of condensation), 응고열(heat of solidification), 승화열이라고 한다. 물질은 압력에 따라 상변화를 일으키는데 단위질량당 고유한 잠열을 갖는다. 보통 이러한 잠열은 일상생활에서 많이 활용된다. 여름에 땅에 물을 뿌리면 시원하게 느끼는 것은 물이 증발하면서 주위에서 기화열을 빼앗기 때문이다. 냉동기는 이러한 상변화를 적극적으로 이용하는 대표적인 기계 장치이다.

한편 일정한 압력 하에서 물질을 가열하거나 냉각시킬 때 상변화가 일어나지 않고 온도의 상승만을 수반할 때 출입하는 열을 현열(sensible heat) 혹은 감열이라고 한다. 온도가 상승할수록 상변화가 없다면 내부의 운동에너지는 온도에 비례해서 증가한다. 상변화가 수반되지 않으면서 온도변화에 따라 질량 m인 물질의 비열이 C로 일정하다고 할 때, 열 Q를 가하여 처음온도 t_1에서 t_2로 변할 경우 다음과 같은 관계식이 성립한다.

$$Q = mC\Delta t = mC(t_2 - t_1) \tag{2-1}$$

예제 2-1 대기압에서 5 kg의 100℃ 수증기를 −20℃ 얼음으로 만들려고 할 경우 100℃ 수증기에서 제거해야 할 열량을 계산하여라. 단 대기압에서 수증기의 응축열과 물의 응고열은 각각 2,250 kJ/kg, 330 kJ/kg이고, 물과 얼음의 비열은 각각 4.2 kJ/kg · ℃, 2.1 kJ/kg · ℃로 일정하다고 한다.

【풀이】 100℃ 수증기를 −20℃ 얼음으로 만드는 과정은 다음 단계로 구성된다.

100℃ 수증기 ⟶ 100℃ 물 ⟶ 0℃ 물 ⟶ 0℃ 얼음 ⟶ −20℃ 얼음

(1단계 : Q_1) (2단계 : Q_2) (3단계 : Q_3) (4단계 : Q_4)

(1) 1단계 제거 열량 : 잠열

수증기의 응축열을 q_c라고 하면

$$Q_1 = mq_c = -(5)(2{,}250) = -11{,}250 \text{ kJ}$$

(2) 2단계 제거 열량 : 현열

$$Q_2 = mC_\omega \Delta t = (5)(4.2)(0 - 100) = -2{,}100 \text{ kJ}$$

(3) 3단계 제거 열량 : 잠열

물의 응고열을 q_s라고 하면

$$Q_3 = mq_s = -(5)(330) = -1,650 \text{ kJ}$$

(4) 4단계 제거 열량 : 현열

$$Q_4 = mC_i\Delta t = (5)(2.1)(-20 - 0) = -210 \text{ kJ}$$

∴ **총 제거해야 할 열량 Q_t**

$$\begin{aligned} Q_t &= Q_1 + Q_2 + Q_3 + Q_4 \\ &= -11,250 + (-2,100) + (-1,650) + (-210) \\ &= -15,210 \text{ kJ} \end{aligned}$$

■

2-3 순수물질의 평형선도

그림 (2-1)의 장치에서 피스톤에 추를 가해 물의 압력을 10 MPa로 증가시켰다고 가정하자. 초기온도를 20℃로 유지시킨다면 물이 압축되면서 피스톤의 위치는 약간 내려갈 것이다. 따라서 압력 10 MPa, 온도 20℃인 물의 비체적은 압력 101.35 kPa, 온도 20℃일 때보다 약간 작아진다. 이 상태에서 열을 가하여 압력과 비체적 사이의 관계를 나타내면 그림 (2-3)의 a′ −b′ −c′ −d′ −e′ 가 된다.

이 과정의 그림은 앞서의 과정과 매우 유사하지만, 몇 가지 중요한 차이점이 있다. 첫째, 이 압력에서 증발이 일어나는 온도(311.06℃)는 처음보다 훨씬 높다. 둘째, 101.35 kPa인 경우와 비교할 때 포화액(b′)의 비체적은 더 크고, 포화증기(d′)의 비체적은 더 작다. 이것은 포화액과 포화증기를 연결하는 수평선의 길이가 더 짧다는 것을 의미한다. 압력을 더욱 증가시키면 이 수평선의 길이는 계속 짧아져서 결국에는 포화액의 상태와 포화증기의 상태가 일치하게 될 것이다. 이 상태를 임계상태(critical state) 또는 임계점(critical point)이라고 한다. 임계점의 윗부분에서는 과열증기 영역과 압축액 영역 사이에 명확한 구분이 없다. 다시 말하면, 임계상태보다 높은 압력 또는 높은 온도에서는 액체에서 증기로(혹은 그 반대로) 상변화가 일어날

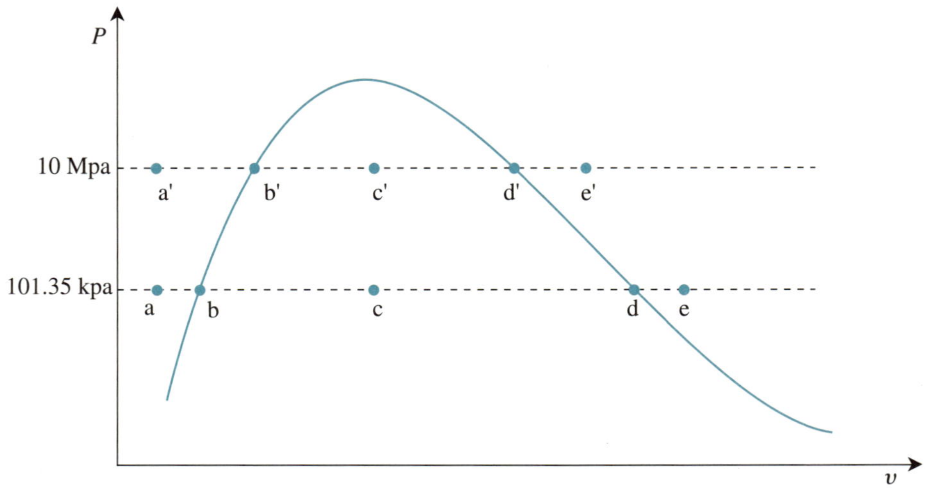

그림 2-3 압력 101.35 kPa과 10 MPa에서 물의 평형상태

수가 없다. 물의 임계압력 및 온도는 각각 22.12 MPa, 647.3 K이다.

여러 다른 압력에 대해서 동일한 실험을 하면 그림 (2-3)에서와 유사한 모양을 볼 수 있을 것이다. 포화액과 포화증기 상태를 나타내는 점들을 연결하여 1개의 그림으로 정리하면 물질의 상변화과정을 이해하기 쉽다. 이와 같은 그림을 평형선도(equilibrium diagram)라고 부른다.

(1) *P*-*v* 선도

다른 많은 압력에 대하여 위와 같은 방법으로 평형상태를 그릴 수 있고, 이때 포화액과 포화증기 상태점들을 연결시켜 표시하면 그림 (2-4)와 같이 나타난다.

그림 (2-4)에서 둥근 지붕 모양으로 된 곡선은 임계점을 기준으로 왼쪽에 모든 압력하에서 포화액의 상태점들을 연결한 포화액선, 오른쪽에 포화증기의 상태점들을 연결한 포화증기선으로 이루어져 있다. 포화액선의 왼쪽은 압축액 영역이며, 포화증기선의 오른쪽은 과열증기 영역이다. 상태 c와 같은 둥근 지붕 내의 영역은 포화액과 포화증기의 2상이 공존하는 습증기 영역이다. 임계점을 넘어선 부분은 과열증기 영역과 압축액 영역 사이에 명확한 구분이 없다. 그러나 물질의 온도가 임계점보다 높으면 통상적으로 과열증기 영역에 있다고 취급한다.

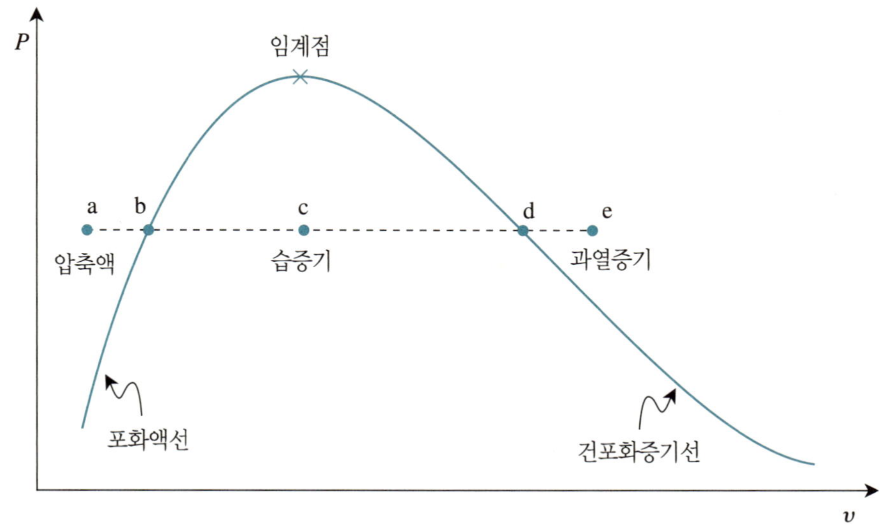

그림 2-4 물의 $P-v$ 선도

그림 (2-4)는 물의 액체와 기체 상태에 대한 ***P*-*v***선도이지만, 고상을 포함한 고체-액체의 포화영역 및 고체-증기의 포화영역까지 나타낼 수 있다. 그림 (2-5)는 물

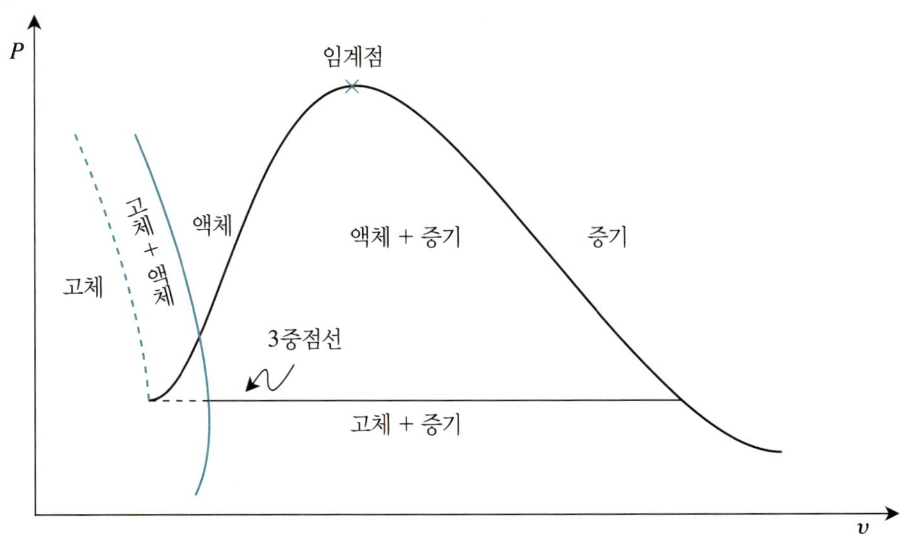

그림 2-5 물(응고할 때 팽창)의 $P-v$ 선도

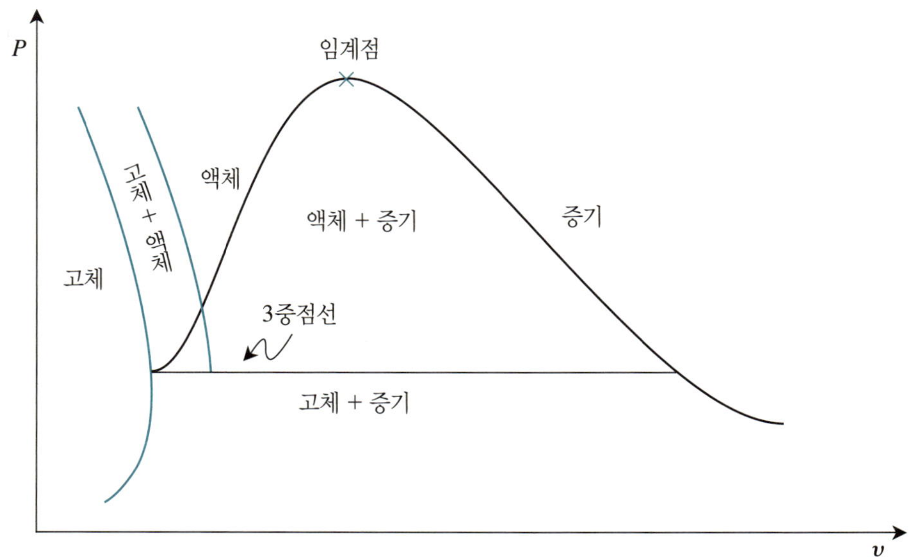

그림 2-6 응고할 때 수축하는 물질의 $P-v$ 선도

의 3상에 대한 모든 평형상태를 나타내는 선도이다. 물은 일반적인 물질과 반대로 응고할 때 팽창하는 특성을 가진다. 따라서 얼음의 비체적이 물의 비체적보다 크기 때문에 물에 대한 평형선도는 고체와 액체의 경계면에서 다른 물질들의 선도와 다르게 나타난다. 그림 (2-6)은 응고할 경우 수축하는 일반 물질의 3상에 대한 평형선도이다.

그림 (2-5)와 (2-6)의 P-v 선도는 3개의 상이 동시에 평형상태로 존재할 수 있는 3중점선(triple-point line)을 보여주고 있다. 3중점선을 따라서는 3개의 상이 모두 평형상태로 공존하며, 고체, 액체, 증기의 혼합비율에 따라 비체적이 변한다.

(2) *P-T* 선도

순수물질의 포화압력과 포화온도간의 관계를 가장 잘 나타내주는 평형선도는 P-T 선도이다. 그림 (2-7)에서 알 수 있듯이 P-T 선도에서는 고체, 액체, 기체의 3개의 상이 3개의 선으로 분리되어 나타난다. 이 3개의 선은 고체에서 액체로의 상변화를

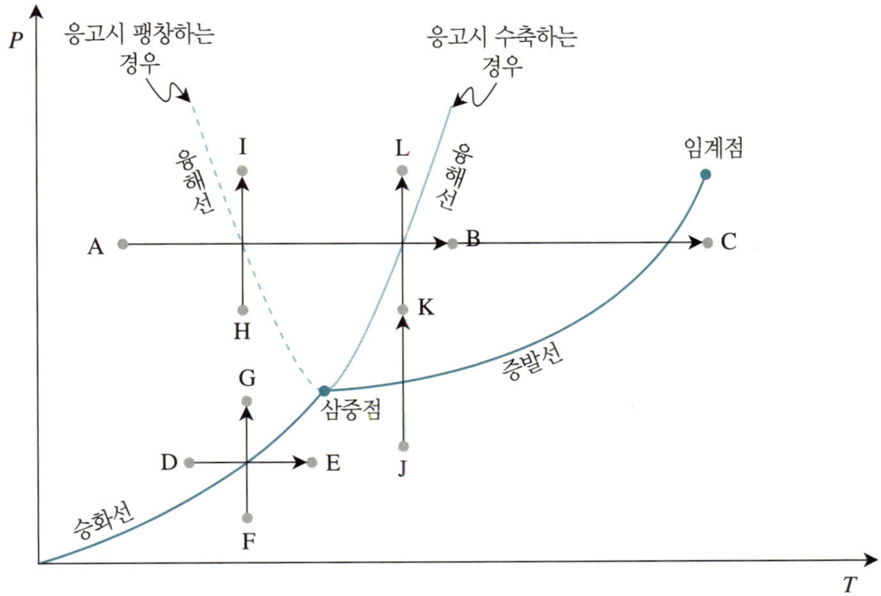

그림 2-7 순수물질의 *P*−*T* 선도

나타내는 융해선(fusion line), 액체에서 기체로의 상변화를 나타내는 증발선(vaporization line), 고체가 기체로 상변화하는 승화선(sublimation line)으로 구성된다. 응고할 경우 수축하는 물질의 융해선은 양(+)의 기울기를 갖는 반면, 응고할 때 팽창하는 물질의 융해선은 음(−)의 기울기를 갖는다.

P-T 선도에서는 3개의 선이 한 점에서 만나 물질의 3개의 상이 평형상태로 공존할 수 있는 3중점(triple point)이 유일하게 나타나는 특징이 있다. 3중점에서의 압력과 온도를 3중점의 상태량이라고 하며, 물인 경우 0.6113 kPa, 273.16 K이다.

그림 (2-7)에서 A-B-C사이의 상변화는 일반 물질에서 친숙한 현상이다. 즉, 삼중점과 임계점 사이의 압력 상태에 있는 고체를 가열하면 고체가 액체가 되고(융해) 다시 기체로 된다(증발). 그러나 D-E 사이의 상변화처럼 삼중점 이하의 낮은 압력에서 매우 차가운 고체를 가열하면 곧장 기체로 변하는 현상(승화)은 흔히 볼 수 있는 것이 아니다. 대기압에서 승화하는 물질로 널리 알려진 것은 드라이아이스(dry ice, 고체 CO_2)로서, 이 물질은 대기압 하에서 액체 상태로 존재할 수가 없다.

그림 (2-7)의 F-G, J-K-L이 보여주는 상변화처럼 모든 물질은 삼중점 이하의 매우 낮은 온도에서 압력을 높이면 기체가 곧장 고체로 변하며, 삼중점 이상의 높은 온도에서 압력을 높이면 기체는 액체로 된 후 다시 고체로 변한다. 그러나 물과 같이 응고가 되면서 체적이 증가하는 물질은 H-I의 상변화가 보여주듯이 임계점보다 약간 낮은 온도에서 압력을 증가시키면 고체가 액체로 변하는 특성이 있다. 이러한 특성을 이용한 것으로는 스케이트 타기가 있다. 즉, 스케이트를 타는 사람의 무게가 스케이트의 얇은 날에 집중되어 압력이 엄청나게 증가함으로 인하여 얼음의 표면이 녹게 되고, 스케이트는 이러한 얼음 위의 얇은 액체막 위를 미끄러지는 것이다.

2-4 순수물질의 상태량

순수물질은 고체, 액체 및 증기 상태로 존재할 수 있고, 또한 2개 이상의 상이 평형상태로 존재할 수도 있다. 이와 같이 다양한 상태로 존재하는 순수물질에 대하여 열역학적 성질의 관계를 하나의 상태방정식만으로 나타낼 수는 없다. 따라서 압력, 체적, 온도 그리고 다른 열역학적 상태량들을 열역학적 관계식을 이용하여 구한 후 표나 그림의 형태로 만들어 이용하고 있다. 다른 열역학적 상태량들로는 내부에너지, 엔탈피, 엔트로피 등이 있으며, 이들에 대해서는 다음 장 및 그 이후의 장에서 다룬다.

이 절에서는 압축액, 과열증기 그리고 습증기 상태인 순수물질의 상태량을 구하기 위한 표의 사용에 중점을 두어 논의한다. 이러한 표를 증기표라고 하며, 증기표는 포화증기표, 과열증기표 및 압축액표 세가지로 구분되어 있다. 포화증기표는 이용의 편리를 위하여 압력기준 포화증기표와 온도기준 포화증기표로 나누어 정리한다. 이 책의 부록에 물과 냉동기의 냉매로 사용되는 암모니아, R-12에 대한 증기표(steam table)가 수록되어 있다.

포화증기표에는 [부록 2-1]의 표에서 볼 수 있듯이, 물의 온도에 대한 포화압력과 그 때의 포화액과 포화증기의 비체적, 내부에너지, 엔탈피, 엔트로피 등이 포함되어 있다. [부록 2-2]의 표에는 물의 압력에 대한 포화온도와 기타 열역학적 상태량들이 포함된다. 과열증기표[부록 2-3] 및 압축액표[부록 2-4]는 각각 과열증기 및 압축액의 열역학적 상태량을 온도와 압력에 따라서 표시하고 있다. 표에 주어지지 않은 온도 및 압력에 대한 성질은 통상 선형보간법(linear interpolation)을 이용하여 구하게 되며, 이에 대해서는 (예제 2-2)을 통하여 설명한다.

포화액을 가열하면 액체의 일부가 증발하여 습증기의 상태가 되는데, 그것은 포화액과 포화증기가 평형상태로 공존하고 있는 상태이다. 그 상태에서 온도와 압력 사이에는 일정한 관계가 있으므로, 온도와 압력 중 어느 값이 정해지면 나머지 값이 정해진다. 따라서 습증기의 상태를 결정하는 데는 온도나 압력 중 어느 한 값과 또 하나의 양이 필요하다. 이 양을 건도 또는 건조도(quality or dryness factor)라 하며, 단위 질량의 습증기에 포함되어 있는 포화증기의 양으로 정의한다. 따라서 습증기 1 kg중에 포화증기 x kg이 포함되어 있다면 건도는 x이다. 이때 $(1-x)$ kg은 포화액의 양이 되며, $(1-x)$를 습도(wetness or humidity)라고 한다. 습증기 내의 포화액과 포화증기의 질량을 각각 m_f, m_g, 라고 하면 건도 x는 다음과 같이 표시된다.

$$x = \frac{m_g}{m_f + m_g} \tag{2-2}$$

습증기의 모든 성질은 포화액과 포화증기의 성질을 알고 이들의 구성비를 알면 계산할 수 있다. 즉, 건도가 x인 습증기 1 kg의 성질은 x kg인 포화증기의 성질과 $(1-x)$ kg인 포화액의 성질을 합한 것과 같게 된다. 예를 들어 건도가 x인 습증기의 비체적 v_x는, 포화액과 포화증기의 비체적을 각각 v_f, v_g라고 할 때 다음과 같이 된다.

$$\begin{aligned} v_x &= xv_g + (1-x)v_f \\ &= v_f + x(v_g - v_f) \\ &= v_f + x \cdot v_{fg} \end{aligned} \tag{2-3}$$

위식에서 $v_{fg} = v_g - v_f$ 이다. 식 (2-3)로부터 비체적을 알고 있는 습증기의 건도 x는 다음과 같이 구할 수 있다.

$$x = \frac{v_x - v_f}{v_g - v_f} \tag{2-4}$$

예제 2-2 온도가 98℃인 물의 포화압력과, 그 온도에서 포화액과 포화증기의 비체적을 다음의 표를 이용하여 보간법으로 구하라.

온도[℃], T	압력[kPa], P	비체적 [m^3/kg]	
		포화액(v_f)	포화증기(v_g)
95	84.55	0.001040	1.9820
100	101.35	0.001044	1.6729

【풀이】 포화증기표에는 98℃에 대한 값이 없으므로 98℃ 전후의 값으로 선형보간법을 통하여 구한다. 포화압력에 대한 보간법 계산을 위하여 그림 (2-8)에서 삼각형의 비례식을 이용하면 다음과 같이 정리할 수 있다.

$$\frac{(P - P_1)}{(T - T_1)} = \frac{(P_2 - P_1)}{(T_2 - T_1)}$$

$$\therefore P = P_1 + \frac{(T - T_1)}{(T_2 - T_1)}(P_2 - P_1)$$

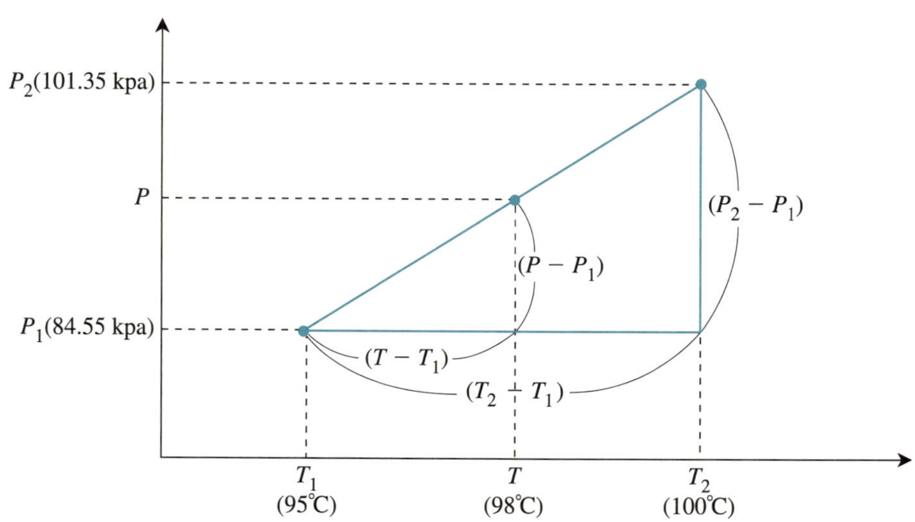

그림 2-8 보간법

위의 계산식에 해당하는 값을 대입하여 정리하면 98℃인 물의 포화압력은 94.61 kPa이 된다. 즉,

$$P = 84.55 + \frac{(98 - 95)}{(100 - 95)}(101.35 - 84.55) = 94.63 \text{ kPa}$$

마찬가지 방법으로 98℃인 포화액과 포화증기의 비체적을 구하면 다음과 같다.

$$v_f = 0.001040 + \frac{(98 - 95)}{(100 - 95)}(0.001044 - 0.001040)$$
$$= 0.0010424 \text{ m}^3/\text{kg}$$

$$v_g = 1.9820 + \frac{(98 - 95)}{(100 - 95)}(1.6729 - 1.9820) = 1.7965 \text{ m}^3/\text{kg}$$

【참고】 선형보간법은 단지 근사법으로서 오차 발생이 예상되지만, 표에 나타난 값의 증분이 작으면 보통 그 오차는 무시할 수 있다. 실제로 증기표를 이용하는 경우 증기표의 값을 그대로 사용하는 경우는 드물고, 보간법을 통하여 구한 값을 이용하는 경우가 많으므로 위의 계산에 익숙해질 필요가 있다. ■

예제 2-3 압력이 0.5 MPa, 비체적이 0.25 m^3/kg인 습증기의 건도를 구하라. 단, 압력이 0.5 MPa인 포화액과 포화증기의 비체적은 각각 v_f = 0.001093 m^3/kg, v_g = 0.3749 m^3/kg이다.

【풀이】 식 (2-4)으로부터 $x = \dfrac{v_x - v_f}{v_g - v_f} = \dfrac{0.25 - 0.001093}{0.3749 - 0.001093}$

$$= 0.666$$ ■

예제 2-4 포화증기표를 이용하여 온도 25℃, 건도 70%인 습증기의 압력과 비체적을 구하라.

【풀이】 (1) 습증기의 압력

습증기는 포화상태에 있으므로 온도 25℃인 물의 포화압력이 습증기의 압력과 같다. 즉, 포화증기표로부터

$$P = 3.169\ \text{kPa}$$

(2) 습증기의 비체적

포화증기표로부터 온도 25℃인 포화액과 포화증기의 비체적은 각각 $v_f = 0.001003\ \text{m}^3/\text{kg}$, $v_g = 43.36\ \text{m}^3/\text{kg}$이므로, 건도가 70%인 습증기의 비체적은 식 (2-3)을 이용하여 다음과 같이 구할 수 있다.

$$\begin{aligned} v_x &= xv_g + (1-x)v_f = (0.7)(43.36) + (1-0.7)(0.001003) \\ &= 30.3523\ m^3/kg \end{aligned}$$

■

예제 2-5 체적이 2 m^{3}인 압력 용기 내에 물 5 kg을 넣고 열을 가했더니 온도가 125℃가 되었다. 이때 용기 내의 상태가 습증기라면, 용기 내의 압력과 습증기의 건도를 구하라.

【풀이】

(1) 용기 내의 압력

용기 내의 습증기는 포화상태에 있으므로 온도 125℃인 물의 포화압력이 습증기의 압력과 같다. 즉, 포화증기표로부터

$$P = 232.1\ \text{kPa}$$

(2) 습증기의 건도

용기 내 습증기의 비체적은 $v = \dfrac{V}{m} = \dfrac{2}{5} = 0.4\ \text{m}^3/\text{kg}$이며,

포화증기표로부터 온도 125℃인 포화액과 포화증기의 비체적은 각각 $v_f = 0.001065\ \text{m}^3/\text{kg}$, $v_g = 0.7706\ \text{m}^3/\text{kg}$이므로, 습증기의 건도는 식 (2-4)를 이용하여 다음과 같이 구할 수 있다.

$$x = \frac{v_x - v_f}{v_g - v_f} = \frac{0.4 - 0.001065}{0.7706 - 0.001065} = 0.518$$

■

2-5 이상기체의 정의

기체(gas)는 에너지 교환(열 ⟷ 일)에 의하여 압축이나 팽창이 비교적 쉬우므로, 다양한 공학 분야에서 널리 사용되고 있다. 예를 들면, 내연기관에 동작유체로 사용되는 공기(주성분: 질소, 산소)와 연소가스, 증기터빈이나 보일러에 사용되는 수증기, 그리고 냉동기의 냉매로 사용되는 할로겐화탄화수소(일명 Freon 가스), 암모니아(ammonia) 및 탄산가스(CO_2) 등이 있다. 이들 중에서 냉매와 수증기 등은 상압, 상온의 범위에서 쉽게 상변화(기체 ⟷ 액체)가 이루어지는 특성을 이용하게 되며, 일반적인 기체와 구분하여 증기(vapor)라 부르기도 한다.

이상기체(ideal gas)란 다음 절부터 설명하는 상태방정식을 만족하면서 상태변화를 하는 기체를 말하며, 완전가스(perfect gas)라고도 한다. 이것을 미시적으로 보면, 기체를 구성하는 분자 사이의 거리가 무한대로 멀고, 분자의 크기와 분자간에 작용하는 인력을 무시할 수 있는 기체를 말한다. 공기, 연소가스, 산소, 질소, 수소 및 헬륨 등은 특별히 고압이거나 저온이 아닌 경우 상태방정식을 근사적으로 만족시키므로 실용상 이상기체로 취급한다.

이에 반하여, 증기는 상태방정식을 만족시키지 못하므로, 이상기체 또는 완전가스와 구분하기 위하여 실제기체(real gas) 또는 불완전가스(imperfect gas)라고도

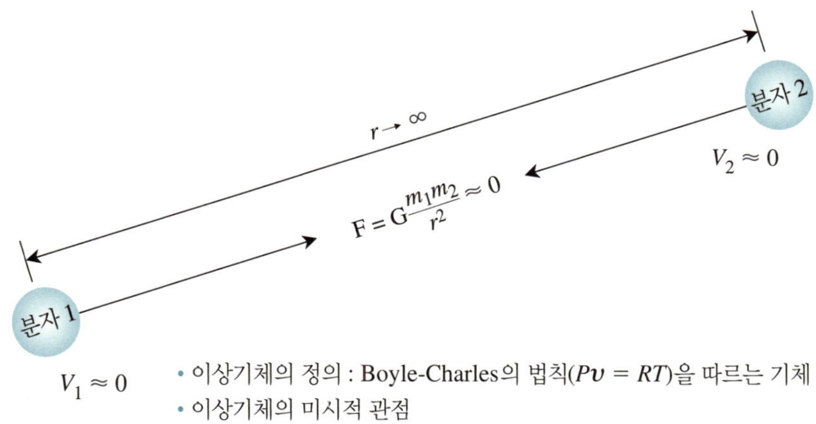

그림 2-9 이상기체의 정의

부른다. 그러나 증기도 고온, 저압 상태에서는 이상기체에 가까운 성질을 갖게 되므로 상태방정식을 적용할 수 있다. 왜냐하면, 기체의 온도가 높아지면 분자의 활동이 활발해지므로 분자간에 작용하는 인력의 영향이 상대적으로 작아지고, 압력이 낮아지면 기체 전체에 대하여 개개의 분자가 차지하는 체적이 적어질 뿐만 아니라, 분자 사이의 거리가 멀어져 분자간에 작용하는 인력을 무시할 수 있기 때문이다.

2-6 이상기체의 상태방정식과 Boyle-Charles의 법칙

(1) Boyle의 법칙

영국의 물리학자 Boyle(Robert Boyle)은 1662년 "온도가 일정한 상태에서 모든 기체의 비체적 v는 압력 P에 반비례하여 변화한다"는 것을 실험적으로 발견하였

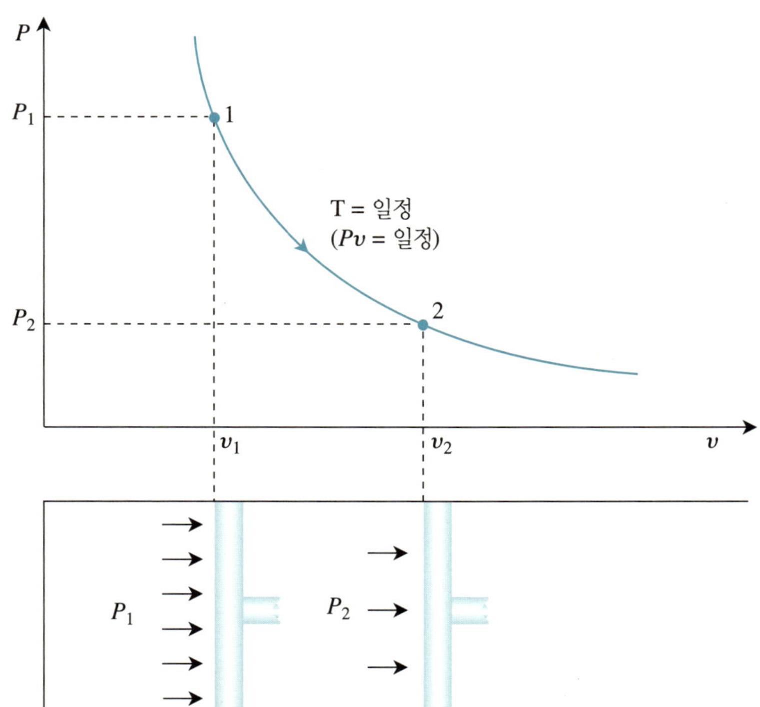

그림 2-10 Boyle의 법칙($P-v$ 선도)

다. 이것을 Boyle의 법칙(Boyle's law)이라 하며, 다음과 같이 나타낸다.

$$Pv = C(\text{일정}) \tag{2-5}$$

초기 상태인 압력 P_1, 비체적 v_1의 기체가 등온상태에서 압력 P_2, 비체적 v_2인 상태로 변했다면, Boyle의 법칙에 의해 다음의 관계식이 성립한다.

$$P_1v_1 = P_2v_2 \quad \text{또는} \quad \frac{v_1}{v_2} = \frac{P_2}{P_1} \tag{2-6}$$

그림 (2-10)은 이 관계를 나타낸 것이며, *P*-*v* 선도 상에서 직각쌍곡선으로 표시된다.

예제 2-6 실린더에 들어 있는 공기를 초기 상태인 압력 100 kPa, 온도 0℃에서 압축하였더니 압력이 200 kPa로 되었다. 압축하는 동안 온도의 변화가 없었다면, 압축 후 공기의 비체적은 얼마인가? 단, 초기 상태인 공기의 비체적은 0.784 m^3/kg이다.

【풀이】 식 (2-6)으로부터 $P_1v_1 = P_2v_2$

$$\therefore v_2 = v_1\frac{P_1}{P_2} = (0.784\ \text{m}^3/\text{kg})\left(\frac{100\ kPa}{200\ kPa}\right) = 0.392\ \text{m}^3/\text{kg}$$ ■

(2) Charles의 법칙(Charles's law)

1782년 프랑스의 Charles(Jacques A. C. Charles)은 "압력이 일정한 상태에서 모든 기체의 비체적 v는 온도 t가 1℃ 변화하면, 온도 0℃에서의 비체적 v_0의 약 1/273만큼씩 변한다"는 것을 실험적으로 발견하였다. 이것을 Charles의 법칙(Charles' law)이라 하며, 달리 표현하면 "압력이 일정한 상태에서 모든 기체의 비체적 v는 절대온도 T에 비례하여 변한다"는 것이다. 등압상태에서 기체의 상태가 변하는 과정을 *v*-*T* 선도 상에 나타내면 그림 (2-11)과 같이 직선으로 표현된다.

온도가 t℃인 기체의 비체적은 T_0 = 273 K라면 Charles의 법칙에 의해 식 (2-7)로 구할 수 있으며, Charles의 법칙을 나타내는 식인 등압상태에서 기체의 상태변화를 계산하는 식은 식 (2-8)과 같이 된다.

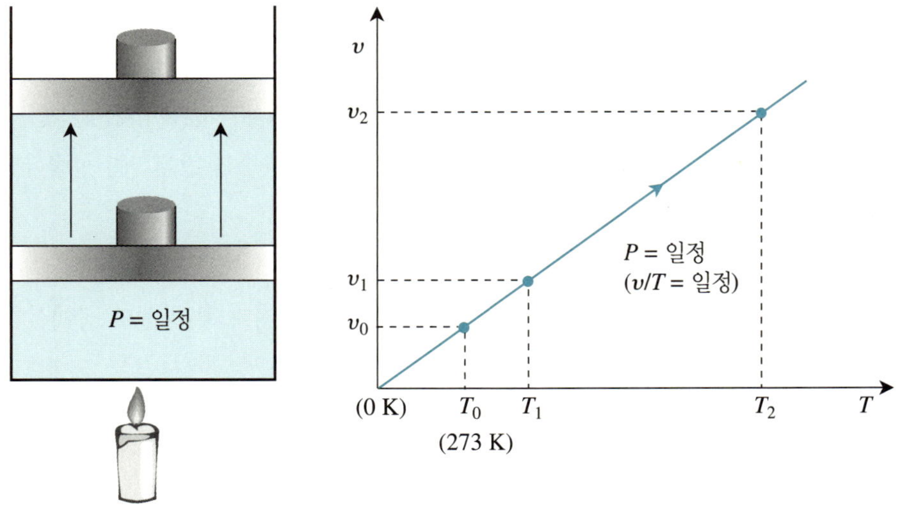

그림 2-11 Charles의 법칙($v-T$ 선도)

$$v = v_0 + \frac{v_0}{273} t = v_0\left(1 + \frac{1}{273} t\right) = v_0\left(\frac{273 + t}{273}\right) = v_0\left(\frac{T}{T_0}\right) \qquad (2\text{-}7)$$

$$\frac{v}{T} = C(\text{상수}) \quad \text{또는} \quad \frac{v_1}{v_2} = \frac{T_1}{T_2} \qquad (2\text{-}8)$$

예제 2-7 그림 (2-12)에서 피스톤은 실린더와 마찰 없이 벽면을 미끄러지며, 일정한 질량의 추에 의하여 실린더에 들어 있는 공기의 압력을 항상 일정하게 유지시킨다. 이 공기를 가열하여 온도가 20℃에서 200℃로 되었다면 공기의 비체적은 몇 배가 증가하였겠는가?

【풀이】 식 (2-8)로부터 $\frac{v_1}{v_2} = \frac{T_1}{T_2}$

$$\therefore v_2 = \left(\frac{T_2}{T_1}\right)v_1 = \left(\frac{273.15 + 200}{273.15 + 20}\right)v_1 = 1.61\ v_1$$

또는 1.61배 증가 ■

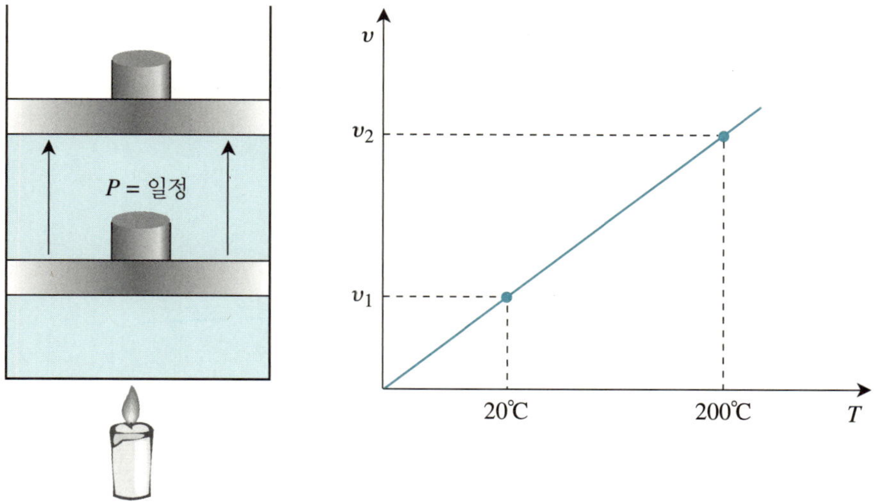

그림 2-12 예제 2.6의 그림

(3) Boyle-Charles의 법칙(상태방정식)

Boyle의 법칙은 이상기체의 압력 P와 비체적 v의 관계를 나타내고, Charles의 법칙은 비체적 v와 온도 T의 관계를 나타낸다. 이들의 법칙을 이용하여 이상기체의 열역학적 상태인 P, v 및 T에 관한 관계식을 유도해보자.

그림 (2-13)에서 상태 1(P_1, v_1, T_1)에서 상태 2(P_2, v_2, T_2)로 기체가 변화하는 과정을 편의상 1에서 a의 등온과정과 a에서 2의 정압과정으로 나눈다.

1-a 과정은 Boyle의 법칙으로부터

$$P_1 v_1 = P_2 v \text{ 이므로}$$

$$v = v_1 \frac{P_1}{P_2} \qquad ①$$

a-2 과정은 Charles의 법칙으로부터

$$\frac{v}{v_2} = \frac{T_1}{T_2} \text{ 이므로}$$

$$v = v_2 \frac{T_1}{T_2} \qquad ②$$

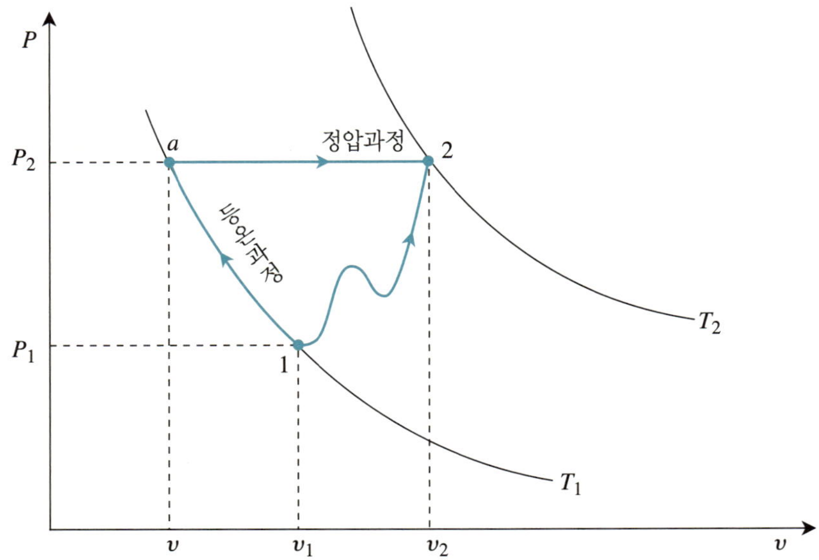

그림 2-13 Boyle-Charles의 법칙

식 ①, ②로부터 v를 제거하면

$$\frac{P_1 v_1}{T_1} = \frac{P_2 v_2}{T_2} \quad ③$$

식 ③에서 P, v 및 T는 상태량이므로 상태의 변화과정을 고려할 필요가 없다. 따라서 식 ③으로부터 임의상태인 이상기체의 P, v 및 T의 사이에는 항상 다음과 같은 관계가 존재한다.

$$\frac{Pv}{T} = C(\text{일정}) \tag{2-9}$$

식 (2-9)에서 상수(constant)를 R이라 하면 다음의 관계식이 성립한다.

$$\frac{Pv}{T} = \mathrm{R}$$

$$\therefore Pv = RT \tag{2-10}$$

질량 m kg의 기체에 대해서는 $m = \frac{V}{v}$ 이므로 다음과 같이 나타낼 수 있다.

$$PV = mRT \tag{2-11}$$

식 (2-10) 및 (2-11)을 이상기체의 상태방정식(ideal gas equation of state 또는 gas equation)이라 하며, 이와 같은 관계를 Boyle-Charles의 법칙(Boyle's and Charles' law)이라 한다.

한편 상수 R은 기체의 상태와 관계없이 기체의 종류에 대하여 특유한 값을 가지며, 이를 특정기체상수(a constant for a particular gas) 또는 특정가스정수라 부르는데 보통 기체상수라고 줄여서 표기한다. 주요 기체의 기체상수는 부록 표 1-1에 표시되어 있다. R의 단위는 이상기체의 상태방정식으로부터 다음과 같이 유도된다.

$$[R] = \frac{[\mathrm{P}][\mathrm{V}]}{[\mathrm{m}][\mathrm{T}]} = \frac{[\mathrm{Pa} = \mathrm{N/m^2}][\mathrm{m^3}]}{[\mathrm{kg}][\mathrm{K}]} = \frac{[\mathrm{J}]}{[\mathrm{kg}\cdot\mathrm{K}]}$$

예제 2-8 표준상태(0℃, 1atm)에서 단위 질량에 대한 공기의 비체적이 0.7734 $\mathrm{m^3/kg}$일 때, 공기의 기체상수를 SI단위(kJ/kg · K)로 구하라. 단, 1 atm = 760 mmHg = 101.3 kPa이다.

【풀이】 식 (2-10) $Pv = RT$에서 $R = \dfrac{Pv}{T}$

$$\therefore R = \frac{Pv}{T} = \frac{(101.3 \times 10^3\ \mathrm{N/m^2})(0.7734\ \mathrm{m^3/kg})}{273.15\ \mathrm{K}} = 0.287\ \mathrm{kJ/kg\cdot K}$$

■

예제 2-9 4 m × 10 m × 3m크기의 방에 있는 공기의 질량(kg)을 구하라. 공기의 압력, 온도 및 기체상수는 각각 1 atm, 20℃ 및 0.287 kJ/kg · K이고, 공기는 이상기체로 가정한다.

【풀이】 식 (2-11)에서

$$m = \frac{PV}{RT} = \frac{(101.3 \times 10^3\ \mathrm{N/m^2})(4\ \mathrm{m} \times 10\ \mathrm{m} \times 3\ \mathrm{m})}{(287\ \mathrm{J/kg\cdot K})(293.15\ \mathrm{K})} = 144.6\ \mathrm{kg}$$

■

예제 2-10 압력 500 kPa, 온도 20℃인 탄산가스 10 kg을 저장하는데 필요한 압력용기의 용량을 구하라. 단, 탄산가스의 기체상수는 0.1889 kJ/kg · K이다.

【풀이】 식 (2-11) $PV = mRT$에서

$$V = \frac{mRT}{P} = \frac{(10\ \text{kg})(188.9\ \text{J/kg}\cdot\text{K})(293.15\ \text{K})}{(500 \times 10^3\ \text{Pa})} = 1.107\ \text{m}^3$$

■

2-7 일반기체상수와 Avogadro의 법칙

기체의 상태변화를 취급할 때는 단위질량(kg) 외에 몰(mol)이란 SI단위도 사용하며 이에 대해서는 1장에서 다루었다. 1811년 이탈리아의 아보가드로(A. Avogadro)는 "온도와 압력이 동일한 경우 동일한 체적 속에 있는 모든 기체는 동일한 분자수를 갖는다"라는 가설을 제창하였으며, 이를 Avogadro의 법칙(Avogadro's law)이라고 한다. 동일한 분자수의 질량은 분자량 M에 비례하고, 기체의 단위체적당 질량은 M에 비례한다. 따라서 Avogadro의 법칙은 "동일한 mol 수의 모든 기체는 동일한 온도와 압력에서는 동일한 체적을 갖는다" 라고 표현할 수도 있다. 현재까지 알려진 바로는 표준상태(0℃, 1 atm)에서 1 mol의 모든 기체는 0.02241 m^3의 체적을 가지며, 그 속에는 6.02×10^{23}개의 분자가 존재한다.

이상기체의 상태방정식을 [mol]에 대하여 유도해 보자.

식 (2-10)에서 기체 1 kg에 대한 식은 $Pv = RT$ ①

분자량 M kg에 대한 식은 $P(Mv) = (MR)T$ ②

$v_{mol} = Mv$, $\overline{R} = MR$을 식 ②에 대입하면, 다음과 같이 1 mol에 대한 이상기체의 상태방정식이 성립된다.

$$Pv_{mol} = \overline{R}T \tag{2-12}$$

식 (2-12)에서 v_{mol}은 기체 1 mol에 대한 비체적이며, $\overline{R}$는 일반기체상수(universal gas constant)로서 기체의 종류와 관계없이 일정한 값을 가진다. 최근의 정밀한 측정에 의하면 $\overline{R}$ = 8.31441 J/mol · K(kJ/kmol · K)이지만, Avogadro의

법칙에 의하면 표준상태에서 1 mol의 모든 기체는 0.02241 m^3의 체적을 가지므로 다음과 같이 식 (2-12)로부터 $\overline{R}$를 구할 수 있다.

$$\overline{R} = \frac{Pv_{mol}}{T} = \frac{(101.3 \times 10^3 \text{ Pa}) \times (0.02241 \text{ m}^3/\text{mol})}{273.15 \text{ K}}$$

$$\approx 8.315 \text{ J/mol} \cdot \text{K} \qquad (2\text{-}13)$$

식 (2-12)를 n mol에 대하여 다시 쓰면, 다음과 같이 된다.

$$PV = n\overline{R}T \qquad (2\text{-}14)$$

예제 2-11 분자량이 32인 산소 96 kg에 대하여 몰수 및 기체상수를 구하라.

【풀이】

(1) 몰수

$$n = \frac{m}{M} = \frac{96 \text{ kg}}{32 \text{ kg/kmol}} = 3 \text{ kmol}$$

(2) 기체상수

$\overline{R} = MR$이므로

$$R = \frac{\overline{R}}{M} = \frac{8.3143 \text{ kJ/kmol} \cdot \text{K}}{32} = 0.25982 \text{ kJ/kmol} \cdot \text{K}$$ ■

예제 2-12 온도 20℃, 압력 250 kPa인 공기 3 kmol이 차지하는 체적을 구하라.

【풀이】 식 (2-14) $PV = n\overline{R}T$로부터

$$V = \frac{n\overline{R}T}{P} = \frac{(3 \text{ kmol})(8.3143 \times 10^3 \text{ J/kmol} \cdot \text{K})(293.15 \text{ K})}{250 \times 10^3 \text{ N/m}^2}$$

$$= 29.23 \text{ m}^3$$ ■

연습문제 EXERCISE

2-1 물의 증기표를 이용하여 물이 125℃에서 끓기 위한 압력을 구하라.

2-2 대기의 압력이 70 kPa인 높은 산 위에서 물이 끓고 있을 때의 온도를 구하라. 단, 물의 증기표로부터 압력이 50 kPa, 75 kPa일 때 포화온도가 각각 81.33℃, 91.78℃임을 알고 있다고 가정하고 보간법을 이용하라.

2-3 체적 5 m^3의 용기 안에 질량 60 kg인 습증기가 압력 2 MPa의 상태로 들어있다. 물의 증기표를 이용하여 이 습증기의 온도와 건도를 구하라.

2-4 압력이 3 MPa인 용기 내에 건도가 0.8인 습증기가 들어있다. 용기의 체적이 5 m^3이라면, 습증기의 비체적과 질량은 얼마인가? 단, 압력 3 MPa인 포화액과 포화증기의 비체적은 각각 $v_f = 0.001217\ m^3/kg$, $v_g = 0.06668\ m^3/kg$이다.

2-5 체적 3 m^3인 용기 안에서 물이 끓고 있다. 물의 온도가 120℃이고, 물이 차지하는 체적이 용기의 1/100일 때, 용기 내부에 있는 습증기의 압력과 건도를 구하라.

2-6 다음과 같은 상태에 있는 수증기에 Boyle-Charles의 법칙을 적용하여 계산하였을 때 실제와 가장 가까운 값을 나타내는 것은 어느 것인가?

(1) 저온저압 (2) 저온고압

(3) 고온저압 (4) 고온고압 (5) 관계없음

2-7 그림과 같이 실린더에 들어 있는 온도 400℃, 압력 300 kPa의 공기가 서서히 냉각된다. 이 때 피스톤은 실린더와 마찰 없이 벽면을 미끄러지며, 피스톤이 멈추개(stop)에 닿을 때까지는 일정한 중량의 추에 의하여 실린더 내 공기의 압력은 일정하게 유지된다. 주변 공기의 온도는 20℃이고, 멈추개는 실린더의 중간 높이에 위

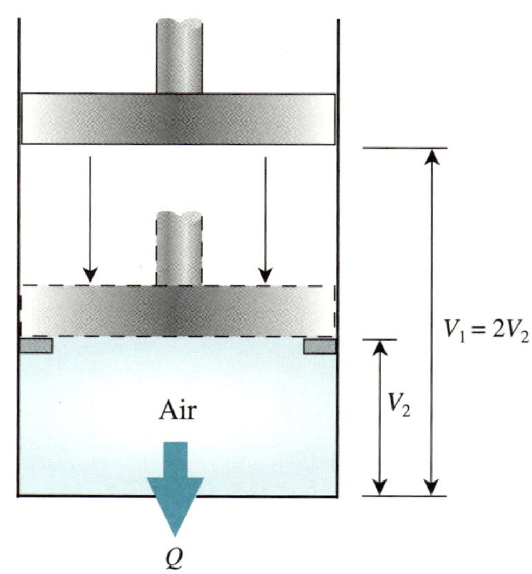

치해 있을 때 다음을 구하라.

(1) 피스톤이 멈추개에 닿을 때 실린더 내 공기의 온도(℃)

(2) 냉각이 계속되어 실린더 내 공기의 온도가 주변 공기의 온도와 동일해졌을 때 실린더 내 공기의 압력(kPa)

2-8 체적이 10 m^3인 용기 속에 온도 20℃인 질소(N_2) 30 kg이 들어 있을 때 질소의 압력(kPa)을 구하라. 단, 질소의 기체상수는 296.9 J/kg · K이다.

2-9 반지름이 5 m인 구형 기구(spherical balloon)에 이상기체가 들어 있다. 기체의 온도가 20℃, 압력이 100 kPa이고, 기체의 종류가 다음과 같을 때 기체의 질량(kg)을 구하라.

(1) 공기(air, R = 287.2J/kg · K)

(2) 헬륨(He, R = 2077.2J/kg · K

2-10 체적이 0.5 m^3인 탱크에 1,000 kPa, 25℃의 공기가 들어 있다. 탱크의 밸브를 열어서 2 kg의 공기를 빼고 온도를 16℃로 낮추면, 탱크 내의 압력(kPa)은 얼마로 되겠는가? 단, 공기의 기체상수는 0.2872 kJ/kg · K이다.

2-11 자동차 타이어 내부의 공기압력이 계기압으로 230 kPa이다. 타이어 내부의 체적이 0.3 m^3이고, 공기의 온도는 20℃, 기체상수는 0.2872 kJ/kg · K이라면, 타이어 내부 공기의 질량(kg)은 얼마인가? 단, 대기압은 100 kPa이다.

2-12 질소(N_2) 50 kg은 몇 kmol인가? 단, 질소의 분자량은 28.0134이다.

2-13 헬륨(He) 기체 10 kg이 체적 2.5 m^3의 탱크에 저장되어 있다. 헬륨의 온도는 20℃, 분자량은 4.0026이라면, 헬륨의 압력(MPa)은 얼마인가? 단, 일반기체상수는 8.3143 kJ/kmol · K이다.

2-14 −10℃인 얼음 10 kg을 50℃의 물로 만들 경우 가해질 열량을 계산하여라. 단, 대기압에서 수증기의 응축열과 물의 응고열은 각각 2,250 kJ/kg, 330 kJ/kg이고, 물과 얼음의 비열은 각각 4.2 kJ/kg · ℃, 2.1 kJ/kg · ℃로 일정하다고 한다.

Engineering Thermodynamics

CHAPTER 3

열역학 제1법칙

학습내용

에너지는 열역학의 기본 개념이며 공학적 해석의 중요한 분야의 하나이다. 에너지는 기본적으로 시스템에 저장될 수 있으며, 한 형태에서 다른 형태로 변화될 수 있고, 또한 시스템을 통하여 전달될 수도 있다. 그러나 에너지의 총량은 모든 변환 과정과 전달 과정에서도 보존이 된다. 이러한 원리인 에너지 보존법칙, 즉 열역학 제1법칙에 대하여 이 장에서는 논의한다. 공학적 응용을 위하여 밀폐시스템과 개방시스템에 열역학 제1법칙을 적용할 수 있도록 에너지 방정식을 유도하고, 실용적인 해석을 위한 몇 가지 응용예를 다룬다.

❖ 적용분야

터빈, 압축기, 펌프, 노즐, 디퓨저, 밸브, 응축기, 증발기 등에서의 에너지 계산 분야

Chapter 3 열역학 제1법칙

3-1 열역학적 에너지

에너지(energy)는 일을 할 수 있는 능력을 말하며, 열역학의 기본개념으로서 공학적 해석의 중요한 부분을 차지한다. 물체가 갖고 있는 에너지의 종류는 다양하지만, 보통 열역학에서 취급하는 에너지는 일에너지(work energy), 기계적 에너지(mechanical energy), 내부에너지(internal energy) 및 열에너지(heat energy)가 있다. 기계적 에너지는 역학적 에너지라고도 하며, 운동에너지(kinetic energy)와 위치에너지(potential energy)를 포함한다.

일에너지 W는 어느 물체에 힘 F[N]을 가하여 이 힘과 동일한 방향으로 x[m]만큼의 거리를 움직이게 했을 때 힘의 크기와 물체가 이동한 거리의 곱으로 정의한다. 즉,

$$W = Fx \tag{3-1}$$

이다. 일의 SI 단위는 줄[J]이며, $1\ \text{J} = 1\ \text{N} \cdot \text{m} = 1\ \text{kg} \cdot \text{m}^2/\text{s}^2$이다. 또한 모든 형태의 에너지는 일과 같은 단위로 측정되므로 모든 에너지의 SI 단위 역시 줄[J]로 표시된다.

운동하는 물체는 다른 물체와의 충돌로 인하여 일을 할 수 있기 때문에 에너지를 갖고 있다. 이 에너지가 운동에너지이다. 속도 V[m/s]로 운동하고 있는 질량 m[kg]의 물체가 갖는 운동에너지 E_k는 다음 식으로 표시된다.

$$E_k = \frac{1}{2} mV^2 \tag{3-2}$$

위치에너지는 물체가 힘의 장(field of force) 안에 있기 때문에 갖게 되는 에너지이다. 이 장에서는 중력장이 일정한 지구상의 물체에 대하여 다룬다. 중력가속도를 g[m/s^2]라 할 때 어느 기준면으로부터 z[m]의 높이에 위치하고 있는 물체가 갖는 위치에너지 E_p는 다음과 같다.

$$E_p = mgz \tag{3-3}$$

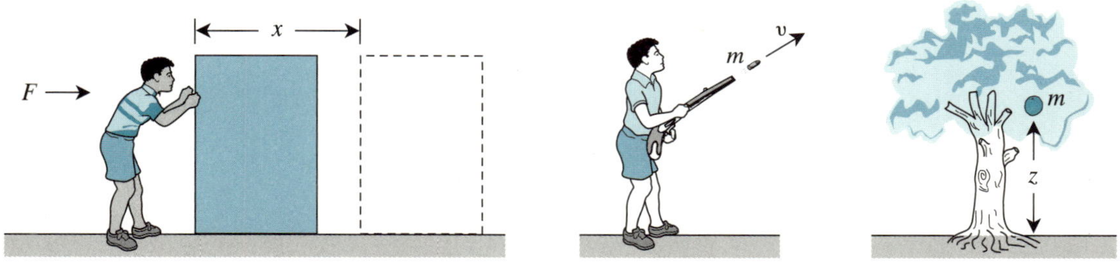

$W = Fx$ (a) 일에너지

$E_k = \frac{1}{2}mv^2$ (b) 운동에너지

$E_p = mgz$ (c) 위치에너지

그림 3-1 에너지의 종류

내부에너지란 물체의 온도나 압력 등에 따라 그 물체의 내부에 보유하고 있는 에너지를 말하며, 그 물체의 운동에너지나 위치에너지와는 관계없다. 다시 말하면, 운동도 하지 않고 중력장의 영향을 받지 않는 물체가 내부에 보유하고 있는 일을 할 수 있는 능력이 내부에너지이다. 예를 들면, 뜨거운 철판 위에 놓여있는 고기가 구워진다든가 뜨거운 물 속에 넣은 얼음이 녹는 것은 뜨거운 철판이나 물이 잠재적인 에너지를 갖고 있는 것이며, 이와 같이 물체 내부에 축적된 열에너지가 내부에너지이다.

미시적으로는 물체를 구성하고 있는 분자들의 불규칙한 운동에 의한 운동에너지, 진동에너지, 회전에너지 및 분자들 사이에서의 상호 분자력에 관계된 형태의 에너지 등의 총합을 내부에너지라고 한다. 물체의 평균분자속도는 물체의 온도에 비례하므로 물체의 온도가 높아지면 내부에너지도 증가한다. 또한 분자간에 작용하는 힘이 커지면 내부에너지에 대한 이러한 힘의 기여도가 증가하게 될 것이다. 이 힘은 분자간의 간격이 가장 작은 고체에서 가장 강하고, 다음은 액체, 그리고 분자간의 간격이 상대적으로 가장 큰 기체에서 가장 약하다. 고체인 물체를 액체로 변화시키려면 고체에서의 강한 분자간 힘을 극복할 수 있는 에너지의 증가가 필요하다. 그러므로 고체인 물체를 액체 또는 기체로 변화시키려면 내부에너지의 증가가 있어야 한다.

내부에너지의 양을 직접 측정할 수는 없지만, 그 변화량은 온도나 압력 등과 같이 측정 가능한 다른 성질들로부터 별 어려움 없이 구할 수 있다. 열역학적으로 필요한 내부에너지의 양도 절대량이 아니라 그 변화량이며, 이는 3-4절 이하에서 다룬다.

내부에너지는 현재 상태만에 의하여 결정되는 상태량으로 시스템의 과거 상태와는 관계가 없다.

어느 물체가 보유하고 있는 총에너지(total energy)는 역학적 에너지와 내부에너지의 합과 같으며, 다음과 같이 표시할 수 있다.

$$E = U + E_k + E_p = U + \frac{1}{2} mV^2 + mgz \tag{3-4}$$

식 (3-4)에서 E는 총에너지, U는 내부에너지를 말하며, u[J/kg]는 단위 질량의 물체가 갖는 내부에너지, 즉 비내부에너지(specific internal energy)이다. 식 (3-4)를 단위 질량의 물체에 대하여 표시하면

$$e = u + e_k + e_p = u + \frac{1}{2} V^2 + gz \tag{3-4a}$$

이 된다. 식 (3-4a)에서 e, e_k 및 e_p는 각각 단위 질량의 물체가 갖는 총에너지, 운동에너지, 및 위치에너지이며, 그 단위는 모두 [J/kg]이다.

예제 3-1 질량 200 kg인 물체가 고도 1,000 m의 높이에서 250 m/s의 속도로 비행한다. 이 물체의 내부에너지를 10 MJ($= 10 \times 10^6$ J), 중력가속도를 9.81 m/s^{2}이라고 할 때, 지표면에 상대적인 물체의 운동에너지, 위치에너지 및 총에너지를 구하라.

【풀이】

(1) 운동에너지는 식 (3-2)에 의하여

$$E_k = \frac{1}{2}\ \mathrm{m}V^2 = \frac{1}{2}(200\ \mathrm{kg})(250\ \mathrm{m/s})^2$$

$$= 6{,}250{,}000(\mathrm{kg \cdot m/s^2})\mathrm{m} = 6{,}250{,}000\ \mathrm{Nm} = 6{,}250{,}000\ \mathrm{J}$$

$$= 6.25\ \mathrm{MJ}$$

(2) 위치에너지는 식 (3-3)으로부터

$$E_p = \mathrm{mgz} = (200\ \mathrm{kg})(9.81\ \mathrm{m/s^2})(1{,}000\ \mathrm{m})$$

$= 1{,}962{,}000(\text{kg} \cdot \text{m/s}^2)\text{m}$

$= 1.96\ \text{MJ}$

(3) 총에너지는 식 (3-4)로부터

$$E = U + E_k + E_p = 10\ \text{MJ} + 6.25\ \text{MJ} + 1.96\ \text{MJ}$$
$$= 18.21\ \text{MJ}$$

■

3-2 열역학 제1법칙

자연계에는 열, 일, 운동에너지, 위치에너지, 화학에너지, 전기에너지, 원자핵에너지 등 각종 형태의 에너지가 있다. 이들의 각종 에너지는 단지 그 형태가 다를 뿐이며, 본질적으로는 완전히 동일한 것이어서 한 형태로부터 다른 형태로 서로 변환(transformation)이 가능하다. 그러나 어떠한 경우에도 자연계의 에너지는 창조되거나 소멸되지 않으며, 따라서 에너지의 총량은 항상 일정하다. 이 사실은 이론적으로 증명된 일은 없으나, 지금까지 자연현상을 관찰한 결과 이 사실에 어긋나는 경우가 발견되지 않았다. 이 사실을 자연법칙으로 나타낸 것이 에너지 보존법칙(the law of conservation of energy)이며, 다음과 같이 요약할 수 있다.

"자연계의 에너지는 한 형태로부터 다른 형태로 변환이 가능하지만, 창조되거나 소멸되지 않는다. 따라서 에너지의 총량은 항상 일정하다."

열역학 제1법칙(the first law of thermodynamics)은 에너지 보존법칙으로 주로 열(heat)과 일(work)의 상호관계를 나타내며, 다음과 같이 표현할 수 있다.

"열과 일은 본질적으로 동일한 에너지의 한 형태이며, 서로 변환이 가능하다."

동력을 발생시키는 열기관(heat engine)에 열역학 제1법칙을 적용하면, 열기관은 동력을 발생함과 동시에 반드시 다른 형태의 에너지를 소비하여야 한다. 이것을 다시 표현하면, "에너지의 소비 없이 계속적으로 동력을 발생시키는 열기관은 존재할 수 없다." 또는 "공급된 에너지의 양보다 더 많은 일을 생성하는 열기관은 존재할 수 없다." 이와 같은 열기관을 제1종 영구운동기관(the perpetual motion machine of the first kind)이라고 하며, 이러한 열기관은 자연법칙인 열역학 제1법칙에 위배되므로 실현이 불가능하다.

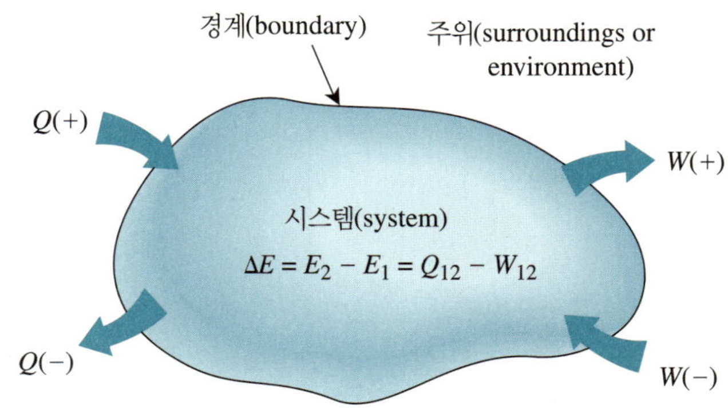

그림 3-2 열역학적 시스템(system)

열역학 제1법칙을 열역학적 시스템(thermodynamic system)에 적용하기 위하여 그림 (3-2)과 같은 시스템을 가정하자. 열역학적 시스템이란 일과 열에 의하여 외부, 즉 주위(surroundings) 또는 환경(environment)과 에너지를 주고받는 시스템을 말한다. 열역학적 시스템이 외부와 상호작용하여 에너지를 교환할 수 있는 방법은 일과 열 등 두 가지가 있다. 열역학 시스템이 외부에 일을 하게 되면 이 시스템의 총에너지는 한 일의 양만큼 감소하며, 반대로 시스템이 외부로부터 일을 받는다면 이 시스템의 총에너지는 받은 일의 양만큼 증가한다. 열역학 시스템은 열에 의해서도 외부로부터 에너지를 받거나 잃을 수 있다. 열에 의한 에너지 교환의 한 가지 방법은 이 시스템의 온도보다 더 높거나 더 낮은 온도의 물체와 접촉시키는 것이다. 그러면 열이 이동하여 이 시스템의 내부에너지가 변화한다.

열역학 시스템의 대표적인 열기관은 열을 흡수하여 일을 생성하는 장치이므로, 관습적으로 일과 열의 부호는 열기관을 기준으로 정한다. 즉, 일과 열을 각각 W와 Q로 표시하면, 시스템이 외부에 한 일은 양(+)의 일[(+)W]로, 시스템이 흡수한 열은 양(+)의 열[(+)Q]로 나타낸다. 이와 반대로 시스템이 외부로부터 받은 일은 음(−)의 일[(−)W]로, 시스템이 방출한 열은 음(−)의 열[(−)Q]로 나타낸다.

그림 (3-2)과 같은 시스템에서 처음 상태의 총에너지를 E_1이라고 하고, 이 시스템이 외부로부터 Q_{12}만큼의 열을 받아 외부에 W_{12}만큼의 일을 한 뒤 나중 상태의 총에너지를 E_2라고 하자. 그러면 열역학 제1법칙에 의하여 이 시스템의 총에너지 변화량 ΔE는

$$\Delta E = E_2 - E_1 = Q_{12} - W_{12} \tag{3-5}$$

가 되며, 단위 질량에 대하여 다시 표시하면

$$\Delta e = e_2 - e_1 = q_{12} - \omega_{12} \tag{3-5a}$$

가 된다. 식 (3-5)에서 하첨자 1은 시스템의 처음상태, 2는 최종상태를 의미한다. 위 식은 열역학 제1법칙의 일반적인 수학적 표현으로, 시스템의 총에너지 변화는 시스템이 외부로부터 흡수한 열과 외부에 한 일의 차이임을 알 수 있다.

예제 3-2 어느 시스템이 500 kJ의 열을 공급받아 외부에 400 kJ의 일을 하였을 때, 이 시스템의 총에너지 증가량을 구하라.

[풀이] 식 (3-5)로부터 $\Delta E = Q_{12} - W_{12} = 500 - 400 = 100$ kJ ■

3-3 팽창일(압축일)

열역학 시스템에서는 그림 (3-3)과 같이 피스톤-실린더로 이루어진 밀폐시스템의 경계가 움직이면서 외부와 일을 주고받는 경우가 자주 다루어지는데, 이를 팽창일이라고 한다. 먼저 시스템 내부의 기체가 팽창하면서 외부에 하는 일을 구해보자.

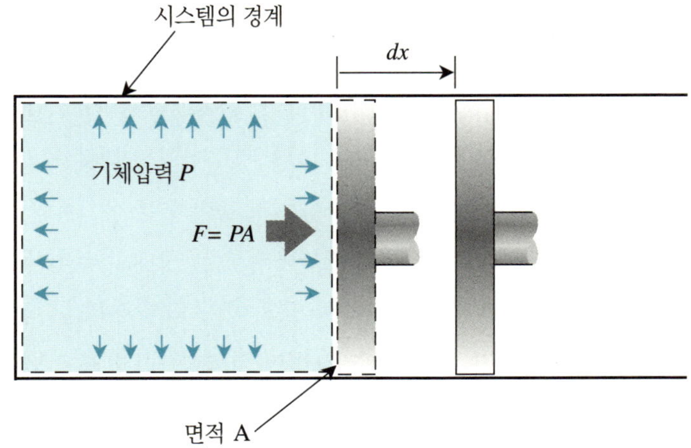

그림 3-3 실린더 내 기체의 팽창

이때 시스템 내의 기체는 실린더 벽을 마찰 없이 이동할 수 있는 피스톤에 의해 밀폐되어 있다고 가정한다. 지금 기체의 압력이 P[Pa], 피스톤의 단면적이 $A[m^2]$라고 하면, 피스톤에 작용하는 힘은 $F = PA$가 된다. 이 때 기체가 팽창하여 피스톤이 미소 거리 dx만큼 이동하였다면, 기체가 외부에 대하여 한 미소일 δW는 식 (3-1)에 의하여 $\delta W = Fdx = PAdx$가 된다. 여기서 미소일 δW의 미소증분 δ는 일이나 열처럼 과정에 영향을 받는 경로함수를 표시할 때 쓰이며, 의미는 수학적 미소증분인 d와 동일하다. 체적 증분량 $dV = Adx$이므로 δW는 다음과 같이 표시할 수 있다.

$$\delta W = PdV \tag{3-6}$$

여기서 피스톤의 이동으로 기체의 체적이 V_1에서 V_2로 변화하였다면, 기체의 팽창에 의해서 이루어진 일의 양 W_{12}는 식 (3-6)의 양변을 적분하여 구할 수 있다. 즉,

$$W_{12} = \int_{V_1}^{V_2} PdV \tag{3-7}$$

가 된다. 여기서 P는 각 순간마다 피스톤이 기체와 접촉하는 면에 작용하는 압력이다.

이를 P-V 선도(P-V diagram)로 나타내면 그림 (3-4)과 같으며, 이 때 일의 양 W는 P-V 선도에서 변화를 표시하는 곡선과 V축 사이의 면적과 같게 된다. 여기서 점

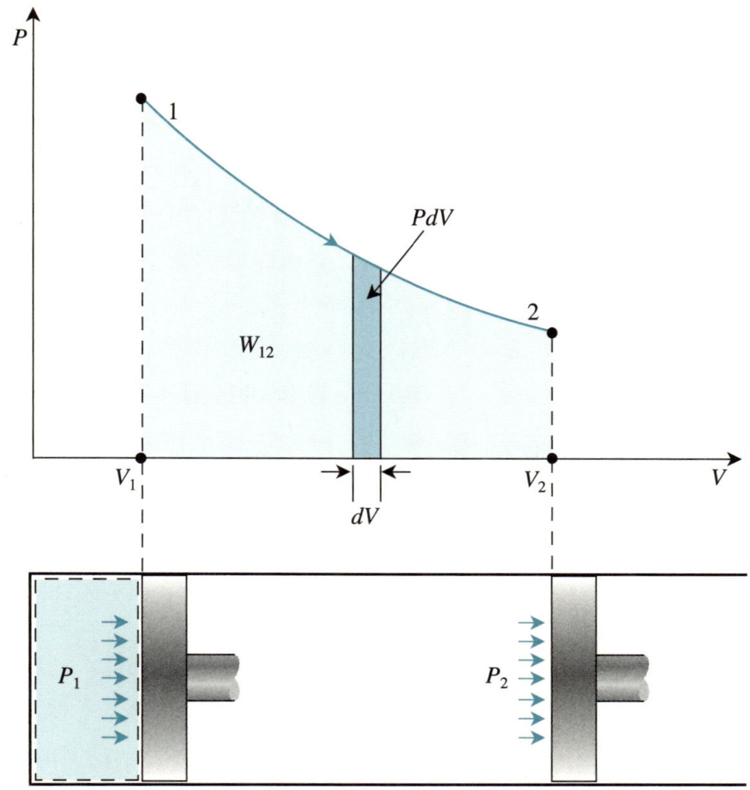

그림 3-4 P–V 선도와 기체의 팽창

1과 2의 위치가 동일하다 하여도, 변화의 경로가 변하면 곡선 1-2의 형상이 달라지므로 일의 양 W_{12}의 값도 변함을 알 수 있다. 다시 말하면, 기체가 동일한 체적으로 팽창한다 하여도 팽창하는 동안 기체의 압력 변화가 다른 경우에는 일의 양도 다르다. 즉, 일은 상태량이 아니고 경로의 함수임을 의미하며, 그림 (3.5)는 경로에 따라 일의 양도 달라짐을 보여준다. 그림 (3.5c)처럼 압력이 일정한 상태로 기체가 팽창하는 특정한 경우에 일의 양은

$$W_{12} = \int_{V_1}^{V_2} PdV = P(V_2 - V_1) = P\Delta V \tag{3-8}$$

이 된다.

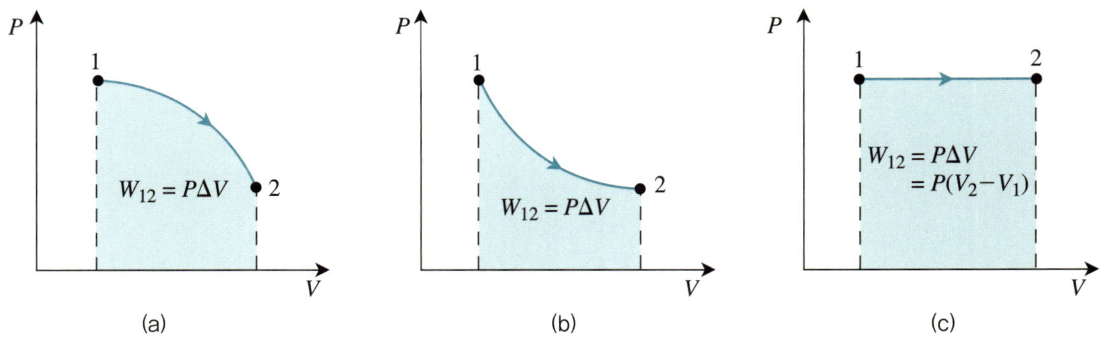

그림 3-5 경로에 따른 일의 양

식 (3-7)과 (3-8)을 각각 단위 질량에 대한 일 ω[J/kg]로 나타내면, 기체의 비체적을 v[m^3/kg]라 할 때

$$\omega_{12} = \int_{v_1}^{v_2} P dv \tag{3-7a}$$

$$\omega_{12} = \int_{v_1}^{v_2} P dv = P(v_2 - v_1) = P\Delta v \tag{3-8a}$$

가 된다.

식 (3-7)과 (3-8)은 압축의 경우에도 그대로 성립되는데, 압축의 경우에는 dV 또는 dv가 음(−)의 값이 되어 기체의 체적이 감소되는 변화이다. 이때는 외부로부터 시스템에 일이 가해졌음을 의미한다. 이와 같이 기체가 압축되면서 외부로부터 받는 일을 압축일(compression work)이라고 하며, 일의 부호의 약속에 따라 압축일은 음(−)의 일이 된다. 반면에 기체가 팽창하면서 외부에 하는 일은 팽창일(expansion work)이라고 하며, 양(+)의 일이 된다.

예제 3-3 피스톤-실린더로 이루어진 밀폐시스템 내의 기체가 초기 압력 및 체적이 각각 1,000 kPa, 2 m^{3}인 상태에서 팽창하여 체적이 6 m^{3}가 되었다. 팽창 중의 압력 변화가 다음과 같을 때 각각 이 기체의 팽창일을 구하라.

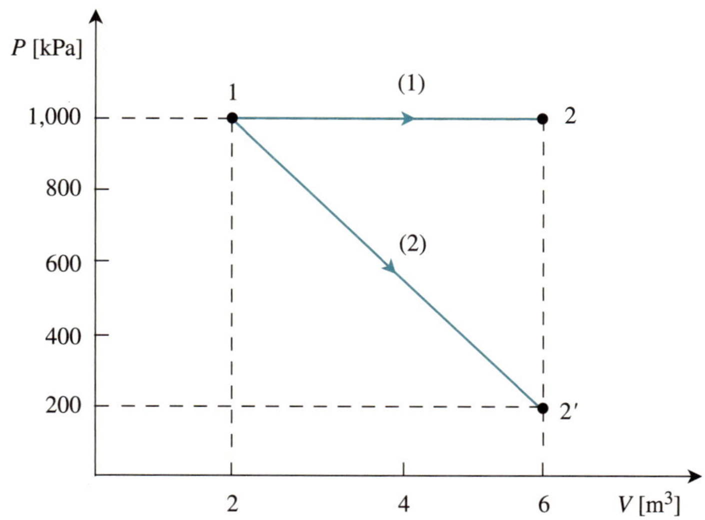

그림 3-6 예제 3-3의 그림

(1) 압력이 변하지 않았을 때

(2) 압력이 직선적으로 감소하여 200 kPa이 되었을 때

【풀이】

(1) 식 (3-8) 또는 직사각형의 면적을 계산하면

$$W_{(1)} = \int_{V_1}^{V_2} PdV = P(V_2 - V_1) = (1,000)(6 - 2) = 4,000 \text{ kJ}$$

(2) 사다리꼴의 면적을 구하면

$$W_{(2)} = \frac{1}{2}(1,000 + 200)(6 - 2) = 2,400 \text{ kJ}$$ ■

예제 3-4 피스톤-실린더 장치 내부의 기체가 다음과 같은 압력과 체적간의 관계를 만족하는 팽창과정을 겪는다.

$$PV = C(\text{일정})$$

초기의 압력 및 체적이 각각 300 kPa, 0.1 m^3이고, 최종 체적이 0.2 m^3인 경우에 위의 식을 만족하는 팽창일을 구하라.

【풀이】 [PV = 일정]이라는 주어진 식으로부터 P와 V와의 관계식을 다음과 같이 구할 수 있다.

$$PV = \text{일정} \longrightarrow PV = P_1V_1 = P_2V_2 \longrightarrow P = \frac{P_1V_1}{V}$$

팽창일을 구하는 식 (3-7)에 위의 관계식을 대입하면 다음과 같다.

$$W_{12} = \int_{V_1}^{V_2} PdV = \int_{V_1}^{V_2} P_1V_1 \frac{dV}{V} = (P_1V_1)\int_{V_1}^{V_2} \frac{dV}{V} = (P_1V_1)\ln\frac{V_2}{V_1}$$

$$= (300 \times 0.1)\ln\frac{0.2}{0.1} = 20.8\ \text{kJ}$$

■

3-4 밀폐시스템에서의 열역학 제1법칙

밀폐시스템은 일반적으로 위치가 고정되어 있고 운동에너지의 변화를 무시할 수 있으므로, 밀폐시스템의 총에너지는 내부에너지만으로 주어진다. 즉,

$$E = U + E_k + E_p = U \tag{3-9}$$

$$e = e_k + e_p + u = u \tag{3-9a}$$

이다. 따라서 열역학 제1법칙의 수학적 표현을 밀폐시스템에 적용하여 다시 표현하면, 식 (3-4), (3-5) 및 (3-7)로부터

$$\Delta U = U_2 - U_1 = Q_{12} - W_{12} \tag{3-10}$$

$$Q_{12} = \Delta U + W_{12} = (U_2 - U_1) + \int_{V_1}^{V_2} PdV \tag{3-11}$$

$$W_{12} = Q_{12} - \Delta U = Q_{12} - (U_2 - U_1) \tag{3-12}$$

이 된다. 한편 단위질량당 열, 일, 에너지 관점에서 식 (3-10), (3-11), (3-12)를 다시 쓰면 다음과 같이 표시된다.

$$\Delta u = u_2 - u_1 = q_{12} - \omega_{12} \tag{3-10a}$$

$$q_{12} = \Delta u + \omega_{12} = (u_2 - u_1) + \int_{v_1}^{v_2} P dv \tag{3-11a}$$

$$\omega_{12} = q_{12} - \Delta u = q_{12} - (u_2 - u_1) \tag{3-12a}$$

이 식들을 밀폐시스템에서의 에너지식(energy equation)이라고 하며, 밀폐시스템에서의 열역학 제1법칙을 수학적으로 표현한 것이다. 앞으로는 열역학 제1법칙이라는 용어를 주로 사용하여 기술한다.

한편 미소한 상태변화에 대해서 식 (3-11)과 식 (3-11a)는 다음과 같이 표시될 수 있다.

$$\begin{aligned} \delta Q &= dU + \delta W \\ &= dU + PdV \\ \delta q &= du + \delta\omega \\ &= du + Pdv \end{aligned} \tag{3-11-1}$$

밀폐시스템에서의 열역학 제1법칙이 나타내는 의미를 살펴보면, 내부에너지의 변화량은 시스템이 외부로부터 흡수한 열과 외부에 한 일의 차이임을 알 수 있다. 시스템이 흡수한 열을 모두 외부 일에 사용한다면, 그 시스템의 내부에너지 변화는 없게 된다. 식 (3-10)은 내부에너지를 정의한 식이기도 하다. 또한, 밀폐시스템에 열을 가하면 그 일부가 내부에너지를 증가시키는데 이용되고, 나머지는 외부에 일을 하는데 소비된다는 의미도 있다. 외부에 일을 하지 않는 경우에는 시스템에 가해진 열이 모두 내부에너지로 축적된다. 열을 가하지 않는 경우에도 외부에 일을 할 수 있는데 이 경우에는 내부에너지가 소비되어 $\Delta U(= U_2 - U_1)$의 값은 음(−)이 된다.

예제 3-5 어느 밀폐시스템이 외부와의 열교환 없이 팽창하면서 외부에 50 kJ의 일을 했을 때, 이 시스템의 내부에너지 변화량을 구하라.

【풀이】 식 (3-10)으로부터 $\Delta U = Q_{12} - W_{12} = -50$ kJ
즉, 이 시스템은 팽창하면서 내부에너지가 50 kJ만큼 감소하였다. ■

예제 3-6 실린더 내의 기체가 압력 500 kPa을 유지하면서 체적이 2 m^3에서 10 m^3로 팽창하였다. 이 변화가 이루어지는 동안 기체의 내부에너지가 300 kJ만큼 증가하였을 때 다음을 구하라.

(1) 기체가 팽창하면서 외부에 한 일량
(2) 기체가 팽창 과정 중 흡수한 열량

【풀이】

(1) 식 (3-8)로부터

$$W_{12} = P(V_2 - V_1) = (500)(10 - 2) = 4{,}000 \text{ kJ}$$

(2) 식 (3-11)로부터

$$Q_{12} = \Delta U + W_{12} = 300 + 4{,}000 = 4{,}300 \text{ kJ}$$ ■

예제 3-7 표준대기압(101.3 kPa)하에서 물의 끓는 온도(비등점)는 100℃이다. 이 물 1 kg을 모두 증발시키기 위하여 2,257 kJ의 열(증발잠열)이 필요하다고 하면, 이 물이 수증기로 변할 때의 비내부에너지 변화량을 구하라. 단, 100℃인 물과 수증기의 비체적은 각각 1.044×10^{-3} m^3/kg, 1.6729 m^3/kg 이다.

【풀이】 압력이 일정할 때 물이 수증기로 팽창하면서 하는 일은 식 (3-8a)로부터

$$\omega_{12} = \int_{v_1}^{v_2} P dv = P(v_2 - v_1) = (101.3)(1.6729 - 1.044 \times 10^{-3})$$
$$= 169.36 \text{ kJ/kg}$$

따라서 내부에너지 변화량은 식 (3-10a)로부터

$$\therefore \Delta u = u_2 - u_1 = q_{12} - \omega_{12} = 2{,}257 - 169.4 = 2{,}087.7 \text{ kJ/kg}$$

3-5 개방시스템에서의 열역학 제1법칙

개방시스템은 시스템의 경계를 통하여 물질과 에너지가 모두 통과할 수 있다는 특성을 갖고 있으며, 공학적 응용에서는 매우 중요하게 취급된다. 개방시스템의 전형적인 예로서는 터빈(turbine), 압축기(compressor), 펌프(pump), 팬(fan) 등이 있으며, 이러한 장치들은 유체가 시스템을 통과하면서 외부와 일교환을 한다. 개방시스템의 또 다른 예로서 노즐(nozzle), 디퓨저(diffuser), 열교환기(heat exchanger) 등이 있는데, 이들은 유체가 시스템을 통과하면서 일을 생산하거나 소모하지 않는 장치이다. 이와 같은 개방시스템의 응용 장치들은 적절한 시간 규모에서는 정상상태의 유동으로 해석할 수 있다. 정상유동(steady flow)이란 시스템 내의 어느 한 점에서 유동의 상태(질량, 체적, 내부에너지, 압력, 온도, …)가 시간에 관계없이 일정한 유동을 말한다. 따라서 정상유동 중에는 시스템 내의 에너지 변화량 $\Delta E = 0$이다.

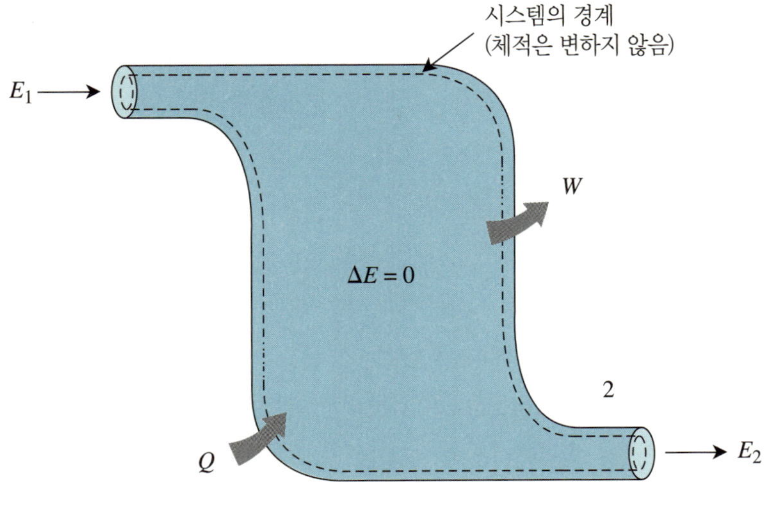

그림 3-7 정상유동인 개방시스템

그림 (3-7)과 같이 정상유동인 개방시스템에서의 열역학 제1법칙을 유도하기 위하여 열역학 제1법칙을 적용하면, 다음과 같이 쓸 수 있다. 여기에서 하첨자 1은 입구상태, 2는 출구상태를 의미한다.

[시스템 내로 유입되는 에너지의 합] = [시스템 외부로 유출되는 에너지의 합]

위의 표현을 Δt 시간 동안의 에너지 출입량으로 나타내면, 식 (3-4)와 (3-5)로부터

$$Q_{12} + E_1 = E_2 + W_{12} \tag{3-13}$$

또는

$$Q_{12} + (U_1 + E_{k1} + E_{p1}) = (U_2 + E_{k2} + E_{p2}) + W_{12} \tag{3-14}$$

이 된다. 여기서 시스템이 외부에 하는 일 W_{12}는 밀폐시스템에서와 의미가 다르다. 즉, 개방시스템에서는 시스템이 팽창하거나 수축하지 않으므로 시스템과 관련된 팽창일(압축일)은 없다. 그러나 물질이 시스템의 경계를 통과하여 흐르기 위해서는 역학적 에너지(유동일, W_f)가 필요하며, 또한 유동 중에 외부와의 일교환(축일, W_{sh})이 중요할 때가 있다. 이와 같이 개방시스템에서의 일은 유동일과 축일을 의미한다. 즉,

$$W_{12} = W_f + W_{sh} \tag{3-15}$$

이다.

축일(shaft work)은 축과 연결된 회전체가 시스템 내에서 회전을 함으로써 발생하며, 이 때 축은 시스템의 경계를 통하여 외부와 에너지 교환을 한다. 이것은 직접 사용할 수 있는 일로서, 열역학의 응용분야인 내연기관이나 증기터빈의 실제적인 기계일은 축의 회전일, 즉 축일을 의미한다. 왜냐하면, 피스톤의 왕복운동이나 터빈의 회전운동으로 축을 회전시켜 실제적인 에너지를 전달하기 때문이다.

그림 (3-8)은 중력이 작용하여 질량 m의 물체가 거리 z만큼 이동하면서 시스템 내에 있는 팬(fan)을 회전시키는 것을 보여준다. 이때 만약 팬을 풀리(pulley)로 대체시켰다면 풀리의 회전에 의해서 시스템 주위에 있는 어떤 물체를 위로 이동시키면 회전일은 축에 힘이 작용하여 회전되는 거리를 통하여 작용하는 일의 양과 같다. 따라서 시스템 주위로의 영향은 어떤 물체를 위로 이동시킨 결과가 되었으므로 일

은 시스템의 경계를 통하여 이루어졌다고 할 수 있다. 축을 회전시키는데 필요한 토크(torque)가 T, 축이 회전하는 각을 $d\theta$[rad]라 할 때, 축이 회전하면서 수행한 축일의 크기는 다음과 같다.

$$W_{sh} = \int_1^2 Td\theta \tag{3-16}$$

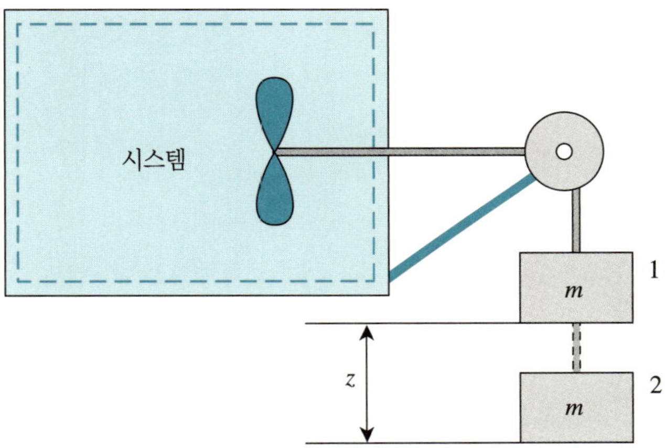

그림 3-8 축일

축일은 토크와 변위각과의 관계를 알고 난 후에 계산될 수 있다. 일정한 토크 하에서 회전하는 경우, 축일은 다음과 같이 표현된다.

$$W_{sh} = \int_1^2 Td\theta = T\int_1^2 d\theta = T(\theta_2 - \theta_1) \tag{3-17}$$

예제 3-8 어떤 축에 걸리는 토크 200 N · m 으로 50회전을 했다면 이 때 축의 회전일을 구하여라.

【풀이】 $W_{sh} = T \times 2\pi N = (200) \cdot (2\pi \cdot 50) = 62.83$ kJ

■

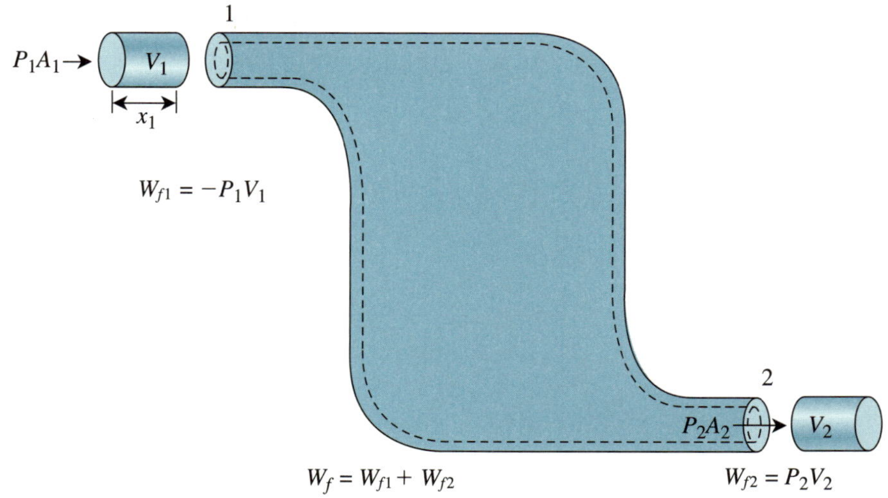

그림 3-9 유동일

유동일(flow work)은 개방시스템에서 유체가 흐르기 위하여 자체적으로 갖고 있는 에너지로서 내부에너지와는 구분된다. 그림 (3-9)과 같이 시스템의 입구에 압력 P_1인 유체를 단면적 A_1을 통하여 이동거리 x_1만큼 밀어 넣기 위하여 필요한 유동일을 계산해 보자. 유체가 P_1A_1의 힘을 받아 x_1만큼 이동되는데 필요한 유동일 W_{f1}은

$$W_{f1} = -F_1x_1 = -(P_1A_1)x_1 = -P_1(A_1x_1) = -P_1V_1 \qquad (3\text{-}18)$$

이다. 여기서 유동일의 부호는 시스템이 외부에 하는 일을 양(+), 시스템이 외부로부터 받는 일은 음(−)으로 정하기로 한 약속에 따라 음(−)이 된다. 마찬가지로 시스템의 출구에서 유체를 방출하기 위하여 필요한 유동일은 시스템이 외부에 하는 일로서 양(+)의 일이 되며, 아래첨자 2를 붙여 표시하면

$$W_{f2} = P_2V_2 \qquad (3\text{-}19)$$

이다. 따라서 시스템 전체의 유동일 W_f은 식 (3-18)과 (3-19)로부터

$$W_f = W_{f1} + W_{f2} = -P_1V_1 + P_2V_2 \qquad (3\text{-}20)$$

이 된다.

식 (3-15)과 (3-20)을 식 (3-14)에 대입하여 정리하면 다음과 같다.

$$Q_{12} + (U_1 + P_1V_1 + E_{k1} + E_{p1}) = (U_2 + P_2V_2 + E_{k2} + E_{p2}) + W_{sh} \quad (3\text{-}21)$$

여기서 $(U + PV)$와 같은 형태의 항은 열역학의 많은 문제에서 나타나므로 이를 새로운 열역학적 성질인 H로 표시하면, 식들을 간단하게 표시할 수 있어 편리하다. 한편 개방시스템에서의 축일 W_{sh}는 밀페시스템의 팽창일처럼 실제 유용한 일이므로 일 기호의 일관성을 위해 지금부터 W_{12}로 표기한다. U, P, V는 모두 시스템의 성질을 나타내는 상태량이므로, 이들의 합인 H 역시 상태량이다. 이 때 H[J]는 엔탈피(enthalpy), 단위질량당 엔탈피인 비엔탈피(specific enthalpy)는 h[J/kg]으로 정의하여 다음과 같이 나타낸다.

$$H \equiv U + PV \quad (3\text{-}22).$$

$$h \equiv u + Pv \quad (3\text{-}22a)$$

엔탈피의 의미는 "내부에너지(U)와 유동일(PV)의 합"을 뜻하며, 다시 표현하면 "개방시스템에서 경계를 통하여 유체가 이동할 때 유체가 시스템을 출입하기 위하여 필요한 역학적 에너지와 내부에너지의 총합"이다. 엔탈피는 흔히 흐르는 유체가 갖고 있는 열에너지로 나타낸다.

엔탈피의 정의를 적용하여 식 (3-21)를 다시 정리하면

$$Q_{12} + (H_1 + E_{k1} + E_{p1}) = (H_2 + E_{k2} + E_{p2}) + W_{12}$$

$$Q_{12} + \left(mh_1 + \frac{1}{2}mV_1^2 + mgz_1\right) = \left(mh_2 + \frac{1}{2}mV_2^2 + mgz_2\right) + W_{12} \quad (3\text{-}23)$$

$$q_{12} + \left(h_1 + \frac{1}{2}V_1^2 + gz_1\right) = \left(h_2 + \frac{1}{2}V_2^2 + gz_2\right) + \omega_{12} \quad (3\text{-}23a)$$

가 된다. 이 식은 정상유동인 개방시스템에서의 열역학 제1법칙이라 하며, 열역학적으로 대단히 중요한 방정식이다. 개방시스템에서는 흔히 단위시간당 에너지 유동을 취급하므로, 식 (3-23)의 각 에너지 항을 단위시간당 에너지의 항, 즉 동력 항으로 나타내면 다음과 같다.

$$\dot{Q}_{12} + \left(\dot{m}h_1 + \frac{1}{2}\dot{m}V_1^2 + \dot{m}gz_1\right) = \left(\dot{m}h_2 + \frac{1}{2}\dot{m}V_2^2 + \dot{m}gz_2\right) + \dot{W}_{12} \tag{3-24}$$

$$q_{12} + \left(h_1 + \frac{1}{2}V_1^2 + gz_1\right) = \left(h_2 + \frac{1}{2}V_2^2 + gz_2\right) + \omega_{12} \tag{3-24a}$$

여기서 위첨자로 쓰인 점은 시간당 변화율을 나타낸다. 즉, $\dot{m}$[kg/s]은 단위시간에 시스템의 경계를 통하여 이동하는 질량유량, $\dot{Q}$[kJ/s]는 단위시간에 외부로부터 시스템에 유입되는 열유량, $\dot{W}$[kJ/s]는 단위시간에 시스템이 외부에 하는 축일로서 축동력을 의미한다.

한편 엔탈피는 $H \equiv U + PV$이므로, $dH = dU + PdV + VdP$을 식 (3-11-1)에 대입하여 정리하면 미소한 상태변화에 따른 다음의 관계식이 성립한다.

$$\begin{aligned} \delta Q &= dH - VdP \\ \delta q &= dh - vdP \end{aligned} \tag{3-11-2}$$

예제 3-9 비내부에너지가 200 kJ/kg인 기체의 압력 및 비체적이 각각 800 kPa, 1.2 m^3/kg이다. 이 기체 10 kg의 엔탈피를 구하라.

【풀이】 식 (3-22)에 각 데이터를 삽입하여 계산하면 다음과 같이 구할 수 있다.

$$\begin{aligned} H &\equiv U + PV = m(u + Pv) \\ &= (10)(200 + 800 \times 1.2) = 11{,}600 \text{ kJ} \end{aligned}$$

■

3-6 정상유동 시스템의 예

정상유동시스템의 공학적 응용 장치로는 (3-5)절에서 언급한 바와 같이 유체가 시스템을 통과하면서 외부와 일교환을 하는 터빈(turbine), 압축기(compressor), 펌프(pump), 팬(fan) 등과, 일교환이 없는 노즐(nozzle), 디퓨저(diffuser), 열교환기(heat exchanger) 등이 있다. 이들이 작동하는 동안의 에너지 교환을 해석하기 위해서는 정상유동시스템에서의 열역학 제1법칙인 식 (3-24)를 적용하면 된다. 하지만, 장치의 특성에 따라 무시할 수 있는 항은 해석할 필요가 없으므로, 실제의 공학적 응용에서는 간략화된 식을 사용할 수 있다.

(1) 터빈

터빈(turbine)은 회전축에 붙어있는 날개(blade)에 유체를 통과시켜 일을 얻는 장치이다. 터빈은 증기원동기, 가스터빈원동기, 항공용 엔진 등에 널리 사용된다. 이들 응용 분야에서는 고압의 과열증기 또는 기체가 터빈으로 들어가서 일을 한 후 저압인 상태로 팽창되어 배출된다.

정상유동을 하는 터빈의 경우에는 위치에너지의 변화를 무시할 수 있으며, 운동에너지의 변화도 일반적으로 무시할 수 있을 만큼 충분히 작다. 터빈과 주위와의 열전달(열손실)은 반드시 존재하나 일과 엔탈피 항에 비해 상대적으로 작은 경우가 많다. 따라서 터빈의 에너지 해석에서 특정 에너지 항을 무시할 수 있는 경우, 정상유동시스템에서의 열역학 제1법칙은 다음과 같이 된다.

- **위치에너지 항을 무시하는 경우**

$$\dot{Q}_{12} + \dot{m}h_1 + \frac{1}{2}\dot{m}V_1^2 = \dot{m}h_2 + \frac{1}{2}\dot{m}V_2^2 + \dot{W}_{12} \tag{3-24b}$$

- **위치에너지와 운동에너지 항을 무시하는 경우**

$$\dot{Q}_{12} + \dot{m}h_1 = \dot{m}h_2 + \dot{W}_{12} \tag{3-24c}$$

- **위치에너지, 운동에너지 및 열전달 항을 무시하는 경우**

$$\dot{m}h_1 = \dot{m}h_2 + \dot{W}_{12} \tag{3-24d}$$

- **위치에너지와 열전달 항을 무시하는 경우**

$$\dot{m}h_1 + \frac{1}{2}\dot{m}V_1^2 = \dot{m}h_2 + \frac{1}{2}\dot{m}V_2^2 + \dot{W}_{12} \tag{3-24e}$$

예제 3-10 그림 (3-10)과 같은 증기터빈 시스템에서 압력 2 MPa, 온도 350℃인 수증기가 50 m/s의 속도로 터빈 입구에 들어가서, 압력 0.1 MPa인 포화증기가 되어 속도 200 m/s의 상태로 배출된다. 증기의 단위시간당 질량유량은 1.5 kg/s이며, 터빈으로부터의 열손실량은 8.5 kW라고 가정한다. 터빈의 입구는 기준면으로부터 6 m의 높이에 위치하고, 출구는 3 m의 높이에 있다고 할 때, 터빈에 의하여 발생하는 동력을 구하라.

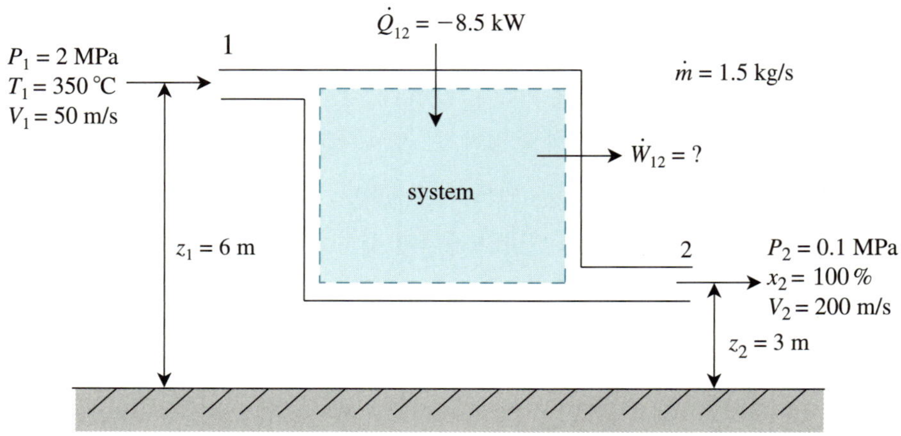

그림 3-10 증기터빈

【풀이】 과열증기표로부터 압력 2 MPa, 온도 350℃인 수증기의 엔탈피는 3,137 kJ/kg, 포화증기표로부터 압력 0.1 MPa인 포화수증기의 엔탈피는 2,675.5 kJ/kg이다. 식 (3-24)를 $\dot{W}_{12}$에 대해 정리한 후, 각 데이터를 삽입하여 계산하면 다음과 같이 구할 수 있다.

$$\dot{W}_{12} = \dot{Q}_{12} + \left(\dot{m}h_1 + \frac{1}{2}\dot{m}V_1^2 + \dot{m}gz_1\right) - \left(\dot{m}h_2 + \frac{1}{2}\dot{m}V_2^2 + \dot{m}gz_2\right)$$

$$= \dot{Q}_{12} + \dot{m}(h_1 - h_2) + \frac{1}{2}\dot{m}(V_1^2 - V_2^2) + \dot{m}g(z_1 - z_2)$$

$$= -8.5 + (1.5)(3,137 - 2,675.5)$$

$$+ \frac{1}{2}(1.5)\{(50)^2 - (200)^2\}/1{,}000$$

$$= -8.5(\dot{Q}) + 692.3(\Delta\dot{H}) - 28.1(\Delta\dot{E}_k) + 0.044(\Delta\dot{E}_p)$$

$$= 655.7 \text{ kW}$$

위 계산에서 운동에너지와 위치에너지인 경우 단위시간당 질량유량을 kg/s, 속도를 m/s, 높이를 m로 사용할 때, W에서 kW로 변환하기 위하여 각 항을 1,000으로 나눠주어야 함을 주의하여야 한다. ■

위의 (예제 3-10)에서 축동력 계산에 기여한 각 에너지 항의 값을 검토해보면, 위치에너지 항을 무시해도 결과에 전혀 영향을 미치지 않음을 알 수 있다. 이와 같이 정상유동시스템인 장치들은 대부분 무시해도 좋을 정도인 높이의 범위에서 작동하기 때문에 위치에너지는 일반적으로 무시한다. 또한 속도가 30 m/s이하이거나 유체의 유입, 유출 속도의 차이가 크지 않은 경우에는 운동에너지 항도 무시할 수 있다.

예제 3-11 증기의 단위시간당 질량유량이 18 kg/s일 때 10 MW의 출력을 발생시키는 터빈을 설계하고자 한다. 터빈에 유입되는 증기의 속도 및 비엔탈피는 각각 200 m/s, 3,300 kJ/kg이고, 유출되는 증기의 속도 및 비엔탈피는 각각 80 m/s, 2,700 kJ/kg이다. 이 터빈과 외부와의 열전달은 얼마나 되는가?

【풀이】 위치에너지의 변화를 무시하는 경우 식 (3-24b)을 적용할 수 있다. $\dot{Q}$에 대해 정리한 후, 각 데이터를 삽입하여 계산하면 다음과 같이 구할 수 있다.

$$\dot{Q}_{12} = \dot{m}(h_2 - h_1) + \frac{1}{2}\dot{m}(V_2^2 - V_1^2) + \dot{W}_{12}$$

$$= (18)(2{,}700 - 3{,}300) + \frac{1}{2}(18)(80^2 - 200^2)/1{,}000 + 10{,}000$$

$$= -10{,}800 - 302.4 + 10{,}000 = -1{,}102.4 \text{ kW}$$

여기서 음(−)의 부호는 시스템인 터빈으로부터 외부로 열전달이 이루어짐을 의미한다. 즉, 터빈의 열손실이 1,102.4 kW이다. ■

(2) 압축기와 펌프

압축기(compressor)와 펌프(pump)는 이 장치를 통과하는 유체에 일을 가하여 유체의 압력을 높이는 역할을 한다. 기체의 압력을 높일 때는 압축기가, 액체의 압력을 높일 때는 펌프가 사용된다. 정상유동을 하는 압축기와 펌프에 대한 에너지 해석을 할 때에도 터빈의 경우와 동일한 방법을 사용할 수 있다. 즉, 위치에너지의 변화는 무시하며, 운동에너지의 변화도 경우에 따라 무시할 수 있을 만큼 충분히 작고, 장치와 주위와의 열전달(열손실)도 입력 동력에 비해 상대적으로 작기 때문이다.

예제 3-12 압력 100 kPa, 온도 300 K인 대기 중의 공기를 흡입하여 압축시키는 압축기가 있다. 압축 후 공기의 압력 및 온도가 각각 400 kPa, 480 K이고, 출구의 공기 속도는 100 m/s이다. 측정된 값으로부터 공기의 비엔

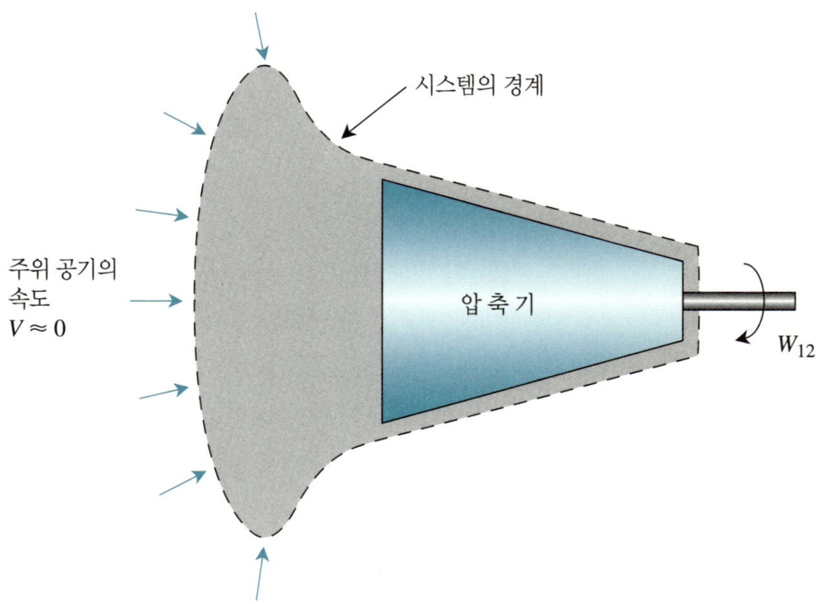

그림 3-11 압축기

탈피를 구하면, 압축기의 입구 및 출구에서 각각 300kJ/kg, 480 kJ/kg 이다. 단위시간당 공기유량이 15 kg/s일 때, 압축기를 구동시키는데 필요한 동력을 구하라. 단, 압축기와 외부와의 열전달은 무시한다.

【풀이】 본 예제와 같이 압축기인 경우에 시스템의 입구가 압축기로부터 적당한 거리에 있다고 가정하면, 공기의 유입속도는 정지해 있는 주위의 공기와 같다고 할 수 있다. 즉, $V_1 \approx 0$이다. 따라서 위치에너지의 변화 및 열전달을 무시하는 경우의 식 (3-24e)로부터 $\dot{W}_{12}$을 구할 수 있다.

$$\dot{W}_{12} = \dot{m}(h_1 - h_2) + \frac{1}{2}\dot{m}(V_1^2 - V_2^2)$$

$$= \dot{m}(h_1 - h_2) - \frac{1}{2}\dot{m}V_2^2$$

$$= (15)(300 - 480) - \frac{1}{2}(15)(100)^2/1{,}000$$

$$= -2{,}700 - 75 = -2{,}775 \text{ kW}$$

여기서 음(−)의 부호는 시스템인 압축기를 통과하는 공기에 일이 가해졌음을 의미한다. 즉, 압축기를 구동시키는데 2,775 kW의 동력이 필요하다. ■

(3) 노즐과 디퓨저

노즐(nozzle)과 디퓨저(diffuser)는 유동의 특성을 바꾸는데 사용되는 장치이고, 그것들은 종종 유동방향으로 단면적이 증가하거나 감소하는 덕트(duct)로 되어있다. 노즐은 압력을 감소시켜 유동의 속도나 운동에너지를 증가시키는데 사용된다. 반면에 디퓨저는 운동에너지를 감소시켜 유동 압력을 높이는데 사용된다. 노즐과 디퓨저는 유체가 덕트 속을 흐를 때 덕트와 유체의 접촉 시간이 매우 짧으므로, 유동 중 주위와의 열전달은 없다고 생각해도 되며, 유동 중 축일이 없으므로 에너지 해석이 상대적으로 단순하다. 또한 입구 속도의 영향도 무시할 수 있는 경우가 많다. 따라서 노즐과 디퓨저의 에너지 해석에서는 다음과 같은 단순화된 식을 적용할 수 있다.

- **위치에너지, 열전달, 축일 무시**

$$\dot{m}h_1 + \frac{1}{2}\dot{m}V_1^2 = \dot{m}h_2 + \frac{1}{2}\dot{m}V_2^2 \tag{3-24f}$$

- **위치에너지, 열전달, 축일 및 유입 속도 무시**

$$\dot{m}h_1 = \dot{m}h_2 + \frac{1}{2}\dot{m}V_2^2 \tag{3-24g}$$

예제 3-13 압력 4 MPa, 온도 400℃인 수증기(비엔탈피 3,213kJ/kg)가 10 m/s의 속도로 정상유동을 하면서 노즐로 들어가서, 나올 때는 압력 1.5 MPa, 온도 280℃인 수증기(비엔탈피 2,992 kJ/kg)가 되었다. 노즐 출구에서 수증기 단위시간당 질량유량이 2 kg/s일 때 수증기의 출구 속도를 구하라. 단, 증기가 노즐을 통과하여 흐를 때 열전달과 위치에너지 변화는 무시한다.

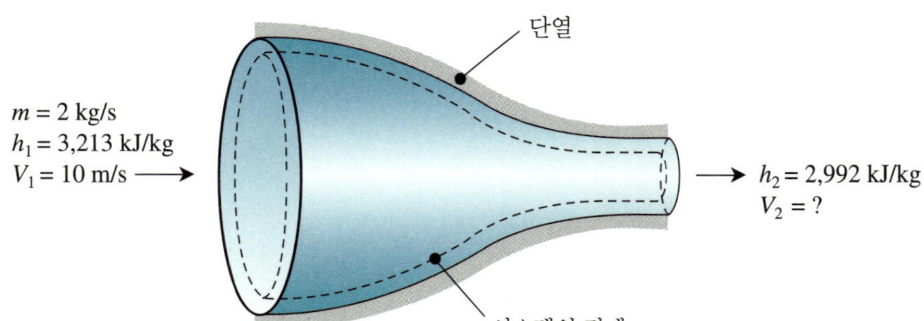

그림 3-12 노즐

【풀이】 노즐인 경우 축일은 없고 위치에너지의 변화 및 열전달을 무시할 수 있으므로, 식 (3-24f)을 적용하여 해석할 수 있다.

$$\dot{m}h_1 + \frac{1}{2}\dot{m}V_1^2 = \dot{m}h_2 + \frac{1}{2}\dot{m}V_2^2$$

$$V_2^2 = V_1^2 + 2(h_1 - h_2)$$

$$\therefore V_2 = \sqrt{V_1^2 + 2(h_1 - h_2)} = \sqrt{(10)^2 + 2(3{,}213 - 2{,}992)(1{,}000)}$$
$$= 665\ m/s$$

여기서 엔탈피의 항에 1,000을 곱해준 것은 단위의 차원을 맞추기 위함이다. 또한 계산 과정에서 알 수 있듯이 노즐의 입구 속도는 결과에 대한 영향이 매우 미미함을 알 수 있다. ■

연 습 문 제 EXERCISE

3-1 산 밑(해발 고도 500 m)에 정지해 있던 자동차가 산길을 따라 주행하여 72 km/h의 속도로 산 정상(해발 고도 1,500 m)을 통과한다. 자동차의 질량이 2,500 kg이라면, 자동차가 산 밑에 있을 때와 산 정상에 있을 때의 위치에너지와 운동에너지의 변화량은 얼마인가? 단, 중력가속도는 9.8 m/s^2이다.

3-2 피스톤-실린더 장치 내에 포함된 기체가 400 kPa의 압력을 유지하면서 체적이 0.15 m^3에서 0.36 m^3로 팽창할 때, 시스템이 외부에 한 일을 구하라.

3-3 200 kW의 출력으로 작동하는 엔진이 10시간 동안 800 kg의 연료를 소비하였다. 연료의 발열량을 10 MJ/kg이라고 할 때, 이 엔진으로부터 외부에 방출된 열량을 구하라.

3-4 열기관 내의 기체가 [그림 P3-4]와 같이 경로 A-B를 따라 초기 체적 V_1에서 최종 체적 V_2로 팽창한다. 초기 및 최종 압력은 각각 P_1, P_2라 하고, $V_2 = 2V_1$이다.

(1) 팽창과정 중 시스템이 한 일은

$$W = \frac{1}{2}(P_1 + P_2)V_1$$ 임을 보여라.

(2) 만일 $P_1 = 200$ kPa, $P_2 = 140$ kPa,

$V_1 = 2 \times 10^{-3}$ m^{3}일 때 시스템이 한 일을 계산하라.

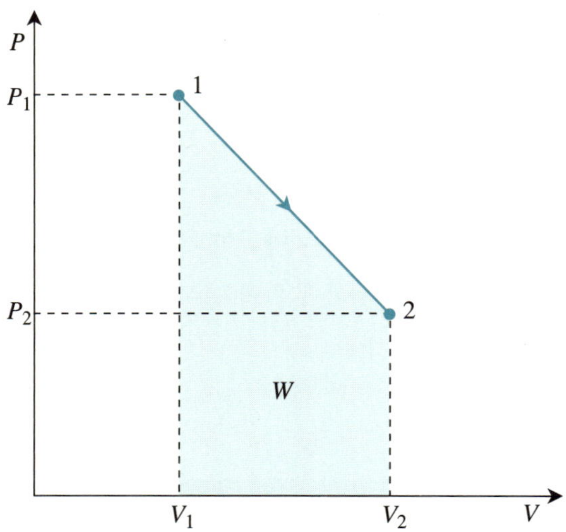

그림 P3-4

3-5 어느 밀폐시스템에 열을 가했더니 팽창하여 외부에 100 kJ의 일을 하였다. 팽창하는 동안 내부에너지의 변화가 없다면 이 시스템에 가한 열량은 얼마인가?

3-6 열기관이 500 J의 일을 하는 과정에서 내부에너지는 800 J이 감소한다. 이 과정에서 열기관이 흡수하거나 방출하는 열은 얼마인가?

3-7 밀폐시스템으로 작동하는 장치에 열을 가했더니 체적이 0.2 m^{3}에서 0.5 m^{3}로 팽창하였다. 팽창하는 동안 압력은 500 kPa로 일정하였고, 내부에너지는 80 kJ증가하였다. 팽창하는 동안 이 시스템이 외부에 한 일량과 공급받은 열량을 구하라.

3-8 열기관의 실린더 안에 피스톤으로 둘러싸인 기체가 100 kPa의 압력을 유지하면서 팽창한다. 시스템이 20 kJ의 열을 흡수하면서 부피가 0.10 m^{3}에서 0.25 m^{3}로 증가할 때 다음을 구하라.

(1) 기체가 팽창하면서 외부에 한 일

(2) 기체의 내부에너지 변화량

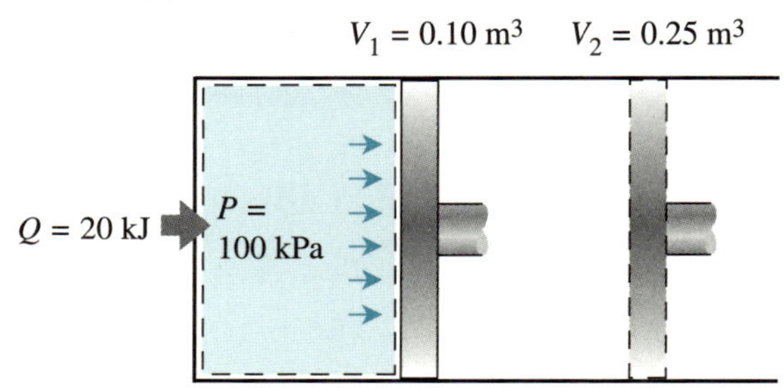

그림 P3-8

3-9 비엔탈피가 1,160 kJ/kg인 기체의 압력 및 비체적이 각각 800 kPa, 1.2 m^3/kg이다. 이 기체의 비내부에너지를 구하라.

3-10 압력 100 kPa, 체적 3.5 m^{3}인 기체를 압축하였더니 압력 1,000 kPa, 체적 0.4 m^{3}이 되었다. 압축하는 동안 기체의 내부에너지 변화가 없었다면, 엔탈피 변화량은 얼마인가?

3-11 단위시간당 질량유량이 1.3 kg/s인 증기를 공급받아 1,000 kW의 출력을 발생시키는 터빈이 있다. 이 터빈의 입구와 출구에서 증기의 비엔탈피가 각각 3,100 kJ/kg, 2,300 kJ/kg이라면, 열손실률은 얼마인가? 단, 증기의 속도는 무시한다.

3-12 시간당 2,000 kg의 증기를 공급받아 운전하는 터빈이 있다. 터빈 입구 증기의 압력과 온도를 측정하였더니 각각 3 MPa, 500℃이었으며, 출구의 압력과 온도는 각각 0.3 MPa, 150℃이었다. 이렇게 측정된 값으로부터 구한 증기의 비엔탈피는 입구에서 3,456.2 kJ/kg, 출구에서 2,760.4 kJ/kg이다. 이때 터빈의 출력을 구하라. 단, 터빈의 열손실은 없다고 가정하고, 증기의 속도는 무시하라.

3-13 단위시간당 질량유량이 5 kg/s인 기체가 터빈을 통과하면서 4,000 kW의 터빈 출력을 발생시킨다면, 이 기체의 비엔탈피 변화량은 얼마인가? 단, 기체의 속도 및 위치 변화는 무시하며, 터빈과 주위와의 열전달은 없다고 가정한다.

3-14 압력 100 kPa, 온도 300 K인 공기가 압축기를 통과한 후 압력 700 kPa, 온도 450 K가 되었다. 즉, 압축기에 흡입 및 배출되는 공기의 비엔탈피가 각각 290 kJ/kg, 450 kJ/kg이다. 압축 과정 중 압축기의 열손실이 3 kJ/s, 공기 유량이 0.7 kg/s일 때, 압축기의 동력을 구하라. 단, 공기의 속도는 무시한다.

3-15 8 kW의 모터로 구동되는 압축기가 시간당 180 kg의 공기를 압축하면서 냉각수를 통하여 시간당 12 MJ의 열을 방출한다. 이때 압축기 입구와 출구에서 공기 1 kg당 엔탈피 차이를 구하라.

3-16 압력 0.6 MPa, 온도 200℃인 수증기가 50 m/s의 속도로 노즐에 유입되어, 압력 0.15 MPa, 속도 600 m/s가 되어 배출된다. 이때 배출되는 수증기가 과열상태인 경우에는 온도를 구하고, 포화상태인 경우에는 건도를 구하라. 단, 노즐의 열손실은 무시한다.

3-17 비엔탈피가 330 kJ/kg(압력 70 kPa, 온도 330 K)인 공기가 200 m/s의 속도로 디퓨저에 들어가고 있다. 출구에서 공기의 비엔탈피가 340 kJ/kg(압력 100 kPa, 온도 340 K)일 때 출구의 공기 속도를 구하라. 단, 디퓨저는 단열되어 있다고 가정한다.

Engineering Thermodynamics

CHAPTER 4

이상기체의 성질과 상태변화

학습내용

관심의 대상인 시스템에 열역학 제1법칙을 적용하기 위해서는 시스템의 상태량을 알아야 하고, 그 상태량들의 상호 관계에 대해서도 알아야 한다. 이 장에서는 특히 공학적 응용에서 매우 중요하게 다루어지는 이상기체의 상태량을 살펴보고, 이상기체의 상태변화에 열역학 제1법칙을 적용하여 에너지 관계식을 유도한다. 또한 이상기체의 혼합물인 혼합기체의 상태량을 구하는 방법에 대해서도 다룬다.

❖ 적용분야

내연기관과 냉동기에서의 열과 일의 계산, 혼합기체의 특성 파악

Chapter 4 이상기체의 성질과 상태변화

4-1 이상기체의 내부에너지와 Joule의 법칙

1844년 영국의 물리학자 Joule(James P. Joule)은 "이상기체의 내부에너지는 단지 온도만의 함수이며, 그 기체가 차지하는 체적이나 압력과는 관계가 없다"라는 사실을 실험적으로 증명하였다. 이것을 이상기체에 대한 Joule의 법칙이라 하며, 상태방정식으로부터 이상기체의 엔탈피 역시 온도만의 함수이다. 즉,

$$u = f(T) \tag{4-1}$$

$$h = u + Pv = u + RT = f(T) \tag{4-2}$$

Joule의 실험장치는 그림 (4-1)과 같으며, 물로 가득 찬 큰 단열 용기 속에 두 개의 작은 용기를 파이프와 밸브로 연결하여 설치하였다. 처음에 용기 A에는 고압(22 atm)의 공기를 채우고 용기 B는 진공상태로 하여, 열평형 상태에 도달한 후 밸브를 열면 두 용기의 압력이 같아진다. 이 때 실험 전후 물의 온도 변화는 없었다. 이 경우 기체가 자유팽창(free expansion)하면서 압력이 감소하고 체적은 증가하였지만, 외부와의 열교환도 없었고 또한 외부에 대하여 일도 하지 않았다. 따라서 열역학 제1법칙 식인 $\delta Q = dU + \delta W$에 의하여 이상기체가 자유팽창하는 동안 내부에너지는 변하지 않음을 알 수 있다. 즉, 이상기체의 내부에너지는 체적이나 압력의 변화에는 관계없고, 단지 온도만에 의존한다는 결론을 얻을 수 있다.

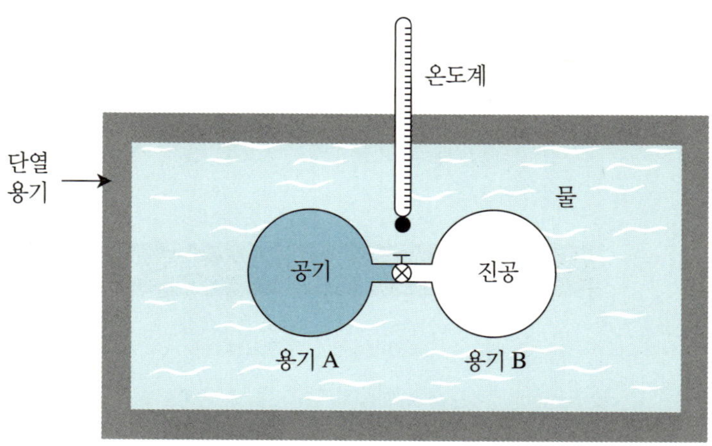

그림 4-1 Joule의 실험장치

그러나 실제기체는 팽창하면서 온도가 내려간다는 것을 후에 발견하였는데, 이를 Joule-Thomson의 냉각 효과(Joule-Thomson effect)라 한다. 이 효과를 이용하여 기체를 여러 번 팽창시키면 매우 낮은 온도를 얻을 수 있으므로, 기체의 액화가 가능하게 되었다.

4-2 이상기체의 비열

물질의 비열은 단위 질량(kg)의 물질을 단위 온도(K 또는 ℃)만큼 올리는 데 필요한 열량(J)이다. 따라서 비열의 단위는 [J/kg · K]이며, 다음과 같이 편미분방정식으로 표시된다.

$$C = \frac{\partial q}{\partial T} \tag{4-3}$$

고체나 액체는 비압축성 물질로 간주되므로 가열조건에 관계없이 비체적이 거의 일정하고, 비열은 일정한 값을 가진다. 그러나 기체는 압축성 물질로 취급되어 가열조건에 따라 비체적이 변화하므로, 조건에 따라 비열을 정적비열과 정압비열로 구분하여 사용한다.

정적비열(specific heat at constant volume, C_v) 또는 정압비열(specific heat at constant pressure, C_p)이란 가열하는 동안 기체의 체적 또는 압력이 일정한 경우의 비열을 말하며, 수학적으로는 편미분식을 사용하여 다음과 같이 정의한다.

$$C_v \equiv \left(\frac{\partial q}{\partial T}\right)_v \quad \text{또는} \quad C_p \equiv \left(\frac{\partial q}{\partial T}\right)_p \tag{4-4}$$

정적과정에서 기체에 가해진 열은 모두 내부에너지의 증가에 사용되며, 정압과정에서 기체에 가해진 열은 모두 엔탈피(내부에너지 + 유동일)의 증가에 사용되므로, 정압비열은 정적비열보다 크게 된다. 또한 Joule의 법칙에 의하여 이상기체의 내부에너지 및 엔탈피는 온도만의 함수이므로 식 (4-4)는 다음과 같이 표시할 수 있다.

$$C_v \equiv \left(\frac{\partial q}{\partial T}\right)_v = \frac{du}{dT}$$
$$C_p \equiv \left(\frac{\partial q}{\partial T}\right)_p = \frac{dh}{dT} \qquad (4\text{-}5)$$

식 (4-5)에서 이상기체인 경우 $u = u(T)$, $h = h(T)$이므로 $C_v = C_v(T)$, $C_p = C_p(T)$이지만, 편의상 이상기체의 비열은 일정하다고 취급하여 계산한다. 실제로는 단원자 기체(monoatomic gas, He, Ne, Ar)인 경우에만 거의 온도에 관계없이 비열이 일정하며, 이원자 기체(diatomic gas, H_2, N_2, O_2)인 경우에는 온도 증가에 따라 비열이 증가하고, 다원자 기체(polyatomic gas, CO_2, H_2O)가 되면 온도 증가에 따른 비열의 증가폭이 더욱 커진다.

비열이 일정한 기체의 체적 또는 압력을 일정하게 유지한 채 가열하여 온도를 변화시켰을 때, 단위 질량인 이상기체의 내부에너지 또는 엔탈피의 변화량은 다음과 같이 구한다.

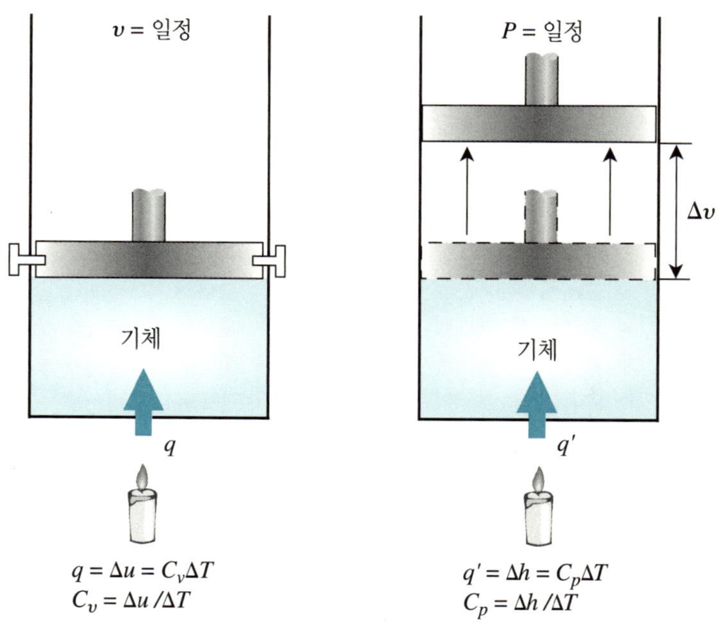

그림 4-2 정적비열(C_v)과 정압비열(C_p)

$$du = C_v dT \longrightarrow \Delta u = C_v \Delta T = C_v(T_2 - T_1)$$
$$dh = C_p dT \longrightarrow \Delta h = C_v \Delta T = C_p(T_2 - T_1) \tag{4-6}$$

따라서 질량이 mkg인 이상기체의 내부에너지 또는 엔탈피의 변화량은 다음과 같다.

$$\Delta U = m\Delta u$$
$$\Delta H = m\Delta h \tag{4-7}$$

이상기체의 C_p는 C_v보다 크다고 하였는데, 얼마나 큰지 엔탈피의 정의와 상태방정식으로부터 유도해보자.

$$h \equiv u + Pv = u + RT\ (\because\ Pv = RT) \tag{4-8}$$

식 (4-8)의 양변을 온도 T에 대하여 미분하여 정리하면 다음과 같다.

$$\frac{dh}{dT} = \frac{du}{dT} + R \longrightarrow C_p = C_v + R \tag{4-9}$$

따라서 C_p는 C_v보다 그 기체의 기체상수인 R만큼 크다. 즉,

$$C_p - C_v = R \tag{4-10}$$

식 (4-10)에 비열비(specific heat ratio) $k = C_p/C_v$를 대입하여 정리하면, C_v와 C_p를 k와 R에 대하여 다음과 같이 구할 수 있다.

$$C_v = \frac{1}{k-1}R$$
$$C_p = \frac{k}{k-1}R = kC_v = C_v + R \tag{4-11}$$

예제 4-1 10 kg의 공기를 10℃에서 100℃까지 정적과정으로 가열하는데 필요한 열량과 내부에너지의 변화량을 구하라. 단, 공기의 $C_v = 0.717$ kJ/kg·K, $C_p = 1.005$ kJ/kg·K이며, 공기는 이상기체로 간주한다.

【풀이】

(1) 전달열량

정적과정이므로로부터 $Q_{12} = \Delta U = mC_v\Delta T = mC_v(T_2 - T_1)$로 부터

$$Q_{12} = mC_v(T_2 - T_1) = 10 \times 0.717 \times (373.15 - 283.15) = 645.3 \text{ kJ}$$

(2) 내부에너지의 변화량

내부에너지의 변화량은 정적과정에서 전달열량과 같으므로

$$\Delta U = 645.3 \text{ kJ}$$ ■

예제 4-2 산소(O_2)의 정적비열 C_v와 정압비열 C_p를 구하라. 단, 산소의 비열비는 1.399, 기체상수는 0.2598 kJ/kg · K이며, 산소는 이상기체로 간주한다.

【풀이】 식 (4-11)으로부터

$$C_v = \frac{R}{k-1} = \frac{0.2598}{1.399 - 1} = 0.651 \text{ kJ/kg} \cdot \text{K}$$

$$C_p = kC_v = (1.399)(0.651) = 0.911 \text{ kJ/kg} \cdot \text{K}$$ ■

예제 4-3 어느 이상기체 3 kg을 300℃ 상승시키는데 압력을 일정하게 하는 경우가 체적을 일정하게 하는 경우에 비하여 258 kJ의 열량이 더 필요하다고 한다. 이 기체의 기체상수를 구하라.

【풀이】 정압과정으로 변화할 때 필요한 열량 $Q_p = mC_p\Delta T$

정적과정일 때 필요한 열량 $Q_v = mC_v\Delta T$

따라서 $Q_p - Q_v = (C_p - C_v)m\Delta T$

식 (4-10)으로부터

$$\therefore R = C_p - C_v = \frac{Q_p - Q_v}{m\Delta T} = \frac{258}{(3)(300)} = 0.287 \text{ kJ/kg} \cdot \text{K}$$ ■

4-3 이상기체의 정적과정

그림 (4-3)과 같이 일정한 용기 내에 들어있는 기체를 가열하면, 기체의 온도와 압력이 올라간다. 이와 같이 기체가 정적상태에서 열교환에 의하여 상태가 변화하는 것을 정적과정(constant volume process, isochoric process)라고 한다. 이 절에서는 이상기체가 가역적으로 정적과정으로 변화하는 경우에 기체의 상태량(P, v, T) 변화, 일량 및 전달열량을 알아본다.

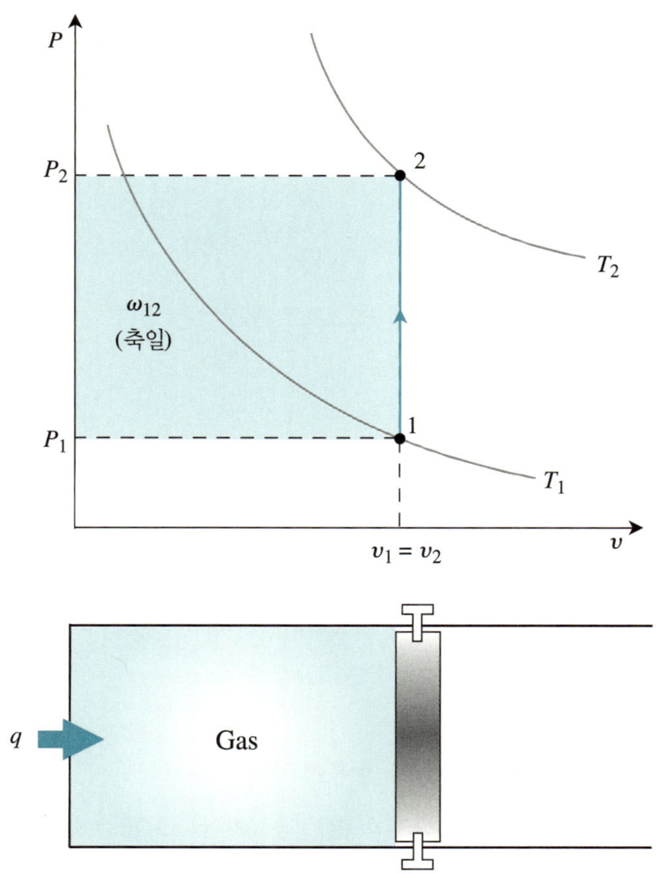

그림 4-3 정적과정

(1) P, v, T 변화

이상기체의 상태방정식으로부터

$$Pv = RT \longrightarrow \frac{P}{T} = \frac{R}{v} = C\ (\text{상수})(\because v = C)$$

$$\therefore \frac{P_1}{T_1} = \frac{P_2}{T_2} \tag{4-12}$$

그림 (4-3)에서 보는 바와 같이 일정한 용기 안에 들어 있는 기체가 열을 받으면 온도와 압력이 비례적으로 증가(1 ⟶ 2)한다. 반대로 기체가 냉각되어 외부로 열을 방출한다면 온도와 압력은 비례적으로 감소(2 ⟶ 1)한다.

(2) 밀폐시스템에서의 팽창일

$$v = C(\text{상수})\ \text{이므로,}\ dv = 0,\ \text{따라서}$$

$$\omega_{12} = \int_{v_1}^{v_2} P dv = 0 \tag{4-13}$$

즉, 체적의 변화가 없으므로 팽창일은 없다.

(3) 전달열량

열역학 제1법칙 식 $q_{12} = \Delta u + \omega_{12}$ 와 $\omega_{12} = 0$으로부터

$$q_{12} = \Delta u + \omega_{12} = \Delta u = C_v(T_2 - T_1) \tag{4-14}$$

즉, 정적과정에서 전달열량은 모두 내부에너지로 축적되며, 냉각하는 경우에는 내부에너지가 감소하는 결과가 된다.

(4) 개방시스템에서의 축일

정상유동시스템의 에너지식인 식 (3-23a)에서 운동에너지와 위치에너지의 변화를 무시할 수 있다면, 다음과 같이 간단하게 표시할 수 있다.

$$q_{12} + \left(h_1 + \frac{1}{2}V_1^2 + gz_1\right) = \left(h_2 + \frac{1}{2}V_2^2 + gz_2\right) + \omega_{12} \quad \text{(3-23a)}$$

$$q_{12} + h_1 = h_2 + \omega_{12} \quad \text{(4-15)}$$

위 식을 축일 ω_{12}에 대하여 정리한 후, 엔탈피의 정의식인 식 (3-22a)의 $h = u + Pv$를 대입하면 다음과 같다.

$$\begin{aligned} \omega_{12} &= q_{12} - \Delta h = q_{12} - (h_2 - h_1) \\ &= q_{12} - (u_2 - u_1) - (P_2 v_2 - P_1 v_1) \end{aligned} \quad \text{(4-16)}$$

식 (4-16)은 이상기체의 상태변화 과정 중 개방시스템에서의 축일을 구하는 데 사용하면 편리하다.

먼저 정적과정인 경우 개방시스템에서의 축일을 구해보자. 정적과정에서 체적은 일정하므로 $v = v_1 = v_2$이고, 전달열량은 $q_{12} = \Delta u = (u_2 - u_1)$이다. 이 값들을 식 (4-16)에 대입하여 축일을 구하면

$$\omega_{12} = -v(P_2 - P_1) = v(P_1 - P_2) \quad \text{(4-17)}$$

이 되며, 그림 (4-3)의 P-v 선도에서 빗금친 사각형의 면적과 같다.

비압축성 유체가 정상유동을 하는 개방시스템에서 입구와 출구에서의 질량유량이 일정하다면 비체적이 일정한 과정으로 볼 수 있다. 예를 들어, 저압으로 작동하는 송풍기 시스템에서 공기는 비압축성 유체로 해석하여도 큰 오차가 없으므로 정적과정의 개방시스템으로 볼 수 있다.

예제 4-4 일정한 용기 속에 저장되어 있는 압력 100 kPa, 온도 20℃의 공기를 가열하여 압력이 200 kPa이 되었다면, 가열 후 공기의 온도는 얼마가 되는가?

【풀이】 $\dfrac{P_1}{T_1} = \dfrac{P_2}{T_2}$ 에서

$$T_2 = T_1 \frac{P_2}{P_1} = (293.15\ \text{K})\left(\frac{200\ \text{kPa}}{100\ \text{kPa}}\right) = 586.3\ \text{K} = 313.2℃$$

■

예제 4-5 0.5 m^{3}의 밀폐된 용기에 300 kPa의 압력으로 저장되어 있는 산소를 0℃에서 100℃로 가열하는 경우, 다음을 구하라. 단, 산소의 기체상수와 정적비열은 각각 0.2598 kJ/kg · K, 0.6551 kJ/kg · K이다.

(1) 산소의 질량(kg)

(2) 가열 후 산소의 압력(kPa)

(3) 전달열량(kJ)

(4) 내부에너지 변화량(kJ)

【풀이】 (1) $p_1V = mRT_1$에서 산소의 중량은

$$m = \frac{P_1V}{RT_1} = \frac{(300 \times 10^3)(0.5)}{(259.8)(273.15)} = 2.11 \text{ kg}$$

(2) $\dfrac{P_1}{T_1} = \dfrac{P_2}{T_2}$에서

$$P_2 = P_1\frac{T_2}{T_1} = (300)\left(\frac{373.15}{273.15}\right) = 410 \text{ kPa}$$

(3) $Q_{12} = mC_v(T_2 - T_1)$

$$= (2.11)(0.6551)(373.15 - 273.15) = 138.2 \text{ kJ}$$

(4) 이상기체의 정적과정에서 $Q_{12} = \Delta U$이므로

$$\Delta U = 138.2 \text{ kJ}$$

■

4-4 이상기체의 정압과정

그림 (4-4)와 같이 실린더 내에 들어있는 기체를 가열하면, 피스톤에 의해 압력은 일정하게 유지되면서 기체의 온도와 체적은 상승한다. 이와 같이 기체가 정압상태에서 열교환에 의하여 상태가 변화하는 것을 정압과정(constant pressure process,

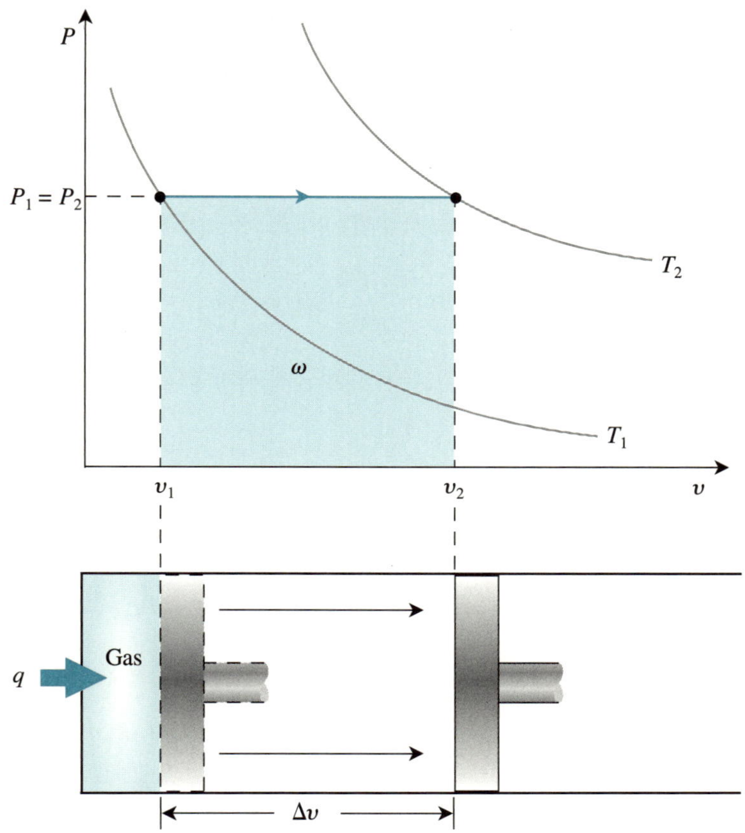

그림 4-4 정압과정

isobaric process)라고 한다. 이 절에서는 이상기체가 가역적으로 정압과정으로 변화하는 경우에 기체의 상태량(P, v, T) 변화, 일량 및 전달열량을 알아본다.

(1) P, v, T 변화

이상기체의 상태방정식으로부터

$$Pv = RT \longrightarrow \frac{v}{T} = \frac{R}{P} = C(\text{일정})(\because P = C)$$

$$\therefore \frac{v_1}{T_1} = \frac{v_2}{T_2} \tag{4-18}$$

즉, 기체가 압력이 일정한 상태에서 열을 받으면 온도와 체적이 비례적으로 증가 $(1 \longrightarrow 2)$한다.

(2) 밀폐시스템에서의 팽창일

압력은 상수, 즉 $P \neq f(v)$이고, $Pv = RT$이므로,

$$\omega_{12} = \int_{v_1}^{v_2} P dv = P(v_2 - v_1) = R(T_2 - T_1) \tag{4-19}$$

팽창일 ω는 그림 (4-4)의 빗금친 사각형의 면적과 같다.

(3) 전달열량

열역학 제1법칙 식 $q_{12} = \Delta u + \omega_{12}$와 $\omega_{12} = P(v_2 - v_1)$으로부터

$$\begin{aligned} q_{12} &= \Delta u + \omega_{12} = \Delta u + P\Delta v \\ &= (u_2 - u_1) + P(v_2 - v_1) \\ &= (u_2 + P_2 v_2) - (u_1 + P_1 v_1) \\ &= h_2 - h_1 = \Delta h = C_p(T_2 - T_1) \end{aligned} \tag{4-20}$$

즉, 정압과정에서 전달열량은 모두 엔탈피로 축적되며, 냉각하는 경우에는 엔탈피가 감소하는 결과가 된다.

(4) 개방시스템에서의 축일

위에서 구한 전달열량 $q_{12} = \Delta h$를 식 (4-16)에 대입하면

$$\omega_{12} = q_{12} - \Delta h = \Delta h - \Delta h = 0 \tag{4-21}$$

이 된다. 즉, 정압과정인 개방시스템에서는 축일을 하지 않는다.

정압과정으로 변화하는 개방시스템 장치로는 열교환기(증발기, 응축기)를 들 수 있다. 열교환기는 장치 내·외부에 물 또는 공기가 흐르면서 열교환을 하는 장치로서, 유동 중 압력 변화는 거의 없다.

예제 4-6 초기 온도 및 체적이 각각 50℃, 1 m^3인 5 kg의 공기를 가열하였더니 그 체적이 2 m^3로 변화하였다. 변화하는 동안 압력이 일정한 경우 다음을 구하라. 단, 공기의 기체상수는 0.2872 kJ/kg · K, 정압비열은 1.005 kJ/kg · K이다.

(1) 공기의 압력(kPa)

(2) 변화 후 공기의 온도(℃)

(3) 전달열량(kJ)

(4) 공기가 팽창하면서 외부에 대하여 한 일량(kJ)

(5) 엔탈피 변화량(kJ)

【풀이】 (1) 공기의 압력 P는 $PV_1 = mRT_1$로부터

$$P = \underline{mRT_1} = \frac{(5)(0.2872)(323.15)}{1} = 463.8\ \text{kJ/m}^3$$

$$= 463.8\ \text{kPa}$$

(2) 변화 후 공기의 온도 T_2는 $\underline{V_1} = \underline{V_2}$ 로부터

$$T_2 = T_1 \underline{V_2} = (323.15)\left(\frac{2}{1}\right) = 646.3\ \text{K} = 373.2\ ℃$$

(3) 전달열량 Q는

$$Q_{12} = mC_p(T_2 - T_1) = (5)(1.005)(643.2 - 323.15)$$
$$= 1{,}623\ \text{kJ}$$

(4) 공기가 팽창하면서 외부에 대하여 한 일량 W는

$$W_{12} = P(V_2 - V_1) = (463.8\ \text{kPa})(2 - 1)\text{m}^3 = 463.8\ \text{kJ}$$

또는

$$W_{12} = \text{m}R(T_2 - T_1)$$
$$= (5\ \text{kg})(0.2872\ \text{kJ/kg} \cdot \text{K})\text{m}^3(643.2 - 323.15)\ K$$
$$= 462{,}3\ \text{kJ}$$

(5) 이상기체의 정압과정에서 $Q_{12} = \Delta H$이므로

$$\Delta H = 1{,}623\ \text{kJ}$$ ■

예제 4-7 실린더 내에 흡입된 20℃의 공기 3 kg을 정압으로 가열 팽창시켜 피스톤이 외부에 대하여 100 kJ의 일을 하였을 때, 다음을 구하라. 단, 공기의 기체상수는 0.2872 kJ/kg · K, 정압비열은 1.005 kJ/kg · K 이다.

(1) 팽창 후 공기의 온도(℃)

(2) 전달열량(kJ)

【풀이】 (1) 팽창 후 공기의 온도 T_2는 $W_{12} = mR(T_2 - T_1)$으로부터

$$T_2 = T_1 + \frac{W_{12}}{mR}$$

$$= 293.15\ \text{K} + \frac{100\ \text{kJ}}{(3\ \text{kg})(0.2872\ \text{kJ/kg}\cdot\text{K})}$$

$$= 293.15\ \text{K} + 116.06\ \text{K} = 409.21\ \text{K} = 136.06^\circ\text{C}$$

(2) 전달열량 Q_{12}는

$$Q_{12} = mC_p(T_2 - T_1) = (3)(1.005)(409.21 - 293.15)$$

$$= 349.9\ \text{kJ}$$ ■

4-5 이상기체의 등온과정

그림 (4-5)과 같이 실린더 내에 들어있는 기체를 서서히 팽창시키면서 팽창일과 동일한 열량을 가해 주면, 팽창하는 동안 기체의 온도가 일정하게 유지된다. 이와 같이 기체가 등온상태에서 열교환에 의하여 상태가 변화하는 것을 등온과정

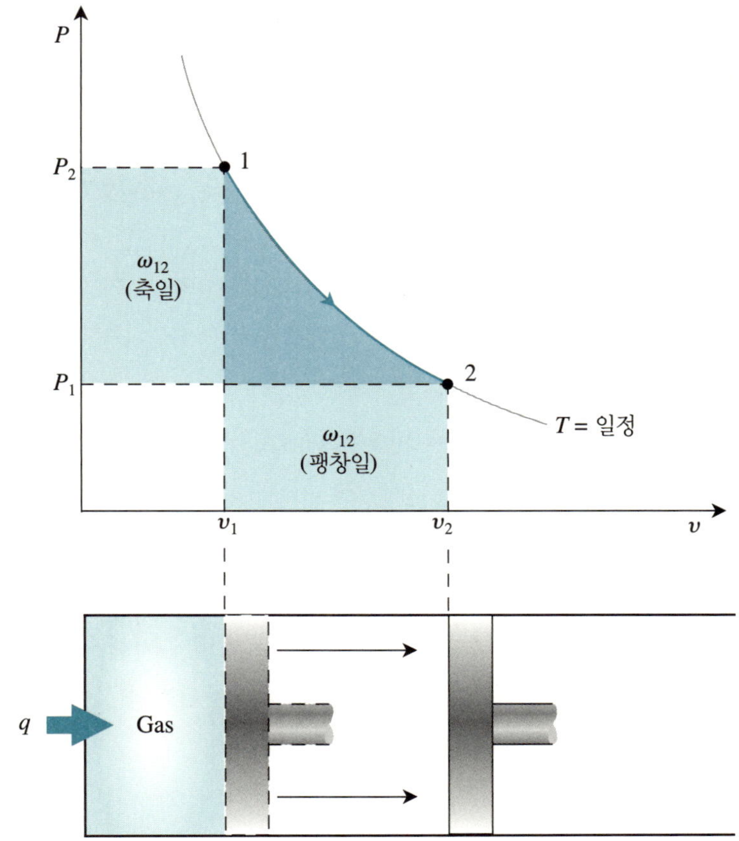

그림 4-5 등온과정

(constant temperature process, isothermal process)이라고 한다. 이 절에서는 이상기체가 가역적으로 등온과정으로 변화하는 경우에 기체의 상태량(P, v, T) 변화, 일량 및 전달열량을 알아본다.

(1) *P*, *v*, *T* 변화

이상기체의 상태방정식으로부터

$$Pv = RT = C\ (상수)(\because T = C)$$
$$\therefore P_1 v_1 = P_2 v_2 \tag{4-22}$$

(2) 밀폐시스템에서의 팽창일

$Pv = RT$에서 $P = \dfrac{RT}{v}$ 이고, $P_1 v_1 = P_2 v_2$에서 $\dfrac{v_2}{v_1} = \dfrac{P_1}{P_2}$ 이므로,

$$\omega_{12} = \int_{v_1}^{v_2} P dv = \int_{v_1}^{v_2} \frac{RT}{v} dv = RT \ln \frac{v_2}{v_1} = RT \ln \frac{P_1}{P_2} \tag{4-23}$$

팽창일 ω_{12}는 그림 (4-5)에서 $1 - 2 - v_2 - v_1 - 1$의 면적과 같다.

(3) 전달열량

등온과정($\Delta T = 0$)에서 $\Delta u = C_v \Delta T = 0$, $\Delta h = C_p \Delta T = 0$이므로,

열역학 제1법칙 식으로부터

$$q_{12} = \Delta u + \omega_{12} = \omega_{12} \tag{4-24}$$

이 된다. 즉, 등온팽창 과정에서 시스템에 가해진 열량은 모두 외부일(팽창일 또는 축일)로 변하며, 등온압축인 경우에는 시스템이 외부로 받은 일만큼의 열량이 방출되는 결과가 된다.

(4) 개방시스템에서의 축일

등온과정에서 $\Delta h = 0$이므로, 식 (4-16)에서

$$\omega_{12} = q_{12} - \Delta h = q_{12} \tag{4-25}$$

가 된다. 이상기체가 등온과정에서 하는 축일은 그림 (4-5)에서 $1-2-P_1-P_2-1$의 면적과 같다.

압축기에서 공기를 압축하는 과정 중 발생하는 열을 제거하면서 압축하는 경우는 등온과정으로 볼 수 있다.

예제 4-8 압력이 1,000 kPa, 체적이 2 m^3인 공기를 가열하면서 등온팽창시켰더니 체적이 2배로 팽창되었을 때, 다음을 구하라.

(1) 팽창 후 공기의 압력(kPa)

(2) 팽창하면서 공기가 외부에 대하여 한 일량(kJ)

(3) 전달열량(kJ)

【풀이】 (1) $P_1V_1 = P_2V_2$로부터

$$P_2 = P_1\frac{V_1}{V_2} = (1{,}000)\left(\frac{2}{4}\right) = 500\ \text{kPa}$$

$$(2)\ W_{12} = mRT\ln\frac{V_2}{V_1} = P_1V_1\ln\frac{V_2}{V_1}$$

$$= (10^3)(2)\ln\left(\frac{4}{2}\right) = 1{,}386\ \text{kJ}$$

(3) $Q_{12} = W_{12} = 1,386\ \text{kJ}$ ■

예제 4-9 압력 100 kPa, 온도 20℃인 공기를 흡입하여 1 MPa의 고압공기를 시간당 800 m_N^3로 송출하는 공기압축기가 있다. 압축하는 동안 공기의 온도 변화가 없도록 압축기를 냉각수로 냉각할 때, 다음을 구하라. 1 m_N^3은 표준상태(0℃, 1 atm)에서의 체적을 의미하며, 1 atm = 101.3 kPa이다.

(1) 흡입공기의 체적유량(m^3/h)

(2) 압축기의 소요 동력(kW)

(3) 등온압축에 필요한 단위시간당 전달열량(kJ/s)

【풀이】 (1) 체적유량을 $\dot{V}$로 표시하면 상태방정식

$$\frac{P_1\dot{V}_1}{T_1} = \frac{P_2\dot{V}_2}{T_2}$$ 으로부터,

$$\dot{V} = \dot{V}_2\frac{P_2}{P_1}\frac{T_1}{T_2} = (800)\left(\frac{101.3}{100}\right)\left(\frac{293}{273}\right)$$

$$= 869.8\ \text{m}^3/\text{h}$$

(2) 동력(시간당 일량)을 $\dot{W}_{12}$, 질량유량을 $\dot{m}$으로 표시하면,

$$\dot{W}_{12} = \dot{m}RT\ln\frac{P_1}{P_2} = P_1\dot{V}_1\ln\frac{P_1}{P_2}$$

$$= (100\text{ kN/m}^2)(869.8\text{ m}^3\text{/h})\ln\left(\frac{10^5\text{Pa}}{10^6\text{Pa}}\right)$$

$$= -200{,}278.8\text{ kJ/h} = -55.6\text{ kJ/s}$$

$$= -55.6\text{ kW}$$

(3) 이상기체의 등온과정에서 $\dot{Q}_{12} = \dot{W}_{12}$이므로

$$\dot{Q}_{12} = \dot{W}_{12} = -55.6\text{ kJ/s}$$ ■

4-6 이상기체의 단열과정

그림 (4-6)과 같이 실린더 내에 들어있는 기체가 팽창하면서 외부와 열교환이 없으면, 팽창하는 동안 기체의 온도가 감소한다. 반대로, 외부와 열교환이 없이 기체를 압축하면 압축하는 동안 기체의 온도는 증가한다. 이와 같이 기체가 외부와의 열교환 없이 팽창 또는 압축하면서 상태가 변화하는 과정을 단열과정(adiabatic process)라고 한다. 이 절에서는 이상기체가 가역적으로 단열과정으로 변화하는 경우에 기체의 상태량(P, v, T) 변화, 일량 및 전달열량을 알아본다. 가역단열과정(reversible adiabatic process)인 경우 등엔트로피과정(isentropic process)이 되며, 엔트로피에 대해서는 5장에서 설명한다.

(1) P, v, T 변화

이상기체가 단열과정으로 변화하는 경우 P, v, T 관계식은 다음과 같으며, 이에 대한 증명은 예제에서 다룬다. 여기서 비열비 k는 단열지수(adiabatic exponent)라고도 한다.

$$Pv^k = C(\text{상수}) \longrightarrow \frac{P_2}{P_1} = \left(\frac{v_1}{v_2}\right)^k \tag{4-26}$$

$$TP^{\frac{1-k}{k}} = C \longrightarrow \frac{T_2}{T_1} = \left(\frac{P_2}{P_1}\right)^{\frac{k-1}{k}} \tag{4-27}$$

$$Tv^{k-1} = C \longrightarrow \frac{T_2}{T_1} = \left(\frac{v_1}{v_2}\right)^{k-1} \tag{4-28}$$

(2) 밀폐시스템에서의 팽창일

열역학 제1법칙 식 $q_{12} = \Delta u + \omega_{12}$에서 단열과정인 경우 $q_{12} = 0$이므로, $\omega_{12} = -\Delta u$가 된다. ω를 구하는 식을 정리하면 다음과 같다.

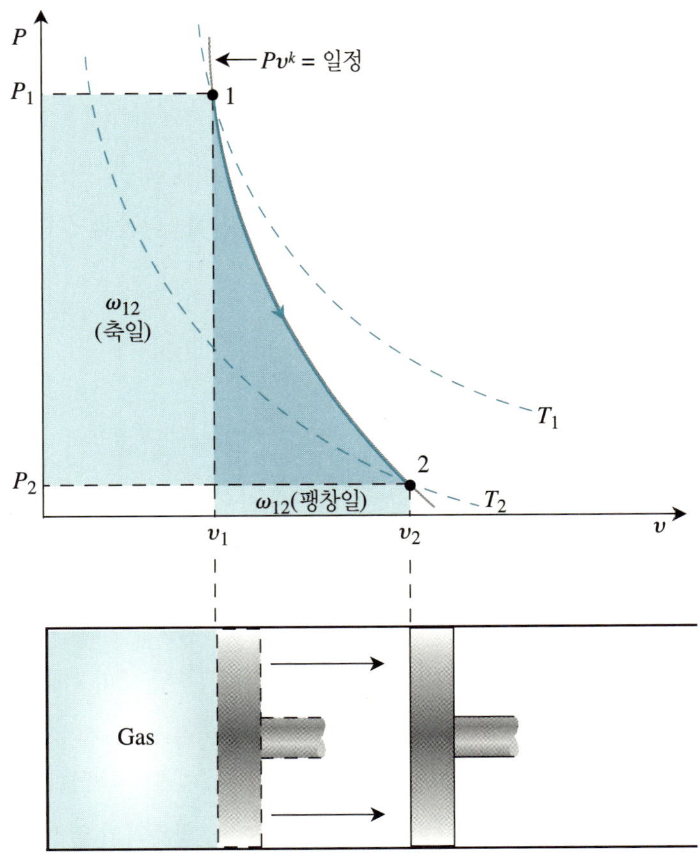

그림 4-6 단열과정

$$\begin{aligned} \omega_{12} &= -\Delta u \\ &= C_v(T_1 - T_2) \\ &= \frac{R}{k-1}(T_1 - T_2) \\ &= \frac{1}{k-1}(P_1 v_1 - P_2 v_2) \end{aligned} \tag{4-29}$$

팽창일 ω_{12}는 그림 (4-6)에서 $1-2-v_2-v_1-1$의 면적과 같다.

(3) 전달열량

단열과정인 경우 $q_{12} = 0$이다.

(4) 개방시스템에서의 축일

식 (4-16) $\omega_{12} = q_{12} - \Delta h$에서 단열과정인 경우 $q_{12} = 0$이므로, $\omega_{12} = -\Delta h$가 된다. ω_{12}를 구하는 식을 정리하면 다음과 같다.

$$\begin{aligned} \omega_{12} &= -\Delta h \\ &= C_p(T_1 - T_2) \\ &= \frac{kR}{k-1}(T_1 - T_2) \\ &= \frac{k}{k-1}(P_1 v_1 - P_2 v_2) \end{aligned} \tag{4-30}$$

축일 ω_{12}는 그림 (4-6)에서 $1-2-P_2-P_1-1$의 면적과 같으며, 이상기체가 단열과정으로 변화할 때 축일 ω_{12}는 팽창일 보다 k배만큼 크게 된다.

내연기관, 증기터빈 또는 압축기 등은 개방시스템의 전형적인 예로서 압축 또는 팽창과정에서 열손실이 적은 경우에는 단열과정으로 볼 수 있다. 또한 유체가 노즐이나 밸브를 통과하는 경우에도 외부와의 열전달을 무시할 수 있으므로 단열과정의 개방시스템으로 해석할 수 있다.

단열과정으로 팽창하는 경우 외부와의 열교환이 없으므로 기체가 자신의 내부에너지(밀폐시스템) 또는 엔탈피(개방시스템)를 소비하면서 일을 하게 되고, 따라서 기체의 온도는 내려간다. 단열과정으로 압축하는 경우에는 시스템이 외부로 받은 일만큼 내부에너지(밀폐시스템) 또는 엔탈피(개방시스템)가 증가하게 되고, 따라서 기체의 온도는 올라간다.

예제 4-10 이상기체가 단열과정으로 변화하는 경우 열역학 제1법칙 식 $\delta q = dh - vdP$ 및 $\delta q = du + Pdv$로부터 $Pv^k = \text{constant}$의 관계가 성립됨을 증명하라.

【풀이】 열역학 제1법칙 식 $\delta q = dh - vdP$ 및 $\delta q = du + Pdv$에서 $\delta q = 0$, $du = C_v dT$, $dh = C_p dT$ 이므로

$$C_p dT - vdP = 0 \longrightarrow C_p dT = vdP \qquad ①$$

$$C_v dT + Pdv = 0 \longrightarrow C_v dT = -Pdv \qquad ②$$

식 ①을 식 ②로 나누고 $k = C_p/C_v$을 대입하여 정리하면,

$$\frac{dp}{p} + k\frac{dv}{v} = 0 \qquad ③$$

이 되며, 식 ③을 적분하면,

$$\ln p + k \ln v = \ln C \qquad ④$$

이 된다. 그러므로, 식 ④를 정리하면 다음과 같이 증명이 된다.

$$Pv^k = C(\text{상수})$$ ■

예제 4-11 이상기체가 단열과정일 때 $Pv^k = C$ 및 $Pv = RT$의 관계식으로부터, $TP^{\frac{1-k}{k}} = C$와 $Tv^{k-1} = C$의 관계식이 성립됨을 증명하라.

【풀이】 (1) $Pv = RT$에서 $v = \dfrac{RT}{P}$를 $Pv^k = C$에 대입하면,

$$P\left(\frac{RT}{P}\right)^k = R^kT^kP^{1-k} = C$$

위 식 양변의 지수를 k로 나누면,

$$TP^{\frac{1-k}{k}} = \frac{C^{1/k}}{R} = C(\text{상수})$$

$$\therefore TP^{\frac{1-k}{k}} = C$$

(2) 같은 방법으로 $P = \dfrac{RT}{v}$ 를 $Pv^k = C$에 대입하면,

$$\frac{RT}{v}v^k = RTv^{k-1} = C \longrightarrow Tv^{k-1} = \frac{C}{R} = C(\text{상수})$$

$$\therefore Tv^{k-1} = C$$ ■

예제 4-12 대기압(1 atm = 101.3 kPa), 체적 2 m^3, 온도 15℃의 공기가 단열이 잘 된 실린더 안에 들어 있다. 이 공기를 피스톤으로 압축하여 체적을 1/5로 줄일 때, 다음을 구하라. 단, 공기의 기체상수는 0.287 kJ/kg·K, 비열비는 1.4이고, 압축하는 동안 공기와 외부와의 열교환은 없다고 가정한다.

(1) 실린더에 들어 있는 공기의 질량(kg)

(2) 압축 후 공기의 압력(kPa)

(3) 압축 후 공기의 온도(℃)

(4) 피스톤의 압축일량(kJ)

(5) 압축 후 공기의 내부에너지 변화량(kJ)

【풀이】 (1) $P_1V_1 = mRT_1$에서 공기의 질량은

$$m = \frac{P_1V_1}{RT_1} = \frac{(101.3 \times 10^3\ \text{Pa})(2\ \text{m}^3)}{(287.0\ \text{J/kg}\cdot\text{K})(288.15\ \text{K})} = 2.45\ \text{kg}$$

(2) $P_1V_1^k = P_2V_2^k$ 에서 압축 후 공기의 압력은

$$P_2 = P_1\left(\frac{V_1}{V_2}\right)^k = P_1\left(\frac{V_1}{\frac{1}{5}V_1}\right)^k = (101.3 \text{ kPa})(5)^{1.4} = 964.2 \text{ kPa}$$

(3) $T_1V_1^{k-1} = T_2V_2^{k-1}$에서 압축 후 공기의 온도는

$$T_2 = T_1\left(\frac{V_1}{V_2}\right)^{k-1} = T_1\left(\frac{V_1}{\frac{1}{5}V_1}\right)^{k-1} = (288.15 \text{ K})(5)^{1.4-1}$$

$$= 548.5 \text{ K} = 275.4°\text{C}$$

(4) $\omega_{12} = \dfrac{R}{k-1}(T_1 - T_2)$에서 피스톤의 압축일량은

$$W_{12} = \frac{mR}{k-1}(T_1 - T_2)$$

$$= \frac{(2.45 \text{ kg})(287.0 \text{ J/kg}\cdot\text{K})}{1.4-1}(288.15 \text{ K} - 548.5 \text{ K})$$

$$= -457{,}047 \text{ J} = -457 \text{ kJ}$$

(5) $\omega_{12} = -\Delta u$에서 압축 후 공기의 내부에너지 변화량은

$$W_{12} = -\Delta U = 457 \text{ kJ}$$ ■

4-7 이상기체의 폴리트로픽과정

앞에서 설명한 정적, 정압, 등온 및 단열과정의 4가지 상태변화만으로는 실제의 열기관이나 기체를 이용하는 기계에서의 상태변화를 제대로 설명하기는 어렵다. 예를 들면, 내연기관에서 동작유체인 공기 및 연소가스가 부분적으로는 정압 또는 정적과정으로 변화하지만, 완전한 등온과정이나 단열과정으로 변화하지는 않는다. 즉, Pv

$= C$ 또는 $Pv^k = C$의 관계식처럼 v의 지수로 1또는 k를 그대로 적용할 수 없는 것이다. 따라서 실제의 상태변화에 보다 가까운 표현을 하기 위하여 v의 지수를 폴리트로픽 지수(polytropic index) n으로 표시하고, 이러한 과정을 폴리트로픽 과정(polytropic process)이라고 한다. 즉,

$$Pv^n = C(\text{일정}) \tag{4-31}$$

식 (4-31)은 단열과정의 식에서 k대신 n을 사용한 것과 같으므로, 단열과정에 관한 모든 식에서 k대신 n을 사용하면 폴리트로픽 과정에 관한 식이 된다.

폴리트로픽 과정에서 지수 n이 특정한 값을 갖는 경우에는 앞에서 설명한 4가지의 과정이 된다. 즉,

$n = 0$: 정압과정 ($P = C$)
$n = 1$: 등온과정 ($Pv = C \longrightarrow T = C$)
$n = k$: 단열과정 ($Pv^k = C$)
$n = \infty$: 정적과정 ($v = C$)

이와 같은 과정을 P-v 선도상에 표시하면 그림 (4-7)와 같다.

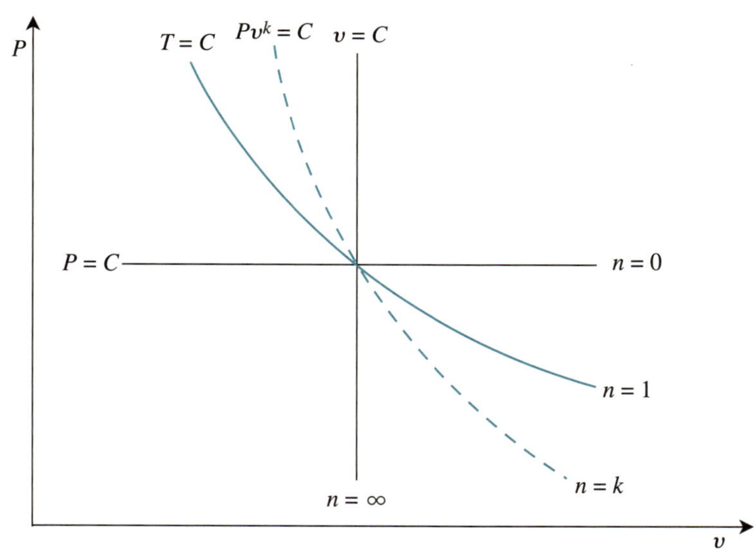

그림 4-7 폴리트로픽 지수 n과 상태변화

폴리트로픽 과정을 겪는 기체의 경우, 비열을 C_n이라고 하면 비열의 정의에 의하여

$$\delta q = C_n dT \tag{4-32}$$

이 된다. 이 때 C_n을 폴리트로픽 비열(polytropic specific heat)이라고 하며, 다음과 같이 유도된다.

$$C_n = C_v \frac{n-k}{n-1} \tag{4-33}$$

예제 4-13 이상기체에 대한 다음 관계식을 이용하여, 폴리트로픽 비열(C_n)이 식 (4-33)과 같이 표시됨을 증명하라.

$$\delta q = C_n dT \quad ①$$

$$\delta q = du + \delta\omega \quad ②$$

$$du = C_v dT \quad ③$$

$$C_v = \frac{1}{k-1} R \quad ④$$

【풀이】 식 ①과 ②에서 δq를 제거하여 정리하면,

$$C_n dT = du + \delta\omega \quad ⑤$$

폴리트로픽 과정으로 변화할 때의 팽창일은 단열과정일 때의 팽창일 구하는 식에서 k대신 n을 대입하면 되므로, 식 (4-29)로부터

$$\delta\omega = -\frac{R}{n-1} dT \quad ⑥$$

식 ③과 ⑥을 식 ⑤에 대입하여 정리하면,

$$C_n dT = C_v dT - \frac{R}{n-1} dT \longrightarrow C_n = C_v - \frac{\mathrm{R}}{n-1} \quad ⑦$$

식 ④로부터 R을 구하여,

$$C_v = \frac{1}{k-1} R \longrightarrow R = C_v(k-1) \quad ⑧$$

식 ⑧을 식 ⑦에 대입하면,

$$C_n = C_v - C_v\frac{k-1}{n-1} = C_v\left(1 - \frac{k-1}{n-1}\right)$$

$$= C_v\left(\frac{(n-1)-(k-1)}{n-1}\right) = C_v\left(\frac{n-k}{n-1}\right)$$

$$\therefore C_n = C_v\left(\frac{n-k}{n-1}\right)$$ ■

예제 4-14 디젤엔진의 실린더에 흡입된 공기의 압력이 60℃, 90 kPa에서 $n = 1.3$의 폴리트로픽과정으로 압축을 하여 2,500 kPa이 되었다. 압축 후 연소실 내 공기의 체적이 150 cm^3일 때, 다음을 구하라. 단, 공기의 기체상수는 0.2872 kJ/kg · K, 정적비열은 0.7171 kJ/kg · K이다.

(1) 압축 전 공기의 체적(cm^3)

(2) 흡입 공기의 질량(kg)

(3) 압축 후 공기의 온도(℃)

(4) 압축하는 동안 흡입공기가 받은 팽창일(kJ)

(5) 압축하는 동안 흡입공기로부터 외부로 손실된 열량(kJ)

(6) 압축하는 동안 흡입공기의 내부에너지 변화량(kJ)

【풀이】 (1) 과정이 진행되기 전 공기의 체적

$P_1V_1^n = P_2V_2^n$으로부터

$$V_1 = V_2\left(\frac{P_2}{P_1}\right)^{\frac{1}{n}} = (150)\left(\frac{2{,}500}{90}\right)^{\frac{1}{1.3}} = 1{,}935 \text{ cm}^3$$

(2) 공기의 질량

$P_1V_1 = mRT_1$으로부터

$$m = \frac{P_1V_1}{RT_1} = \frac{(90)(1{,}935 \times 10^{-6})}{(0.2872)(60 + 273.15)} = 1.821 \times 10^{-3} \text{ kg}$$

(3) 과정 후 온도

단열과정에 관한 식 (4-27) $\frac{T_2}{T_1} = \left(\frac{P_2}{P_1}\right)^{\frac{k-1}{k}}$ 에서 k대신 n을 대입하여 정리하면,

$$T_2 = T_1\left(\frac{P_2}{P_1}\right)^{\frac{n-1}{n}} = (60 + 273.15)\ \mathrm{K} \times \left(\frac{2{,}500}{90}\right)^{\frac{1.3-1}{1.3}}$$

$$= 717.47\ \mathrm{K} = 444.32℃$$

(4) 팽창일

단열과정에 관한 식 (4-29) $\omega_{12} = \frac{R}{k-1}(T_1 - T_2)$에서 k대신 n을 대입하여 정리하면,

$$W_{12} = \frac{1}{n-1} mR(T_1 - T_2)$$

$$= \frac{1}{1.3-1}(1.821 \times 10^{-3})(0.2872)(333.15 - 717.47)$$

$$= -0.669\ \mathrm{kJ}$$

(5) 전달열량

$\delta q = C_n dT$및 $C_n = C_v \frac{n-k}{n-1}$ 으로부터

$$Q_{12} = mC_n(T_2 - T_1) = mC_v \frac{n-k}{n-1}(T_2 - T_1)$$

$$= (1.821 \times 10^{-3})(0.7171)\left(\frac{1.3-1.4}{1.3-1}\right)(717.47 - 333.15)$$

$$= -0.167\ \mathrm{kJ}$$

(6) 내부에너지 변화량

$$\Delta U = mC_v(T_2 - T_1) = (1.821 \times 10^{-3})(0.7171)(717.47 - 333.15)$$

$$= 0.501\ \mathrm{kJ}$$ ■

표 4-2 이상기체의 상태변화 관계식 요약

구 분	정적과정 $v=C(dv=0)$	정압과정 $P=C(dP=0)$	등온과정 $T=C(dT=0)$	단열과정 $Pv^k=C(q=0)$	폴리트로픽 과정 $pv^n=C$
P, v, T 관계	$\frac{T_2}{T_1}=\frac{P_2}{P_1}$	$\frac{T_2}{T_1}=\frac{v_2}{v_1}$	$\frac{P_2}{P_1}=\frac{v_1}{v_2}$	$\frac{P_2}{P_1}=\left(\frac{v_1}{v_2}\right)^k$ $\frac{T_2}{T_1}=\left(\frac{v_1}{v_2}\right)^{k-1}$ $\frac{T_2}{T_1}=\left(\frac{P_2}{P_1}\right)^{\frac{k-1}{k}}$	$\frac{P_2}{P_1}=\left(\frac{v_1}{v_2}\right)^n$ $\frac{T_2}{T_1}=\left(\frac{v_1}{v_2}\right)^{n-1}$ $\frac{T_2}{T_1}=\left(\frac{P_2}{P_1}\right)^{\frac{n-1}{n}}$
폴리트로픽 지수 n	∞	0	1	k	$-\infty \leq n \geq \infty$
비열(C)	C_v	C_p	—	—	$C_n = C_v\left(\frac{k-n}{1-n}\right)$
내부에너지 변화량 Δu	$C_v(T_2-T_1)$	$C_v(T_2-T_1)$	0	$C_v(T_2-T_1)$	$C_v(T_2-T_1)$
엔탈피 변화량 Δh	$C_p(T_2-T_1)$	$C_p(T_2-T_1)$	0	$C_p(T_2-T_1)$	$C_p(T_2-T_1)$
엔트로피 변화량(※) Δs	$C_v \ln \frac{T_2}{T_1}$	$C_p \ln \frac{T_2}{T_1}$	$R \ln \frac{P_1}{P_2}$	0	$C_n \ln \frac{T_2}{T_1}$
팽창일 $\omega = \int P dv$	0	$P(v_2-v_1)$ $R(T_2-T_1)$	$RT \ln \frac{v_2}{v_1}$ $RT \ln \frac{P_1}{P_2}$	$-\Delta u$ $C_v(T_1-T_2)$ $\frac{R}{k-1}(T_1-T_2)$ $\frac{1}{k-1}(P_1v_1-P_2v_2)$	$-\Delta u$ $C_v(T_1-T_2)$ $\frac{R}{n-1}(T_1-T_2)$ $\frac{1}{n-1}(P_1v_1-P_2v_2)$

표 4-2 (계속)

구 분	정적과정 $v=C(dv=0)$	정압과정 $P=C(dP=0)$	등온과정 $T=C(dT=0)$	단열과정 $Pv^k=0(q=0)$	폴리트로픽 과정 $pv^n=C$
축일 $\omega_{sh}=-\int vdP$	$v(P_1-P_2)$	0	$RT\ln\frac{P_1}{P_2}$ $RT\ln\frac{v_2}{v_1}$	$-\Delta h$ $C_p(T_1-T_2)$ $\frac{kR}{k-1}(T_1-T_2)$ $\frac{k}{k-1}(P_1v_1-P_2v_2)$ $k\omega$	$-\Delta h$ $C_p(T_1-T_2)$ $\frac{nR}{n-1}(T_1-T_2)$ $\frac{n}{n-1}(P_1v_1-P_2v_2)$ $n\omega$
전달열량 $q=C_n\Delta T$	Δu $C_v(T_2-T_1)$	Δh $C_p(T_2-T_1)$	$RT\ln\frac{v_2}{v_1}$ $RT\ln\frac{P_1}{P_2}$	0	$C_n(T_2-T_1)$

※ 엔트로피 변화량 Δs는 5장에서 설명함.

4-8 기체의 혼합과 Dalton의 법칙

지금까지 다루어 온 이상기체는 단일 종류의 기체 또는 표준공기처럼 그 조성을 알고 있어서 단일 종류의 기체처럼 취급할 수 있는 것이다. 하지만, 공학적인 목적으로 사용하는 기체의 대부분은 여러 종류의 기체가 혼합된 상태인 혼합기체(mixed gas)이다. 예를 들면, 내연기관이나 보일러에서 연소 후 발생하는 배기가스(exhaust gas)는 질소를 주성분으로 하여 산소, 이산화탄소, 일산화탄소 등이 혼합되어 있는 혼합기체이며, 기체연료로 많이 사용하고 있는 천연가스(natural gas)와 LPG(Liquefied Petroleum Gas) 등은 각각 메탄 또는 프로판과 부탄을 주성분으로 하여 여러 가지의 연료 가스가 혼합되어 있는 혼합기체이다. 또한 공학적으로 널리 사용하고 있는 공기도 조건에 따라 그 조성 성분이 다를 수 있으므로, 혼합기체에 대한 열역학적 특성 및 관계식을 이해하는 것이 실용적으로 중요하다.

서로 다른 기체가 각각 별도의 칸막이가 된 용기 내에 있는 상태에서 칸막이를 제거하면, 각 기체가 확산에 의하여 혼합된다. 이 확산에 의한 혼합기체에 대하여 1801년 영국의 Dalton(J. Dalton)은 "여러 종류의 기체가 일정한 용기 속에서 혼합될 때 기체 상호간에 화학반응이 없다면, 혼합기체의 전압은 각 성분기체의 분압의 합과 같다"라는 사실을 발견하였으며, 이를 Dalton의 법칙(Dalton's law)이라고 한다. 여기서 전압(total pressure, P)은 여러 종류의 기체가 혼합하여 이루어진 혼합기체의 압력을 의미하며, 분압(partial pressure, P_i)은 각 성분기체가 전체 용기에 단독으로 존재할 때의 압력을 뜻한다. Dalton의 법칙은 다음과 같이 표시된다.

$$P = \sum_{i=1}^{n} P_i = P_1 + P_2 + \cdots + P_n \tag{4-34}$$

Dalton의 법칙을 증명하기 위하여, 편의상 동일온도(T), 동일압력(P)인 n종류의 서로 다른 기체가 그림 (4-8)의 (a)와 같이 각각 별도의 칸막이가 된 용기 내에 들어 있다고 생각한다. 각 기체의 체적 또는 질량이 각각 V_1, V_2, ⋯, V_n 또는 m_1, m_2, ⋯, m_n이면, 그림 (4-8)의 (b)와 같이 칸막이를 제거하여 혼합기체가 되었을 때의 체적 또는 질량은 각각 V 또는 m이 된다. 즉,

$$V = \sum_{i=1}^{n} V_i = V_1 + V_2 + \cdots + V_n \tag{4-35}$$

$$m = \sum_{i=1}^{n} m_i = m_1 + m_2 + \cdots + m_n \tag{4-36}$$

기체가 혼합되는 동안 외부에 일을 하지 않으므로, 외부와의 열교환이 없다면 혼합 후에도 기체의 내부에너지는 변하지 않는다. 따라서 혼합기체의 온도와 압력은 그대로 보존된다.

이번에는 각 성분기체가 전체용기(V)에 단독으로 존재할 때의 경우를 생각해보자. 이것은 그림 (4-9)와 같이 각 성분기체가 단독으로 전체용기에서 자유팽창하는 경우와 같으므로 기체의 압력은 P에서 P_i로 감소하지만, Joule의 법칙에 의하여 기체의 온도는 변하지 않는다. 따라서 이 과정은 등온과정이므로 Boyle의 법칙이 성립된다. Boyle의 법칙을 이용하여 각 성분기체의 분압을 구하면 다음과 같다.

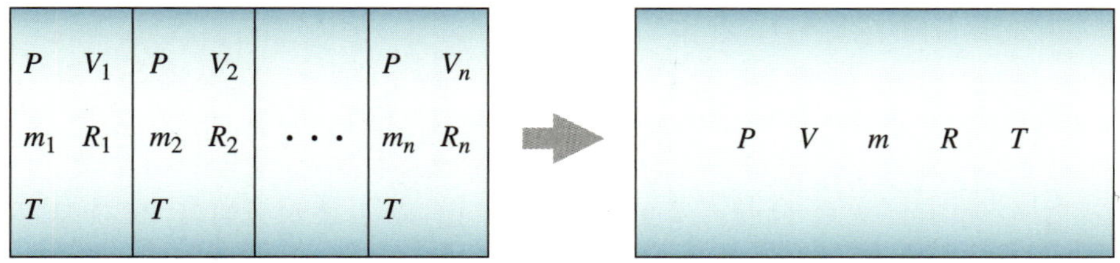

(a) 혼합 전　　(b) 혼합 후

그림 4-8 기체의 혼합(P, T = 일정)

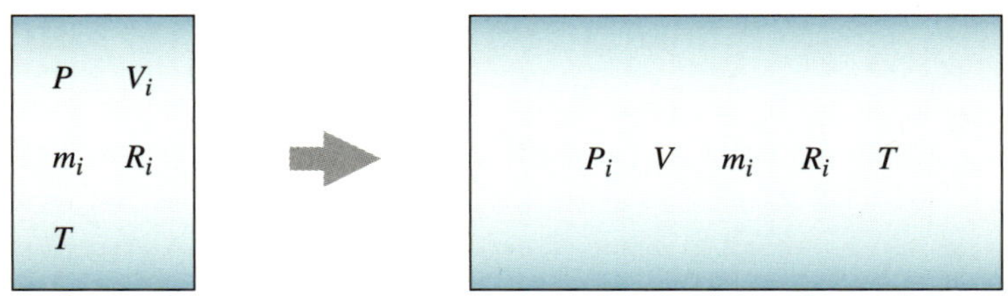

(a) 팽창 전　　(b) 팽창 후

그림 4-9 각 성분기체의 자유팽창(P, T = 일정)

$$\begin{aligned} PV_1 = P_1V &\longrightarrow P_1 = P\frac{V_1}{V} \\ PV_2 = P_2V &\longrightarrow P_2 = P\frac{V_2}{V} \\ PV_n = P_nV &\longrightarrow P_n = P\frac{V_n}{V} \end{aligned} \tag{4-37}$$

식 (4-35)에서 각 성분기체의 분압을 모두 더하고 식 (4-33)을 대입하여 정리하면,

$$P_1 + P_2 + \cdots + P_n = P\frac{(V_1 + V_2 + \cdots + V_n)}{V} = P\frac{V}{V} = P \tag{4-38}$$

$$\therefore P = P_1 + P_2 + \cdots + P_n = \sum_{i=1}^{n} P_i$$

즉, Dalton의 법칙이 성립한다는 것을 확인할 수 있다.

예제 4-15 표준상태(0℃, 1 atm)에서의 공기는 질소와 산소가 체적비로 각각 약 79%, 21%로 구성되어 있다. 표준상태인 공기에서 질소와 산소의 분압은 각각 얼마(kPa)인가? 단, 1 atm = 101.3 kPa이다.

【풀이】 식 (4-36)에서 혼합기체의 각 성분기체의 분압은 $P_i = P(V_i/V)$이고, 질소와 산소의 체적비는각각 $V_{N_2}/V = 0.79$, $V_{O_2}/V = 0.21$이므로

(1) 질소의 분압

$$P_{N_2} = P\frac{V_{N_2}}{V} = 101.3\ \text{kPa} \times 0.79 = 80.03\ \text{kPa}$$

(2) 산소의 분압

$$P_{O_2} = P\frac{V_{O_2}}{V} = 101.3\ \text{kPa} \times 0.21 = 21.3\ \text{kPa}$$

■

4-9 혼합기체의 특성

(1) 성분기체의 체적비(r_i)와 질량비(m_i)

혼합기체의 전체 체적 또는 질량에서 각 성분기체의 체적 또는 질량이 차지하는 비율을 각각 각 성분기체의 체적비(volume fraction,) 또는 질량비(mass fraction)라고 하며, 다음과 같이 표시한다.

$$r_i = \frac{V_i}{\sum_1^n V_i} = \frac{V_i}{V} \tag{4-39}$$

$$g_i = \frac{m_i}{\sum_1^n m_i} = \frac{m_i}{m} \tag{4-40}$$

또한 식 (2-14) $PV = n\overline{R}T$를 식 (4-39)에 대입하면, 다음과 같이 체적비는 몰비(molar ratio)와 동일함을 알 수 있다.

$$r_i = \frac{V_i}{V} = \frac{V_i}{\sum_1^n V_i} = \frac{n_i \overline{R}\, T/P}{\Sigma n_i \overline{R}\, T/P} = \frac{n_i}{\Sigma n_i} = \frac{n_i}{n} \qquad (4\text{-}41)$$

혼합기체를 분석할 때 일반적으로 각 성분기체의 체적비를 백분율(%)로 표시하는 것이 보통이지만, 경우에 따라서는 이것을 질량비로 환산해야 할 때가 있다. 체적비를 질량비로 환산하기 위하여 식 (4-40)에 $n = m/M \longrightarrow m = Mn$를 대입하여 정리하면, 다음과 같다.

$$g_i = \frac{m_i}{\Sigma m_i} = \frac{M_i n_i}{\Sigma M_i n_i} = \frac{M_i n_i/n}{\Sigma M_i n_i/n} = \frac{M_i r_i}{\Sigma M_i r_i} \qquad (4\text{-}42)$$

즉, 각 성분기체의 분자량(M_i)을 알면 식 (4-42)을 이용하여 체적비를 질량비로 환산할 수 있다. 마찬가지로 각 성분기체의 분자량을 알면, 다음 식을 이용하여 질량비를 체적비로 환산할 수 있다.

$$r_i = \frac{V_i}{V} = \frac{n_i}{n} = \frac{n_i}{\Sigma n_i} = \frac{m_i/M_i}{\Sigma m_i/M_i} = \frac{m_i/mM_i}{\Sigma m_i/mM_i} \qquad (4\text{-}43)$$

$$= \frac{g_i/M_i}{\Sigma g_i/M_i}$$

예제 4-16 예제 4-15에서 질소와 산소의 질량비를 구하라. 단, 질소와 산소의 분자량은 각각 28, 32이다.

【풀이】 식 (4-42)에서

$$g_{N_2} = \frac{M_{N_2} r_{N_2}}{} = \frac{(28)(0.79)}{(28)(0.79) + (32)(0.21)}$$

$$= 0.767 = 76.7\ \%$$

$$g_{O_2} = \frac{M_{O_2} r_{O_2}}{} = \frac{(32)(0.21)}{(28)(0.79) + (32)(0.21)}$$

$$= 0.233 = 23.3\ \%$$

■

(2) 혼합기체의 분자량(M)과 밀도(ρ)

각 성분기체의 체적비를 알면 혼합기체의 분자량과 밀도를 다음과 같이 구할 수 있다.

$$M = \frac{m}{} = \Sigma\frac{m_i}{n} = \frac{\Sigma M_i n_i}{n} = \frac{\Sigma M_i V_i}{V} = \Sigma M_i r_i \tag{4-44}$$

$$\rho = \frac{m}{} = \frac{\Sigma m_i}{V} = \frac{\Sigma \rho_i V_i}{V} = \Sigma \rho_i r_i \tag{4-45}$$

(3) 혼합기체의 기체상수(R)와 비열(C)

각 성분기체의 질량비를 알면 혼합기체의 기체상수와 비열을 구할 수 있다. 혼합기체의 기체상수는 상태방정식으로부터 다음과 같이 구한다.

$$PV = mRT = \Sigma m_i R_i T$$

$$\therefore R = \frac{\Sigma m_i R_i T}{mT} = \frac{\Sigma m_i R_i}{m} = \Sigma R_i g_i \tag{4-46}$$

또한, 혼합기체의 비열은 열량 계산식으로부터 다음과 같이 구한다.

$$Q = \Sigma Q_i = \Sigma(m_i C_i \Delta T) = mC\Delta T \tag{4-47}$$

$$(\because mC = \Sigma m_i C_i)$$

$$\therefore C = \frac{\Sigma C_i m_i}{m} = \Sigma C_i g_i$$

따라서 혼합기체의 정적비열과 정압비열은 다음과 같이 표시된다.

$$C_v = \Sigma C_{v,i} g_i \tag{4-48}$$

$$C_p = \Sigma C_{p,i} g_i \tag{4-49}$$

예제 4-17 표준상태(0℃, 101.3 kPa)인 공기가 1 m^3의 용기 속에 들어 있다. 이 공기가 산소(O_2) 21%, 질소(N_2) 79%의 체적비로 구성되어 있다고 가정하고 다음을 구하라. 단, 산소와 질소의 물성치는 다음과 같다.

(1) 공기의 분자량(M)

(2) 산소와 질소의 질량비(g_i)

(3) 공기의 기체상수(R)

(4) 공기의 정적비열(C_v)

(5) 공기의 정압비열(C_p)

(6) 공기의 질량(m)

(7) 산소와 질소의 분압(P_i)

(8) 산소와 질소의 질량(m_i)

구분	분자량(M_i)	체적비(r_i) (%)	기체상수(R_i) (kJ/kg·K)	정적비열($C_{v,i}$) (kJ/kg·K)	정압비열($C_{p,i}$) (kJ/kg·K)
O_2	32	21%	0.2598	0.6551	0.9150
N_2	28	79%	0.2969	0.7421	1.0389

【풀이】

(1) $M = M_{O_2} r_{O_2} + M_{N_2} r_{N_2} = (32)(0.21) + (28)(0.79) = 28.84$

(2) $g_{O_2} = \dfrac{M_{O_2} r_{O_2}}{\mathrm{M}} = \dfrac{(32)(0.21)}{28.84} = 0.233 = 23.3\%$

$g_{N_2} = \dfrac{M_{N_2} r_{N_2}}{\mathrm{M}} = \dfrac{(28)(0.79)}{28.84} = 0.767 = 76.7\%$

(3) $R = R_{O_2} g_{O_2} + R_{N_2} g_{N_2}$

$= (0.2598)(0.233) + (0.2969)(0.767) = 0.2883 \text{ kJ/kg} \cdot \text{K}$

또는

$$R = \frac{\overline{R}}{M} = \frac{8.31441}{28.84} = 0.2883 \text{ kJ/kg} \cdot \text{K}$$

(4) $C_v = C_{v,\,O_2} g_{O_2} + C_{v,\,N_2} g_{N_2}$

$= (0.6551)(0.233) + (0.7421)(0.767) = 0.7218 \text{ kJ/kg} \cdot \text{K}$

(5) $C_p = C_{p,\,O_2} g_{O_2} + C_{p,\,N_2} g_{N_2}$

$= (0.9150)(0.233) + (1.0389)(0.767) = 1.0100 \text{ kJ/kg} \cdot \text{K}$

(6) $m = \dfrac{PV}{RT} = \dfrac{(101.3 \text{ kN/m}^2)(1 \text{ m}^3)}{(0.2883 \text{ kJ/kg} \cdot \text{K})(273.15 \text{ K})} = 1.29 \text{ kg}$

(7) $P_{O_2} = \text{Pr}_{O_2} = (101.3)(0.21) = 21.3 \text{ kPa}$

$P_{N_2} = \text{Pr}_{N_2} = (101.3)(0.79) = 80.0 \text{ kPa}$

(8) $m_{O_2} = mg_{O_2} = (1.29)(0.233) = 0.30 \text{ kg}$

$m_{N_2} = mg_{N_2} = (1.29)(0.767) = 0.99 \text{ kg}$ ■

(4) 혼합기체의 온도(T)와 압력(P)

온도와 압력이 서로 다른 n종의 기체를 그림 (4-10)와 같이 칸막이가 설치된 용기에 넣고, 칸막이를 제거하여 충분히 혼합된 혼합기체의 온도(T)와 압력(P)을 구해보자. 이러한 혼합과정에서는 외부와의 열교환이 없을 뿐만 아니라 아무런 일도 행해지지 않으므로, 혼합 전 각 기체의 내부에너지의 합은 혼합 후 각 성분기체의 내부에너지의 합과 같다. 따라서 혼합 후 혼합기체의 온도(T)는 다음과 같이 구한다.

$$\sum_{i=1}^{n}(m_i C_{v,\,i} T_i) = \sum_{i=1}^{n}(m_i C_{v,\,i}) T \tag{4-50}$$

$$\therefore T = \frac{\sum_{i=1}^{n}(m_i C_{v,\,i} T_i)}{\sum_{i=1}^{n}(m_i C_{v,\,i})}$$

혼합 후 혼합기체의 압력(P)은 상태방정식으로부터 다음과 같이 구할 수 있으며, 이 때 혼합기체의 질량(m), 기체상수(R), 온도(T) 및 체적(V)는 각각 식 (4-36), (4-46), (4-50) 및 (4-35)으로부터 구하여 대입한다.

$$PV = mRT \longrightarrow P = \frac{mRT}{V} \tag{4-51}$$

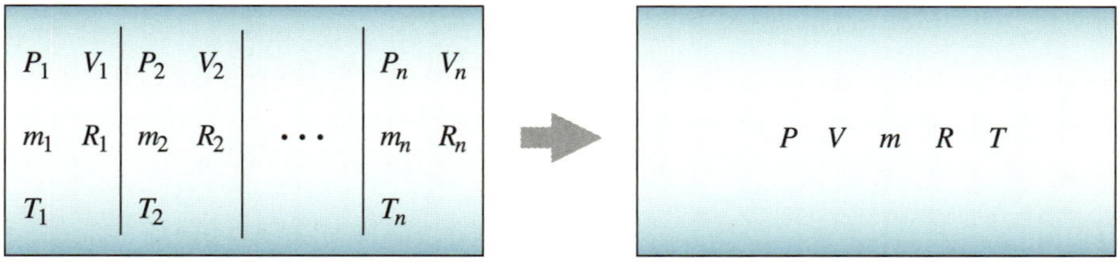

(a) 혼합 전 (b) 혼합 후

그림 4-10 온도와 압력이 서로 다른 기체의 혼합

예제 4-18 1 m^3의 용기에 들어 있는 압력 200 kPa, 온도 20℃의 메탄가스(CH_4)와 2 m^3의 용기에 들어 있는 압력 100 kPa, 온도 50℃의 프로판가스(C_3H_8)를 혼합하여 3 m^3의 혼합기체를 만들었다. 이 혼합기체가 충분히 혼합된 후의 온도(T) 및 압력(P)을 구하라. 단, CH_4의 기체상수와 정적비열은 각각 0.5187 kJ/kg·K, 1.6376 kJ/kg·K이며, C_3H_8의 기체상수와 정적비열은 각각 0.1887 kJ/kg·K, 1.362 kJ/kg·K이다.

【풀이】 (1) 혼합기체의 온도(T)

CH_4를 첨자 1, C_3H_8을 첨자 2로 표시하여 각각의 질량을 구하면,

$$m_1 = \frac{P_1V_1}{R_1T_1} = \frac{(200\text{ kPa})(\ 1\text{ m}^3)}{(0.5187\text{ kJ/kg}\cdot\text{K})(293.15\text{ K})} = 1.316\text{ kg}$$

$$m_2 = \frac{P_2V_2}{R_2T_2} = \frac{(100\text{ kPa})(\ 2\text{ m}^3)}{(0.1887\text{ kJ/kg}\cdot\text{K})(323.15\text{ K})} = 3.281\text{ kg}$$

$$\therefore T = \frac{\sum_{i=1}^{n}(m_iC_{v,\,i}T_i)}{\sum_{i=1}^{n}(m_iC_{v,\,i})}$$

$$= \frac{(1.316)(1.6376)(293.15) + (3.281)(1.362)(323.15)}{(1.316)(1.6376) + (3.281)(1.362)}$$

$$= 313.39\text{ K} = 40.24℃$$

(2) 혼합기체의 압력(P)

혼합기체의 압력을 구하기 위하여, 혼합기체의 m, R, V를 계산하면,

$$m = \sum_{i=1}^{n} m_i = 1.316 \text{ kg} + 3.281 \text{ kg} = 4.594 \text{ kg}$$

$$g_1 = m_1/m = 1.316/4.597 = 0.286$$

$$g_2 = m_2/m = 3.281/4.597 = 0.714$$

$$R = \sum_{i=1}^{n} R_i g_i = (0.5187)(0.286) + (0.1887)(0.714)$$

$$= 0.2831 \text{ kJ/kg} \cdot \text{K}$$

$$V = \sum_{i=1}^{n} V_i = 1 + 2 = 3 \text{ m}^3$$

$$\therefore P = \frac{mRT}{V} = \frac{(4.597 \text{ kg})(0.2831 \text{ kJ/kg} \cdot \text{K})(313.15 \text{ K})}{3 \text{ m}^3}$$

$$= 135.8 \text{ kPa}$$

■

연습문제 EXERCISE

4-1 온도 20℃인 공기 3 kg을 100℃가 될 때까지 가열할 때, 내부에너지와 엔탈피의 변화량(kJ)은 얼마인가? 공기의 정적비열과 정압비열은 각각 0.7171 kJ/kg · K, 1.005 kJ/kg · K으로 일정하다고 가정한다.

4-2 프로판(C_3H_8) 기체의 분자량이 44.06, 비열비는 1.139일 때 프로판의 정적비열(kJ/kg · K)과 정압비열(kJ/kg · K)을 구하라. 단, 일반기체상수는 8.3143 kJ/kmol · K이다.

4-3 어느 기체를 가열하였더니 내부에너지와 엔탈피가 각각 200 kJ, 280 kJ 증가하였다면, 이 기체의 비열비는 얼마인가?

4-4 체적이 0.2 m^{3}인 압력탱크에 압력 500 kPa, 온도 100℃의 공기가 들어 있다. 압력탱크의 공기를 냉각하여 압력을 200 kPa로 낮추는 경우, 다음을 구하라. 단, 공기의 기체상수는 0.2872 kJ/kg · K, 정적비열은 0.7171 kJ/kg · K이다.

(1) 공기의 질량(kg)
(2) 냉각 후 공기의 온도(℃)
(3) 냉각 열량(kJ)
(4) 내부에너지 변화량(kJ)

4-5 밀폐된 용기 내에 들어 있는 압력 100 kPa, 온도 15℃의 공기를 가열하여 압력이 300 kPa이 되었을 때, 공기의 온도(℃)를 구하라.

4-6 온도 10℃, 압력 100 kPa인 공기 1 kg을 압력이 일정한 상태로 가열하여 150℃가 될 때까지 팽창시켰을 때, 다음을 구하라. 단, 공기의 기체상수, 정적비열 및 정압비열은 각각 $R = 0.2872$ kJ/kg · K, $C_v = 0.7171$ kJ/kgK, $C_p = 1.005$ kJ/kg · K이다.
(1) 가열 전 공기의 비체적(m^3/kg)
(2) 전달열량(kJ)
(3) 팽창일량(kJ)
(4) 내부에너지 변화량(kJ)
(5) 엔탈피 변화량(kJ)

4-7 온도 300℃, 압력 1 MPa인 질소 2 kg을 압력이 일정한 상태로 냉각하여 체적이 최초 체적의 1/2이 될 때, 다음을 구하라. 단, 질소의 분자량은 28, 비열비는 1.4이며, 일반기체상수는 8.3143 kJ/kmol · K이다.
(1) 질소 기체상수(kJ/kg · K)
(2) 질소 최초 체적(m^3)
(3) 질소 정압비열(kJ/kg · K)
(4) 냉각 후 질소의 온도(℃)
(5) 냉각열량(kJ)
(6) 압축일량(kJ)
(7) 내부에너지 변화량(kJ)
(8) 엔탈피 변화량(kJ)

4-8 압력 200 kPa, 온도 50℃인 이상기체 4 kg에 250 kJ의 열을 가하여 그 체적이 처음의 2배로 팽창되었을 때, 다음을 구하라. 단, 팽창과정 중 온도는 일정하다.
(1) 기체의 팽창 후 압력(kPa)
(2) 기체의 기체상수(kJ/kgK)
(3) 기체의 최초 체적(m^3)
(4) 팽창일량(kJ)

4-9 1 atm, 20℃인 공기 1 kg을 온도를 일정하게 유지시키면서 5 atm까지 압축시킬 때, 다음을 구하라. 단, 공기의 기체상수는 0.2872 kJ/kg · K이며, 1 atm = 101.3 kPa이다.
(1) 공기의 초기 체적(m^3)
(2) 공기의 압축 후 체적(m^3)
(3) 일량(kJ)
(4) 압축하는 동안 온도를 일정하게 유지하기 위하여 필요한 전달열량(kJ)

4-10 공기 3 kg이 0℃로부터 단열압축되어 그 압력이 처음의 20배로 되었을 때, 다음을

구하라. 단, 공기의 비열비는 1.4, 기체상수는 0.2872kJ/kg · K이다.

(1) 압축 후 공기의 온도(℃)

(2) 팽창일(kJ)

(3) 내부에너지 변화량(kJ)

4-11 체적 1 m^3의 실린더에 들어 있는 공기를 압력 1 MPa, 온도 100℃에서 체적 2 m^3로 각각 등온팽창 및 단열팽창시킬 때 팽창일(kJ)을 비교하라. 단, 공기의 기체상수는 0.287 2kJ/kg · K이며, 비열비는 1.4이다.

4-12 온도 80℃의 공기 2 kg이 폴리트로픽 변화(n = 1.36)를 하여 체적은 2.5배 증가하고 압력은 240 kPa이 되었다면, 변화하는 동안 공기가 한 팽창일(kJ)은 얼마인가? 단, 공기의 기체상수는 0.2872 kJ/kg · K이다.

4-13 어느 연소가스를 분석한 결과 CO_2, N_2, O_2의 체적조성비가 각각 12%, 78%, 10% 이었다. 연소가스의 압력이 100 kPa일 때, 각 성분기체의 분압(kPa)을 구하라.

4-14 앞의 연습문제 4-13에서 연소가스의 분자량 및 기체상수를 구하라. 단, CO_2, N_2, O_2의 분자량은 각각 44, 28, 32이고, 기체상수는 각각 0.1890 kJ/kg · K, 0.2969 kJ/kg · K, 0.2598 kJ/kg · K이다.

MEMO

Engineering Thermodynamics

CHAPTER 5

열역학 제2법칙

학습내용

5장에서는 열기관과 냉동기의 효율과 과정의 방향성을 제시하는 열역학 제2법칙을 적용한 여러 예를 학습한다. 열역학 제2법칙을 공식화하면서 도입된 새로운 상태량인 엔트로피의 개념과 의미를 설명하고 온도-엔트로피 선도의 활용방법과 Clausius 부등식 및 열역학 제3법칙의 의미를 배운다. 열기관이나 냉동기 중에서 가장 효율이 좋은 Carnot 사이클과 역Carnot 사이클을 정의하고, 그 의미를 확실하게 이해하여 실제 열기관이나 냉동기의 개발에 활용할 수 있도록 한다.

❖ 적용분야

내연기관과 냉동기의 최고 효율 한계, 과정의 진행 가능성 판단

Chapter 5 열역학 제2법칙

5-1 과정의 방향성

열역학 제1법칙은 에너지 보존법칙으로 밀폐시스템이나 개방시스템의 에너지는 시스템의 경계를 통하여 열과 일의 형태로 출입하면서 변화될 수 있다는 것을 설명하고 있으나, 어느 방향으로 열역학적 과정이 진행되는지에 대한 의문을 해소하여 주지 못한다. 실제로 시스템에 일을 가해 열을 얻는 과정은 쉽게 목격되고 있으나, 시스템으로 열이 공급되어 일을 얻는 과정은 어떤 제한이 가해진다. 경험에 의하면 실제 주변에서 발생되고 있는 수많은 현상들은 항상 방향성이 존재한다는 것을 알고 있다. 방향성 존재의 예로 커피와 설탕은 잘 섞이지만, 일단 섞이면 커피와 설탕 각각으로 분리되지 않는 현상을 들 수 있다. 또한 뜨거운 물은 주위로 열이 전달되면서 곧 주위의 온도와 비슷하게 변하지만, 그 역의 과정으로서 뜨거운 물로 열이 전달되면서 물의 온도를 더욱 높이는 현상은 관측되지 않는 것도 방향성이 존재하는 하나의 예이다. 열이 온도가 높은 곳에서 낮은 곳으로 전달되거나, 물이 위치가 높은 곳에서 낮은 곳으로 흐르는 등 과정이 한 방향으로만 진행되는 자연현상은 주변에서 널리 관찰된다. 기타 이러한 예로서 마찰은 열의 형태로 주위로 소산되지만, 발생된 열을 회수해도 원래의 상태로 돌아갈 수 없다든지, 연소현상과 전기저항에 의한 손실 등을 통해서도 한 가지 방향성이 존재한다는 것을 인식할 수 있다. 위에서 예를 든 이러한 과정들은 실제과정(real process) 혹은 비가역과정(irreversible process)이라고 불리며, 방향성은 자연적인 상태에서만 적용된다.

이 장에서는 열역학의 방향성을 제시해주는 열역학 제2법칙(the second law of thermodynamics)을 서술하고, 열역학 제2법칙을 공식화하면서 새로운 열역학적 상태량(property)인 엔트로피의 개념을 도입한다. 실제 열역학적 시스템에서 일어나는 모든 자연적인 과정은 엔트로피가 증가하는 방향으로만 과정이 진행된다는 것을 알게 된다. 또한 열역학의 주된 응용 분야인 열기관과 냉동기 및 열펌프(heat pump)의 원리와 이러한 장치들의 효율성을 표시하는 여러 인자들을 다루게 되며, 사람들이 도달할 수 있는 열기관과 냉동기 효율의 최대치를 제시해 주는 Carnot 사이클과 역Carnot 사이클(reverse Carnot cycle)에 대해서도 설명한다.

5-2 열기관, 냉동기 및 열펌프

열역학의 응용분야로 화석연료를 연소시켜 유용한 일을 얻는 열기관이 있으며, 또한 저온열원에서 고온열원으로 열을 이동시키면서 냉동공간을 원하는 온도까지 떨어뜨리는 냉동기가 활용되고 있다. 열기관과 냉동기 혹은 열펌프는 열역학적인 사이클로 작동되는 대표적인 기계 장치이다.

5-2-1 열기관(heat engine)

열기관은 연료를 연소시켜 얻은 열에너지를 이용하여 계속적으로 역학적 일인 기계적 에너지(mechanical energy)로 전환하는 장치를 말한다. 일반적인 열기관은 그림 (5-1)과 같이 고온열원(heat source) T_1에서 열을 흡수하고 그 열의 일부를 저온열원(heat sink) T_2로 방출하며, 외부에 그 차이에 해당하는 만큼의 일을 반복적으로 발생하는 기계 장치라고 할 수 있다.

열기관에는 가역 열기관과 비가역 열기관이 있다. 가역과정(reversible process)은 시스템이 한 상태에서 다른 상태로 변화하고 다시 최초의 상태로 복귀할 때 시스템 자체 및 주위에 아무런 영향을 미치지 않는 이상화된 과정을 말한다. 가역과정으

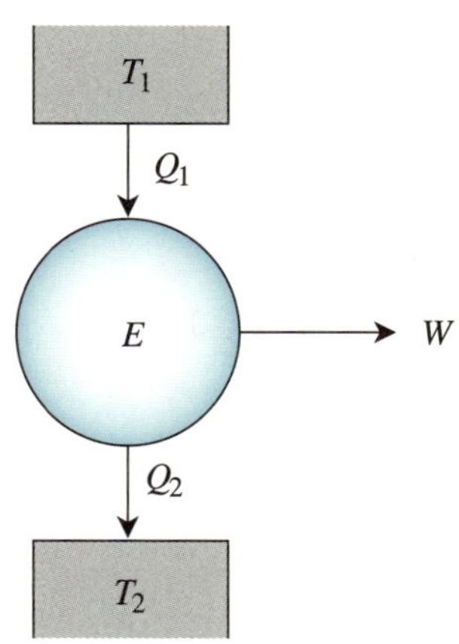

그림 5-1 열기관의 개념도

로만 구성된 사이클을 가역사이클(reversible cycle)이라고 하고, 사이클을 이루는 과정 중에 하나의 과정이라도 비가역과정이 존재할 경우 그 사이클은 비가역사이클(irreversible cycle)이라고 한다. 한편 가역사이클로 작동되는 열기관을 가역 열기관이라고 하며, 비가역사이클로 작동되는 열기관을 비가역 열기관이라고 한다.

일반적으로 열역학에서 다루는 과정은 대부분 열역학적 평형상태(thermodynamic equilibrium)를 유지하면서 일어나는 가역과정을 고려한다. 열역학적 평형이란 열역학적 시스템이 주위로부터 고립되어 경계를 통하여 일이나 열의 출입이 없으며, 시간이 경과해도 시스템에 더 이상 아무런 변화가 없을 때의 평형상태를 말하는데, 이 때 시스템안의 압력과 온도 등과 같은 열역학적 상태량들은 모두 균일한 상태에 있는 것으로 가정한다. 즉, 열역학적 평형이란 동일한 온도의 열적 평형(thermal equilibrium), 동일한 압력의 기계적 평형(mechanical equilibrium)과 동일한 화학적 조성을 갖는 화학적 평형(chemical equilibrium)이 모두 이루어진 상태를 말한다.

열기관의 예로서 가솔린엔진과 디젤엔진과 같은 왕복형 엔진이나 그림 (5-2)와 같이 증기를 이용한 단순 증기원동소가 대표적이다. 증기원동소는 보일러, 터빈, 응축기 및 펌프로 구성되어 있고 작동유체로는 주로 물이 사용된다. 연료의 연소나 원자력의 핵분열 등에 의한 열 Q_1이 보일러에 전달되어 물은 고온고압의 과열증기로 변하면서 터빈에 공급된다. 과열증기는 터빈을 통과, 터빈 날개를 회전시키면서 회전일 W_t를 주위로 행하게 되며, 이 때 터빈에서 일을 하고 에너지를 잃은 과열증기는 건도가 높은 포화증기 상태로 응축기에 들어가게 된다. 응축기에서는 저온의 냉각수로 포화증기를 냉각시켜 포화액을 만들게 되는데, 이것은 마치 저온열원으로 Q_2를 방출하는 것과 같은 효과를 갖는다. 이후 펌프에 일 W_p를 가하면 저온고압의 압축액이 만들어지고 이 물이 다시 보일러에 공급되면서 한 사이클을 완성하게 된다. 그림 (5-2)에서 물은 4개의 열역학적 장치를 순환하면서 동일한 상태를 반복하므로 열역학적 사이클을 구성한다고 말할 수 있다.

열기관에서 동일한 열을 공급받아 많은 양의 일을 하면 우수한 열기관이라고 말한다. 이와 같이 열기관의 우수성을 나타내기 위한 척도로 사용되는 인자를 이론열효율(theoretical thermal efficiency)이라고 하며 기호 η_{th}로 표시한다. 열효율은 다

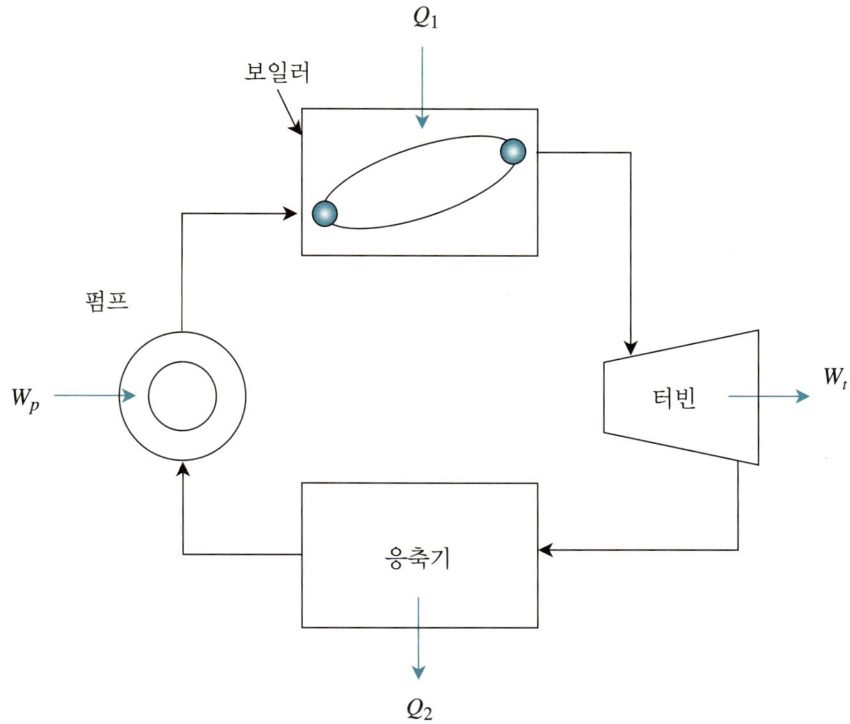

그림 5-2 단순 증기원동소 열기관

음 식과 같이 공급받은 열량에 대한 발생일의 비로 계산되며, 일반적으로 열효율이 높으면 에너지를 효율적으로 이용하는 열기관이라고 한다.

$$\eta_{th} = \frac{\text{열기관에서 발생된 일량 }(W)}{\text{고온열원으로부터 공급받은 열량 }(Q_1)} \tag{5-1}$$

한편 발생일 W는 고온열원으로부터 공급된 열(Q_1)과 저온열원으로 방출된 열(Q_2)의 차이로서 나타낼 수 있으므로 위식은 다음과 같이 표시된다.

$$\eta_{th} = \frac{W}{Q_1} = 1 - \frac{Q_2}{Q_1} \tag{5-2}$$

열효율을 높이기 위해서는 공급된 열량에 대해 많은 양의 일을 발생시켜야 하는데, 이를 위해서 버리는 열량 Q_2를 0에 접근시켜야 한다. 일반적으로 효율 100%의 열기관은 만들 수 없는 것으로 알려져 있다. 만일 단일 열원에서 얻은 열에너지를 모두 일로 전환할 수 있다면 바다나 대기와 같이 무궁무진한 에너지원이 활용될 수 있으므로 에너지 고갈에 대한 우려를 불식시킬 수 있을 것이다.

예제 5-1 어떤 자동차용 가솔린엔진의 최대출력이 6,500 rpm 에서 70 kW이다. 시간당 20 kg의 연료가 소비될 때 이 가솔린엔진의 열효율을 구하여라. 단, 가솔린 연료의 발열량은 44,000 kJ/kg 이다.

【풀이】 이론열효율은 공급된 열량에 대한 발생일의 비

$$\eta_{th} = \frac{W}{Q_1}$$

$$= \frac{70\ \text{kW}}{(20\ \text{kg/h})(44,000\ \text{kJ/kg})(1\ \text{h}/3,600\ \text{s})}$$

$$= 0.286\ (28.6\%)$$

따라서 이 가솔린엔진의 열효율은 $\eta_{th} = 28.6\%$이다. ■

예제 5-2 증기원동소의 보일러에 0.1 MPa, 99.63℃ 포화온도의 물이 유입되고 0.4 MPa의 포화증기로 유출된다. 이 증기는 다시 0.1 MPa의 압력으로 터빈에서 가역단열팽창이 된다. 펌프에서 소요되는 일을 무시할 경우, 증기원동소의 열효율을 구하여라. 터빈 출구에서의 엔탈피는 2502.7 kJ/kg이다.

【풀이】 보일러에 공급된 열량 $q_1 = h_2 - h_1$이고, 부록으로부터 엔탈피를 구하면 $h_1 = 417.46$ kJ/kg, $h_2 = 2,738.6$ kJ/kg이며, 보일러의 전달열량

$$q_1 = 2,738.6 - 417.46 = 2,321.14\ \text{kJ/kg}$$

정상 상태의 개방시스템에 대해 열역학 제1법칙을 적용하면

$$9 + (h_2 + \frac{1}{2}V_1^2 + gz_1) = (h_2 + \frac{1}{2}V_2^2 + gz_2) + \omega$$

터빈에서의 유동이 단열과정이고, 운동에너지와 위치에너지를 무시하면 터빈에서의 팽창일

$$\begin{aligned} \omega &= h_2 - h_3 \\ &= 2{,}738.6 - 2{,}502.7 \\ &= 235.9 \text{ kJ/kg} \end{aligned}$$

따라서 증기원동소의 이론열효율

$$\begin{aligned} \eta_{th} &= \frac{\omega}{q_1} \\ &= \frac{235.9}{2{,}321.14} \\ &= 0.102(10.2\%) \end{aligned}$$

■

5-2-2 냉동기와 열펌프

냉동기(refrigerator)는 열의 흐름이 열기관과는 반대로 저온열원으로부터 연속적으로 열을 흡수(Q_2)하고 고온열원으로 열을 방출(Q_1)하여 밀폐된 공간의 온도를 그 주위의 온도보다 낮게 만들기 위한 기계 장치를 말한다. 한편 냉동기에서 이와 같이 열을 운반하는 작동유체를 특별히 냉매(refrigerant)라고 한다. 저온열원으로부터 고온열원으로의 열흐름은 자연적으로 이루어지지 않는데, 이러한 열흐름을 가능하게 하기 위해서는 외부에서 일이 가해져야만 가능하다.

일반적으로 가장 널리 사용되고 있는 냉동기는 증기압축식 냉동기로서 다음의 그림 (5-3)과 같이 증발기, 압축기, 응축기, 팽창밸브로 구성되어 있다. 증발기에서 포화상태의 습증기가 증발하면서 열을 흡수(Q_2)하고 포화증기가 되어 압축기로 들어

간다. 압축기는 저온저압의 포화증기를 고온고압의 과열증기로 압축한 후 응축기로 보내며, 응축기는 공기나 물을 이용하여 열을 방출(Q_1)함으로써 냉매는 고온고압의 액체 상태로 응축기를 나가게 된다. 이 액상의 냉매가 팽창밸브에서 교축팽창되어 저온저압의 습증기상태로 증발기에 들어가면서 한 사이클이 완성된다.

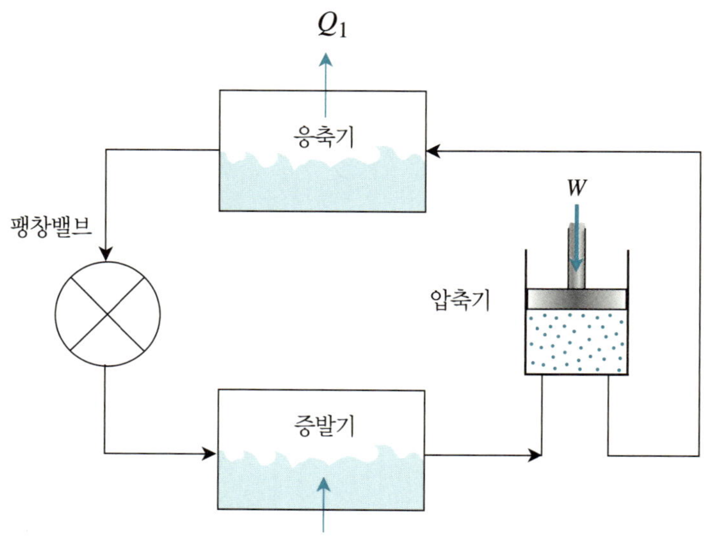

그림 5-3 냉동기의 구성

일반적으로 냉동기의 우수성을 가늠하는 척도로서 성능계수(coefficient of performance)가 사용되는데, 이를 통해 에너지의 효율적인 활용 여부를 추정할 수 있다. 냉동기의 성능계수는 아래 식 (5-2)에서와 같이 냉동기에 공급된 일(W)에 대한 증발기에서 흡수한 열량(Q_2)의 비로서 표시되는데 기호로 ε_r가 사용된다.

$$\varepsilon_r = \frac{\text{냉동기가 저온열원으로부터 흡수한 열량 } (Q_2)}{\text{냉동기에 공급된 일량 } (W)} \tag{5-2}$$

한편 냉동기에 공급된 일량은 고온열원으로 방출한 열과 저온열원에서 흡수한 열의 차이로서 이를 이용하면 식 (5-2)는 다음과 같이 정리된다.

$$\varepsilon_r = \frac{Q_2}{W} = \frac{Q_2}{Q_1 - Q_2} \tag{5-2a}$$

우수한 냉동기는 공급된 일이 일정한 경우 저온열원에서 많은 양의 열을 흡수하는 냉동기를 말한다. 한편 위의 냉동기와 열과 일의 흐름은 동일하나 냉동 공간을 만드는 대신에 고온열원으로 방출하는 열(Q_1)을 이용하여 냉·난방을 동시에 행하는 장치를 열펌프(heat pump)라고 한다. 열펌프의 성능계수 ε_h는 다음과 같이 표시한다.

$$\varepsilon_h = \frac{\text{열펌프가 고온열원으로부터 방출한 열량 } (Q_1)}{\text{열펌프에 공급된 일량 } (W)} \tag{5-3}$$

$$= \frac{Q_1}{Q_1 - Q_2}$$

한편 동일한 사이클로 작동되는 냉동기와 열펌프의 성능계수 사이에는 다음과 같은 관계식이 성립한다.

$$\varepsilon_h = \varepsilon_r + 1 \tag{5-4}$$

열효율 100%의 열기관을 제작하는 것은 불가능한 바와 같이, 냉동기도 외부로부터의 일의 공급이 없이 저온열원으로부터 고온열원으로 열의 흐름이 진행되는 경우 즉, 성능계수가 무한대인 냉동기를 제작하는 것은 불가능하다. 이에 대한 문제는 다음 절에서 진행될 열역학 제2법칙에서 다룬다.

예제 5-3 어느 냉동기에 2 kW의 동력을 공급하면 저온열원으로부터 시간당 15,000 kJ의 열을 제거한다. 이 냉동기의 성능계수를 구하여라.

【풀이】 압축기의 소요동력 $\dot{W} = 2$ kW이고 단위시간에 증발기에서 제거하는 열량 $\dot{Q}_2 = 15{,}000$ kJ/h이므로 성능계수

$$\varepsilon_r = \frac{\dot{Q}_2}{\dot{W}}$$

$$= \frac{\left(15{,}000\frac{\text{kJ}}{h}\right)\left(\frac{h}{3{,}600\ s}\right)}{2\ \text{kW}}$$

$$= 2.083$$

■

예제 5-4 저온열원에서 500 kJ의 열을 제거하여 고온열원으로 800 kJ의 열을 방출하는 냉동기와 열펌프의 성능계수를 구하여라.

【풀이】 $Q_1 = 800$ kJ, $Q_2 = 500$ kJ이므로 냉동기의 성능계수

$$\varepsilon_r = \frac{Q_2}{W} = \frac{Q_2}{Q_1 - Q_2}$$

$$= \frac{500}{800 - 500}$$

$$= 1.667$$

한편 열펌프의 성능계수

$$\varepsilon_h = 1 + \varepsilon_r$$

$$= 2.667$$

■

5-3 열역학 제2법칙의 서술

일상에서 관측되는 열은 고온부에서 저온부로 이동되나, 그 역인 저온부에서 고온부로의 열의 이동은 자연스럽게 이동되지 않는 비가역과정이다. 열역학 제2법칙은 학자에 따라 다른 방법으로 서술이 되나 결론은 모두 동일하다. 이 절과 다음 절(5-6)에서 열역학 제2법칙을 서술하는 과정에서 열역학적 상태량인 엔트로피의 개념이 도입된다. 자연적인 과정으로 진행될 경우 어떤 시스템의 엔트로피는 감소될 수 없고 그 시스템의 엔트로피가 증가하는 방향으로만 과정이 진행되는 것을 다음 절에서 배우게 된다.

(1) Clausius의 서술

독일의 물리학자인 Clausius(Rudolf Julius Emanuel Clausius)는 "일을 공급하지 않고 저온열원에서 고온열원으로 열을 계속적으로 전달하는 기계장치를 만드는 것은 불가능하다"라고 말하였다. 이 표현은 열의 이동은 고온열원에서 저온열원으로 흐르는 것이 자연의 순리이나, 이와 반대 방향으로 열이 이동하려면 외부로부터의 일이 필요하다는 것을 의미한다. Clausius의 서술에 해당하는 기계장치가 냉장고나 열펌프이다. 이 서술은 열에너지 이동의 방향성을 제시하고 있으며 냉동기나 열펌프의 성능계수가 무한대가 될 수 없음을 의미하고 있다.

(2) Kelvin-Planck의 서술

영국의 물리학자인 Kelvin과 독일의 물리학자인 Planck는 "연속적으로 작동되는 열기관 중에서 공급열을 모두 일로 만드는 열기관을 제작하는 것은 불가능하다"라고 표현하였다. 이것은 다음의 그림 (5-4)와 같이 사이클의 과정으로 단일열원으로부터 열을 공급받아 열을 모두 일로 변화시키는 열기관을 제작하는 것이 불가능함을 의미하며, 열효율이 100%에 도달할 수 없다는 열기관의 한계를 함축하고 있다.

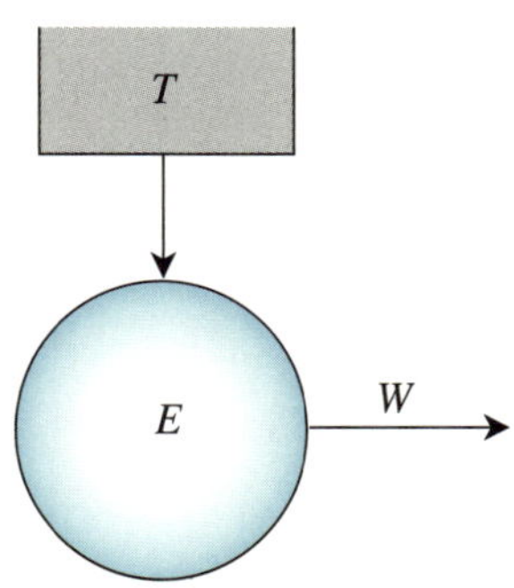

그림 5-4 단일 열원에 의한 열기관

상기에 열역학 제2법칙을 서술하는 Clausius의 서술과 Kelvin-Planck의 서술은 모든 과정에는 방향성이 존재한다는 동일한 의미를 표시한다. 따라서 Clausius의 서술과 Kelvin-Planck의 서술 중에서 어느 한 쪽의 부정은 다른 표현의 부정을 초래하게 되어 표현의 동등성이 증명된다.

예제 5-5 Clausius의 서술이 옳지 않다면 Kelvin-Planck의 서술도 옳지 않다는 것을 증명하여라.

【풀이】 그림 (5-5a)와 같이 일의 공급이 없이 저온열원에서 고온열원으로 열의 흐름이 있어 Clausius의 서술에 어긋나는 냉동기가 있다고 하자. 열기관은 고온열원에서 Q_1의 열을 공급받아 저온열원으로 Q_2의 열을 방출하면서 $W = Q_1 - Q_2$ 만큼의 일을 한다. ■

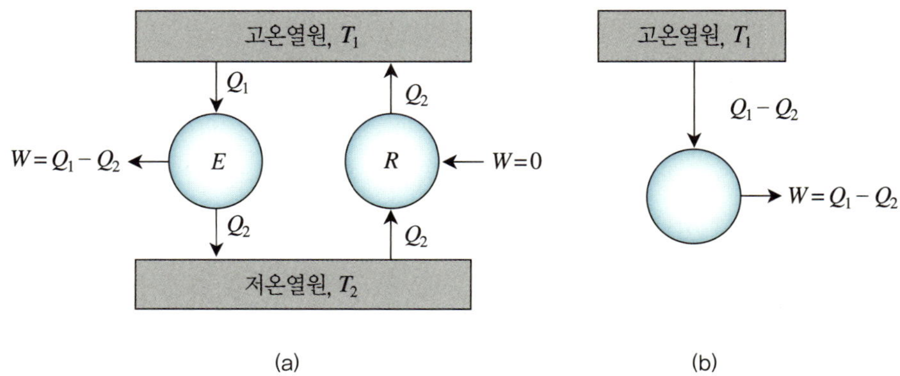

그림 5-5 열역학 제2법칙의 동등성

그림 (5-5a)와 동일한 효과를 갖는 시스템을 그림 (5-5b)에 표시하였다. 단일열원과의 열교환을 통해서 고온열원에서 받은 열을 모두 일로 변환하는 열기관으로 치환될 수 있는데, 이것은 Kelvin-Planck의 서술에 어긋난다. 따라서 Clausius의 서술이 옳지 않다면 Kelvin-Planck의 서술도 옳지 않다는 것이 입증된다. ■

경험에 의해 만들어진 열역학 제2법칙의 증명은 열역학 제1법칙과 마찬가지로 매우 힘들며, 이를 부정하려고 많은 학자들이 노력하였으나 그 결과는 오히려 열역학 제2법칙이 옳다는 것이 역으로 증명되게 되었다. 에너지의 공급을 받지 않고 일을 계속할 수 있는 기계를 제1종 영구기관이라고 하고, 단 하나의 열원으로부터 열량을 흡수하여 이것을 외부에 대한 일로 계속 바꾸는 기계를 제2종 영구기관이라 한다. 제2종 영구기관을 쉽게 말하면 열을 모두 일로 바꾸는 효율 100%의 열기관인데, 이것은 열역학 제2법칙에 위배되므로 제2종 영구기관을 제작하는 것은 불가능함을 알 수 있다.

5-4 Carnot 사이클(Carnot cycle)

1820년대 프랑스의 Carnot(Sadi Carnot)는 열에너지를 이용하여 일을 얻는 열기관에 대해 연구하였다. 보통 열기관에 공급된 열로부터 얻어질 수 있는 일의 비율이 클수록 그 기관은 더욱 유용하다고 한다. 열기관의 열효율을 증가시키기 위해서는 공급받은 열량 Q_1을 가능한 한 최대한의 일로 변환시켜야 하며, 이 때 방출되는 열량 Q_2는 열효율이 증가할수록 적게 된다. 열기관의 최대 열효율은 비가역성으로 인한 손실이 없는 가역과정으로만 구성된 가역사이클에서 얻을 수 있다. Carnot는 Carnot 사이클이라고 하는 이상적인 기구를 가정하였다. Carnot 사이클은 그림(5-6)과 같이 2개의 가역단열과정과 2개의 가역등온과정으로 구성되어 있다. 여기서 변수 S는 (5-7)절에서 도입되는 '엔트로피' 라는 상태량이다.

Carnot 사이클은 각각의 단계에서의 변화가 무한히 천천히 진행되는 가역사이클로서 각 과정은 거의 평형상태로 진행되고, 그 때문에 변화의 방향을 반대로 하여도

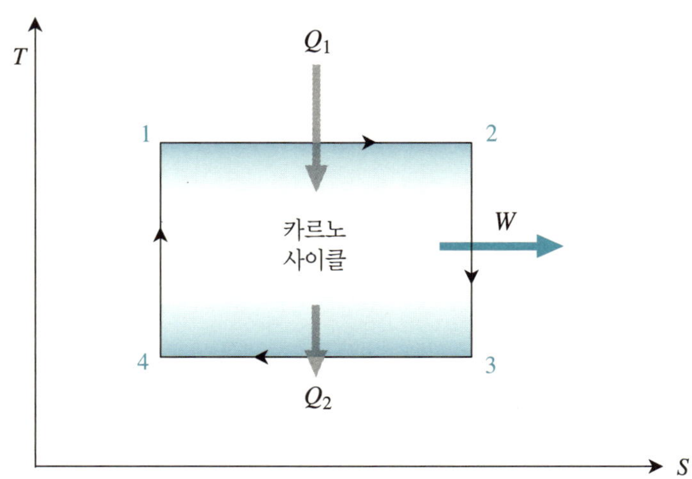

그림 5-6 Carnot 사이클의 구성

주위와 시스템에 전혀 영향을 미치지 않는다. 즉, 과정의 방향을 반대로 해서 사이클을 구성할 수 있는 가역기관이다. Carnot 사이클과 관련하여 다음과 같은 Carnot의 정리가 존재한다.

(1) 두 열원 사이에서 작동되는 어떠한 열기관의 효율도 동일한 두 열원 사이에서 이상적 사이클로 작동되는 Carnot 열기관의 효율보다 높을 수 없다.
(2) 두 열원 사이에서 이상적 사이클로 작동되는 모든 Carnot 열기관의 효율은 동일하다.

위의 첫 번째 Carnot 정리를 증명해 보자. 두 열원 사이에서 작동되는 가역기관 중에서 만일 2개의 Carnot 사이클의 효율이 동일하지 않다고 가정하자. 그리고 그림 (5-7a)과 같이 한 쪽은 열기관으로 작동시키고 다른 쪽은 냉동기로서 역방향으로 작동시키며, 이 때 열기관에서 얻어지는 일을 냉동기에 공급하는 일과 같아지도록 하자. 그런데 이 조건은 그림 (5-7b)와 같이 외부에 아무 변화도 남기지 않고 저온열원으로부터 고온열원으로 열을 공급하는 것이 가능하다는 결과가 되는데 이와 같은 것은 영구기관으로 알려져 있다. 그런데 영구기관은 불가능하므로 2개의 Carnot 사이클의 효율은 동일해야만 한다.

또한 두 번째 Carnot의 정리도 두 개의 Carnot 사이클이 동일한 일을 발생하면서 한 쪽은 역Carnot 사이클로 작동하도록 하면 첫 번째와 같은 영구기관이 만들어지는 모순이 발생한다.

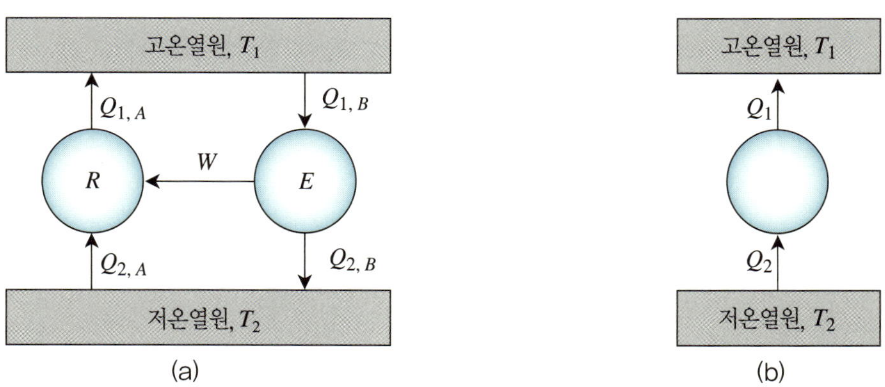

그림 5-7 Carnot 정리의 증명

상기의 Carnot의 정리를 통하여 두 열원 사이에서 작동되는 가역과정으로 구성된 Carnot 사이클의 열효율은 열기관의 구체적인 시스템에 상관없이 모두 동일하며, 오로지 온도만의 함수로 표시된다는 것을 알 수 있다.

한편 역Carnot 사이클은 가역과정인 Carnot 사이클을 역과정으로 진행시킨 사이클이다. 냉동기와 열펌프의 최대 성능계수는 두 열원 사이에서 역Carnot 사이클로 작동될 경우에 얻어지게 된다.

5-5 열역학적 온도

일반적으로 열역학 제0법칙에 의해 온도측정의 타당성이 마련된 온도계는 내부 물질의 열팽창을 이용하여 온도를 측정하는 계측기이다. 온도계에 사용된 물질의 열팽창률이 온도에 따라 다르기 때문에 물질의 종류에 따라 측정되는 온도가 약간씩 다르다. 따라서 온도계에 사용되는 물질의 종류와 관계없이 항상 일정한 온도눈금을 정의할 필요가 있다. Carnot의 정리에 의하면 두 열원이 결정되면 그 사이에서 작동되는 모든 가역기관의 열효율은 동일하고 또한 열을 주고받는 작동유체의 종류에도 무관하게 된다. 이 정리를 이용하면 온도계에 사용되는 물질의 종류에 관계없이 일정한 온도눈금을 얻을 수 있다. 영국의 물리학자 Kelvin에 의하면 가역 열기관의 열효율은 작동유체와 시스템의 구성에 상관없이 단지 고온열원과 저온열원의 온도인 T_1과 T_2의 함수로 결정되며, 이 때의 온도가 열역학적 절대온도(thermodynamic absolute temperature)로서 단위로는 K가 사용된다. 이제 가역 열기관이 온도만의 함수로 표시되는 것을 유도해 보자.

다음의 그림 (5-8)과 같이 각 열원의 온도 T_1, T_2, T_3 사이에서 가역과정으로 작동되는 열기관 E_A, E_B, E_C가 있고, 각 열기관에서 발생하는 열역학적인 일을 W_A, W_B, W_C라고 하자. 각각의 열기관 A, B, C에서 발생되는 일은 각각 $W_A = Q_1 - Q_2$, $W_B = Q_2 - Q_3$, $W_C = Q_1 - Q_3$이다.

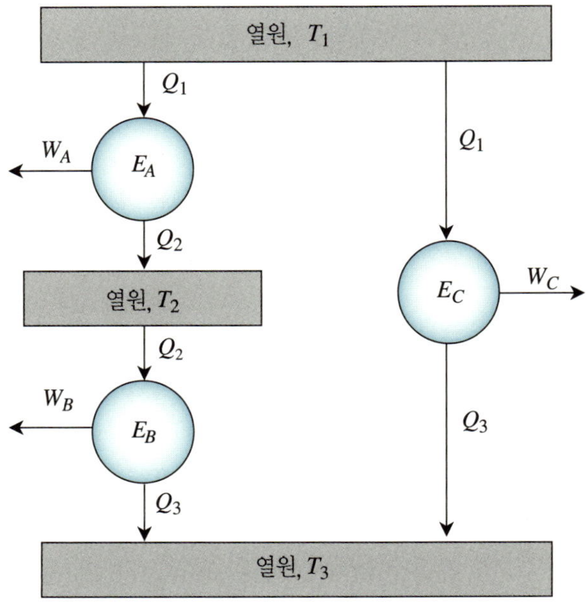

그림 5-8 열역학적 온도 개념

Carnot 열기관 E_A의 열효율 η_A는 온도 T_1과 T_2만의 함수로 다음과 같이 표시된다.

$$\eta_A = 1 - \frac{Q_2}{Q_1} = F(T_1, T_2) \qquad ①$$

식 ①은 다음과 같이 수정될 수 있다.

$$\frac{Q_2}{Q_1} = 1 - F(T_1, T_2) = f(T_1, T_2) \qquad ②$$

Carnot 열기관 E_B의 열효율 η_B도 마찬가지로 T_2와 T_3의 함수로 다음과 같은 관계식이 성립한다.

$$\frac{Q_3}{Q_2} = f(T_2, T_3) \qquad ③$$

또한 열원 T_1과 T_3 사이에서 작동되는 Carnot 열기관 E_C의 열효율 η_C도

$$\frac{Q_3}{Q_1} = f(T_1, T_3) \qquad ④$$

로 표시될 수 있다. 한편 식 ④는 다음과 같이 변환될 수 있다.

$$\frac{Q_3}{Q_1} = \frac{Q_2}{Q_1} \cdot \frac{Q_3}{Q_2} = f(T_1, T_2) \cdot f(T_2, T_3) = f(T_1, T_3) \qquad ⑤$$

식 ⑤를 변형해 보면 다음과 같다.

$$f(T_2, T_3) = \frac{f(T_1, T_3)}{f(T_1, T_2)} \qquad ⑥$$

⑥식을 만족시키려면, $f(T_1, T_3) = g(T_1) \cdot h(T_3)$, $f(T_1, T_2) = g(T_1) \cdot h(T_2)$의 형태로 변수가 분리되어야 한다. 그러면 식 ⑤는

$$\frac{Q_3}{Q_1} = \frac{h(T_3)}{h(T_1)} \qquad ⑦$$

로 표시되는데, 이는 Carnot 사이클에 공급된 열량과 방출된 열량 사이에는 각각 열원의 온도로 구성된 함수의 비로서 표시될 수 있다는 것을 의미한다. 한편 식 ⑦을 만족시킬 수 있는 가장 간단한 함수는 단지 온도만의 비로서 표시된다.

$$\frac{Q_3}{Q_1} = \frac{T_3}{T_1} \qquad (5\text{-}5)$$

따라서 고온열원 T_1과 저온열원 T_2 사이에서 작동되는 Carnot 사이클의 열효율 η_{th}는 절대온도로 표시하면 다음과 같이 간단하게 표시된다.

$$\eta_{th} = 1 - \frac{Q_2}{Q_1} = 1 - \frac{T_2}{T_1} \qquad (5\text{-}6)$$

또한 고온열원 T_1과 저온열원 T_2 사이에서 작동되는 역Carnot 사이클인 냉동기와 열펌프의 성능계수도 다음과 같이 온도만의 함수로 표시될 수 있다.

$$\varepsilon_r = \frac{Q_2}{W} = \frac{Q_2}{Q_1 - Q_2} = \frac{T_2}{T_1 - T_2} \qquad (5\text{-}7)$$

$$\varepsilon_h = \frac{Q_1}{W} = \frac{Q_1}{Q_1 - Q_2} = \frac{T_1}{T_1 - T_2} \qquad (5\text{-}8)$$

예제 5-6 Carnot 사이클로 작동되는 열기관이 고온열원으로부터 시간당 50,000 kJ 의 열을 공급받아 8 kW의 동력을 발생한다. 저온열원의 온도가 10℃일 때 열효율과 고온열원의 온도를 구하여라.

【풀이】 $Q_1 = 50{,}000\ \text{kJ}/h$이고 일은 8 kW이므로 열효율

$$\eta_{th} = \frac{W}{Q_1} = \frac{8\ \text{kW}}{\left(50{,}000\ \dfrac{\text{kJ}}{h}\right)\left(\dfrac{h}{3{,}600s}\right)} = 0.576 \qquad \therefore 57.6\ \%$$

한편 Carnot 사이클의 열효율에 대한 식 (5-6)과 로부터 $T_2 = 10℃$

$$\begin{aligned}\eta_{th} &= 1 - \frac{Q_2}{Q_1} = 1 - \frac{T_2}{T_1}\\ &= 1 - \frac{10 + 273.15}{T_1}\\ &= 0.576\end{aligned}$$

$\therefore T_1 = 394.7℃$ ■

예제 5-7 온도가 각각 −15℃, 40℃인 저온열원과 고온열원 사이에서 역Carnot 사이클로 작동되는 냉동기와 열펌프의 성능계수를 구하여라.

【풀이】 역Carnot 사이클로 작동되는 냉동기와 열펌프의 성능계수는 식 (5-7)과 식 (5-8)로 표시되므로

$$\begin{aligned}\varepsilon_r &= \frac{Q_2}{W} = \frac{Q_2}{Q_1 - Q_2} = \frac{T_2}{T_1 - T_2}\\ &= \frac{-15 + 273.15}{40 - (-15)} = 4.69\end{aligned}$$

$$\begin{aligned}\varepsilon_h &= \frac{Q_1}{W} = \frac{Q_1}{Q_1 - Q_2} = \frac{T_1}{T_1 - T_2}\\ &= \frac{40 + 273.15}{40 - (-15)} = 5.69\end{aligned}$$

■

5-6 엔트로피의 의미

앞절에서 고온열원 T_1과 저온열원 T_2 사이에서 작동하고 가역과정으로 구성된 Carnot 사이클의 이론적 열효율은 온도만의 함수로서 식 (5-6)과 같이 정의되었다. 식 (5-6)은 온도와 열과의 관계식으로 다음과 같이 바꾸어 표시될 수 있다.

$$\frac{Q_1}{T_1} = \frac{Q_2}{T_2} \quad \text{혹은} \quad \frac{Q_1}{T_1} + \left(\frac{-Q_2}{T_2}\right) = 0$$

한편 하첨자 1은 열을 공급받고 하첨자 2는 열을 방출하는 과정이라고 하면 위 식은

$$\sum_{i=1,2} \frac{Q_i}{T_i} = 0$$

으로 표시된다. 위식에서 T_i는 고온열원과 저온열원의 온도이고, Q_i는 Carnot 사이클로 공급된 열을 "+"로 표시한 열량이다. 그런데 어떤 임의의 가역과정은 무한히 많은 가역단열과정과 가역등온과정의 합으로 접근될 수 있으므로 적분의 개념을 도입하면 상기의 식은 다음과 같이 표시된다.

$$\oint \left(\frac{\delta Q}{T}\right)_{rev} = 0 \tag{5-9}$$

식 (5-9)에서 $\oint$은 사이클 적분을 의미하고, 첨자 "rev"는 가역과정(reversible process) 혹은 이상과정(ideal process)을 나타낸다. 한편 식 (5-9)에 의하면 모든 가역사이클에 대해 $\left(\frac{\delta Q}{T}\right)_{rev}$ 의 사이클 적분(cyclic integral)값은 0이 된다. 그림 (5-9)에서 경로(path) A와 B로 이루어진 가역사이클과 경로 A와 C로 구성된 가역사이클에 대해 생각해 보자. 모든 가역사이클에 대해 수학적으로 $\left(\frac{\delta Q}{T}\right)_{rev}$ 에 대한 사이클 적분(cyclic integral)은 0이므로 사이클 적분사이에는

$$\oint \left(\frac{\delta Q}{T}\right)_{rev} = \int_{1A}^{2A} \left(\frac{\delta Q}{T}\right)_{rev} + \int_{2B}^{1B} \left(\frac{\delta Q}{T}\right)_{rev}$$

$$= \int_{1A}^{2A} \left(\frac{\delta Q}{T} \right)_{rev} + \int_{2C}^{1C} \left(\frac{\delta Q}{T} \right)_{rev}$$
$$= 0$$

의 관계식이 성립한다. 위 식을 이용하면 다음 관계식이 성립한다.

$$\int_{2B}^{1B} \left(\frac{\delta Q}{T} \right)_{rev} = \int_{2C}^{1C} \left(\frac{\delta Q}{T} \right)_{rev} \tag{5-10}$$

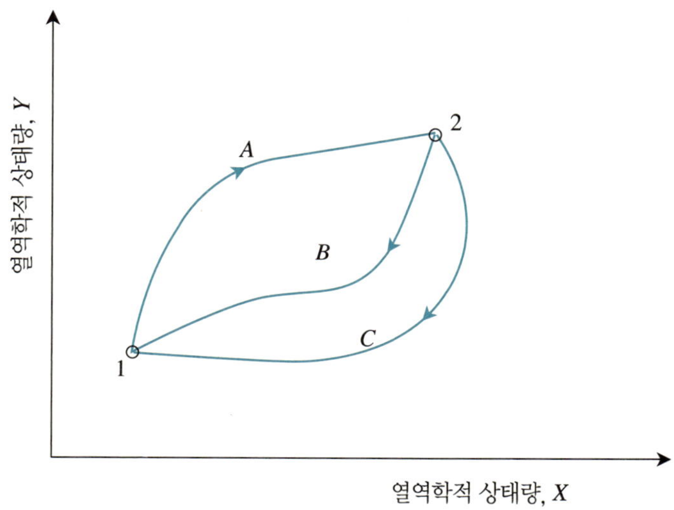

그림 5-9 엔트로피와 상태량

이는 모든 가역과정에 대해 상태점 1과 상태점 2사이에서 $\int \left(\frac{\delta Q}{T} \right)_{rev}$ 은 동일한 값을 갖게 되므로, 이 양은 완전 미분량으로 표시되면서 경로와 무관한 점함수(point function)인 열역학적 상태량이 된다. 1865년 Clausius는 이 물리량의 이름을 엔트로피(entropy)라고 명명하였다. 엔트로피는 종종 기호 S로 표시되는데, S는 온도와 압력, 에너지 등과 마찬가지로 시스템의 성질을 나타내며 가역과정에서 시스템이 흡수하는 열량 δQ와 절대온도 T와의 비로서 수학적으로 다음과 같이 정의된다.

$$dS \equiv \left(\frac{\delta Q}{T}\right)_{rev} \tag{5-11}$$

식 (5-11)을 적분식으로 표시하면 다음과 같다.

$$\Delta S = S_2 - S_1 = \int_1^2 \left(\frac{\delta Q}{T}\right)_{rev} \tag{5-12}$$

일반적으로 현상이 비가역과정인 자연적 과정을 따르게 될 때에 엔트로피는 증가하며 자연적 과정에 역행할 때에 엔트로피는 감소하는 성질이 있다. 이처럼 엔트로피는 현상의 변화가 자연적 방향을 따라 발생하는가를 나타내는 척도로 활용된다. 통계열역학 관점에서 엔트로피는 물체 내에서 분자입자의 미시적 운동상태의 무질서한 정도(disorder)를 나타내는 양으로, 무질서도가 큰 방향으로 진행될 때에 엔트로피는 증가한다고 말한다.

엔트로피 S의 SI 단위는 J/K이며 공학단위로는 cal/K를 사용한다. 한편 단위질량당 엔트로피 s는

$$ds \equiv \left(\frac{\delta q}{T}\right)_{rev} \tag{5-11a}$$

으로 표시되며, 이 엔트로피 s를 비엔트로피(specific entropy)라고 한다. 마찬가지로 비엔트로피의 SI단위는 J/kg · K이며 공학단위로는 cal/kg · K를 사용한다.

열역학 제2법칙의 결과로서 도입된 엔트로피는 열역학적 상태량이며, 내부에너지, 엔탈피, 비체적과 마찬가지로, 포화상태에서는 포화액과 포화증기의 엔트로피 s_f와 s_g 및 건도 x사이에 다음과 같은 관계식이 성립한다.

$$\begin{aligned} s &= (1-x)s_f + xs_g \\ &= s_f + x(s_g - s_f) \\ &= s_f + xs_{fg} \end{aligned} \tag{5-13}$$

여기에서 $s_{fg} = s_g - s_f$로서 포화증기와 포화액의 엔트로피 차이를 나타낸다.

예제 5-8 압력이 0.1 MPa 인 2 kg의 포화액이 일정한 압력으로 보일러에서 가열되어 포화증기로 나간다. 보일러에서의 과정이 정상유동이라고 할 경우 다음 물음에 답하여라.

(1) 보일러에서의 전달열량

(2) 엔트로피 변화량

【풀이】 (1) 운동에너지와 위치에너지를 무시할 수 있으므로 정상유동에서의 열역학 제1법칙을 적용

$$q_{12} = h_2 - h_1 = 2{,}675.5 - 417.46 = 2{,}258.0 \text{ kJ/kg}$$

물의 질량이 2 kg이므로 총전달열량

$$Q_{12} = mq_{12} = (2)(2{,}258.0) = 4{,}516.0 \text{ kJ}$$

(2) 보일러에서의 과정은 정압이고 또한 온도가 포화온도 99.63℃로 일정한 등온과정이므로 엔트로피 변화량

$$\Delta S = S_2 - S_1 = \int_1^2 \frac{\delta Q}{T} = \frac{1}{T}\int_1^2 \delta Q$$

$$= \frac{4{,}516.0}{99.63 + 273.15} = 12.1 \text{ kJ/K}$$

■

예제 5-9 표준대기압에서 0℃의 물 2 kg을 100℃ 포화증기가 될 때까지 가열할 경우 물의 엔트로피 변화량을 계산하여라. 단 물의 비열은 4.2 kJ/kg · K 로 일정하며 증발잠열은 2,257 kJ/kg이다.

【풀이】 0℃ 물 1 kg이 100℃ 물로 변했을 때의 엔트로피 변화

$$\Delta s_1 = \int_1^2 \frac{\delta Q}{T} = \int_1^2 \frac{C_p\, dT}{T} = C_p \ln \frac{T_2}{T_1}$$

$$= (4.2)\left(\ln \frac{100 + 273.15}{273.15}\right) = 1.31 \text{ kJ/kg} \cdot \text{K}$$

100℃의 물 1 kg 이 100℃의 수증기로 변했을 때 엔트로피 변화

$$\Delta s_2 = \frac{Q_s}{T_s} = \frac{2{,}257.0}{(100 + 273.15)} = 6.05 \text{ kJ/kg} \cdot \text{K}$$

따라서 총엔트로피 변화

$$\Delta S = m(\Delta s_1 + \Delta s_2) = (2)(1.31 + 6.05) = 14.72 \text{ kJ/K}$$ ■

5-7 온도-엔트로피 선도

열역학적 문제에서 가장 널리 사용되는 선도로 체적의 압축과 팽창에 의한 일을 다룰 때 압력-체적 선도(*P-V* 선도)가 있다. 한편 열의 공급과 방출에 관심이 있을 경우 온도-엔트로피 선도(*T-S* 선도)가 사용된다. 식 (5-11)의 엔트로피 정의에 따르면 미소열량 $\delta Q = TdS$로 표시되고 이 양은 그림 (5-10)의 *T-S* 선도 상에서 과정이 진행된 변화곡선 하부의 빗금친 미소면적으로 표시된다.

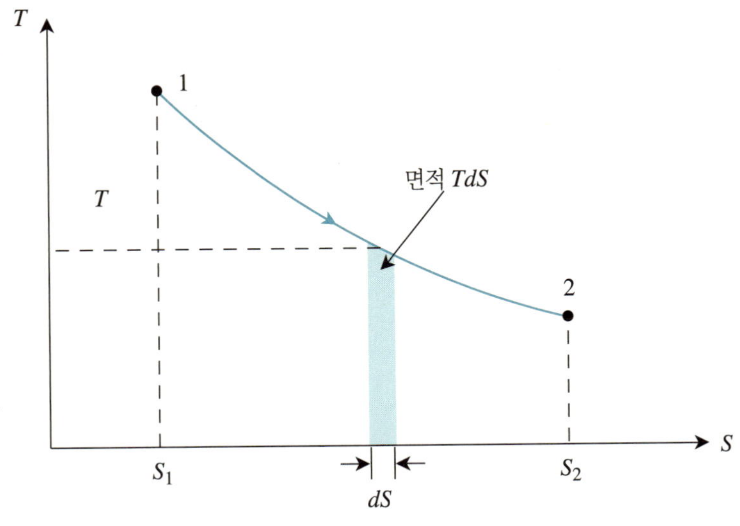

그림 5-10 과정의 전달열량

상태 1에서 상태 2까지 가역과정으로 진행된 경우 전달된 열량 Q_{12}는 다음과 같은 적분식으로 표시되며 곡선 1~2 하부면적의 크기를 갖게 된다.

$$Q_{12} = \int_{S_1}^{S_2} TdS \tag{5-14}$$

한편 엔트로피가 증가하는 방향으로 과정이 진행되면 열역학적 시스템으로 열이 공급된 것이고, 엔트로피가 감소할 경우에는 시스템에서 열이 방출된 것을 의미한다.

가역과정으로만 구성된 Carnot 사이클을 T-S 선도 상에 표시하면 그림 (5-11)과 같이 2개의 가역등온과정과 2개의 가역단열과정으로 표시된다.

가역등온과정(1-2)에서는 열이 시스템의 내부로 공급되고 그 열량은 면적 $(1-2-3'-4'-1)$로

$$Q_{12} = \int_{S_1}^{S_2} TdS = T_1\int_{S_1}^{S_2} dS = T_1(S_2 - S_1)$$

이 된다. 또 다른 가역등온과정(3-4)에서는 열이 시스템에서 방출되며 그 열량은 면적$(3-3'-4'-4-3)$으로 마찬가지 과정에 의해 $T_3 \cdot (S_3 - S_4)$로 표시된다. 한편 가

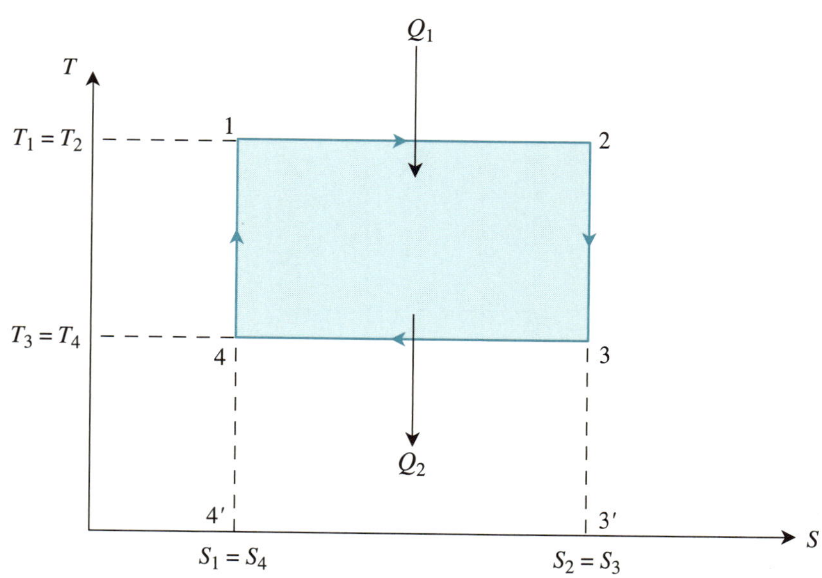

그림 5-11 Carnot 사이클의 T-S 선도 전달열량

역단열과정인 과정(2-3)과 과정(4-1)은 말 그대로 시스템 내부로 전달되거나 시스템으로부터 방출되는 열이 없으므로 $Q_{23} = Q_{41} = 0$이다. 이처럼 과정(2-3)이나 과정(4-1)과 같이 엔트로피가 변화하지 않는 과정을 등엔트로피 과정(isentropic process)이라고 한다.

따라서 Carnot 사이클(1−2−3−4−1)의 한 사이클동안 시스템에 공급된 순수열량($Q_1 - Q_2$)는 면적(1−2−3−4−1)이며, 이 크기는 Carnot 사이클 동안의 순수일(W)과 같다. T-S 선도에서 과정이 진행되면서 형성된 폐쇄도형이 시계방향이면 한 사이클 동안 시스템 내로 순수 열이 전달된 것이고, 반시계방향일 경우에는 시스템에서 순수 열이 방출된 것임을 알 수 있다. 역Carnot 사이클은 그림 (5-11)에서 각 과정의 방향을 역으로 한 경우이며, 이론적인 해석은 Carnot 사이클과 유사하다.

예제 5-10 온도가 500 K, 엔트로피가 3 kJ/kg · K, 시스템의 질량이 2 kg인 마찰 없는 피스톤-실린더 구조의 밀폐시스템이 있다. 이 시스템이 등온과정에 의해 엔트로피가 7 kJ/kg · K 가 될 때까지 변하였을 때 시스템에 공급된 열량을 구하여라.

【풀이】 등온과정에 대해 식 (5-14)를 적용하면

$$Q_{12} = \int_{S_1}^{S_2} TdS = T_1 \int_{S_1}^{S_2} dS$$

$$= T_1 \cdot (S_2 - S_1)$$

$$= T_1 \cdot m \cdot (s_2 - s_1)$$

$$= (500)(2)(7 - 3)$$

$$= 4{,}000 \text{ kJ}$$

■

예제 5-11 질량이 0.8 kg 인 밀폐시스템 사이클이 초기 온도 500 K, 엔트로피 3 kJ/kg · K 상태에서 등온과정으로 8 kJ/kg · K까지 가열된다. 그리고 다시 온도 300 K까지 가역단열팽창을 한 후 엔트로피 초기값인 3 kJ/kg · K까지 등온과정으로 열을 방출하고, 마지막으로 처음의 온도

와 엔트로피로 가역단열압축과정을 수행하면서 사이클을 완성한다. 사이클을 수행하는 동안 시스템에 전달된 순수열량을 구하여라.

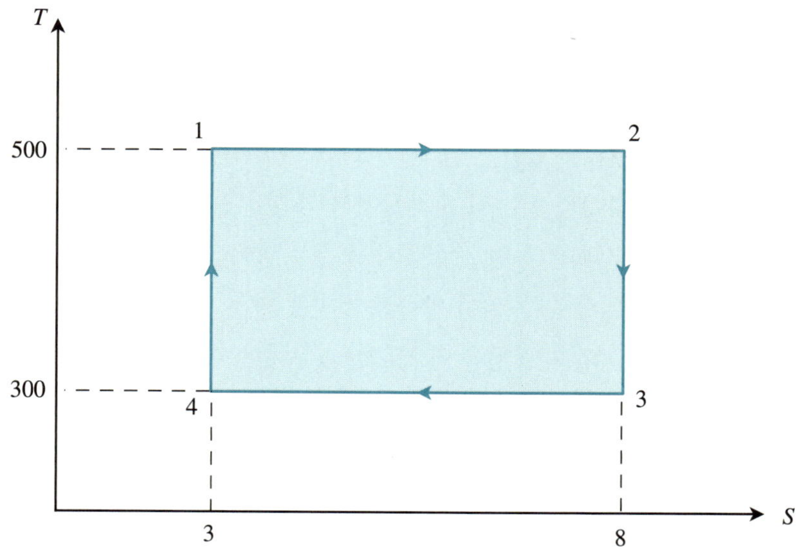

그림 5-12 T-S 선도

【풀이】 사이클은 그림 (5-12)와 같이 시계방향으로 진행되었으므로, 시스템에 공급된 순수열량은 (+)이다. 과정(1-2)에서 시스템에 (+)열이 공급되고 과정(3-4)에서 (−)열이 공급된다. 한편 과정(2-3)과 과정(4-1)는 단열과정이므로 열의 출입이 없다.

$$q_{12} = \int_3^8 Tds = (500)(8-3) = 2{,}500 \text{ kJ/kg}$$

$$q_{23} = q_{41} = 0$$

$$q_{34} = \int_8^3 Tds = (300)(3-8) = -1{,}500 \text{ kJ/kg}$$

한편 사이클 동안 시스템에 공급된 단위질량당 순수열량

$$q_{cycle} = q_{12} + q_{23} + q_{34} + q_{41} = 1{,}000 \text{ kJ/kg}$$

따라서 전체 시스템에 사이클을 수행하는 동안 공급된 순수열량

$$Q_{cycle} = m \cdot q_{cycle} = (0.8)(1,000) = 800 \text{ kJ}$$ ■

5-8 Clausius 부등식(Clausius inequality)

다음의 그림 (5-13)처럼 고온열원 T_1과 저온열원 T_2 사이에서 작동되는 이상적 열기관 E_{rev}와 실제 열기관 E_{real}의 열효율을 검토해 보자. 두 열기관에 공급되는 열량은 Q_1으로 동일하고, 저온열원으로 방출되는 열량은 가역 열기관에서는 Q_{2rev}, 실제 비가역 열기관에서는 Q_2이다.

Carnot의 정리에 의하면 가역 열기관의 열효율 η_{rev}은 실제 비가역 열기관 η 보다 항상 큰 값을 갖게 되므로 다음의 관계식이 성립된다.

$$\eta_{rev} = \frac{W_{rev}}{Q_1} = 1 - \frac{Q_{2rev}}{Q_1} > \eta = \frac{W}{Q_1} = 1 - \frac{Q_2}{Q_1}$$

한편 위식을 정리하면 다음의 관계식이 성립된다.

$$Q_{2rev} < Q_2$$

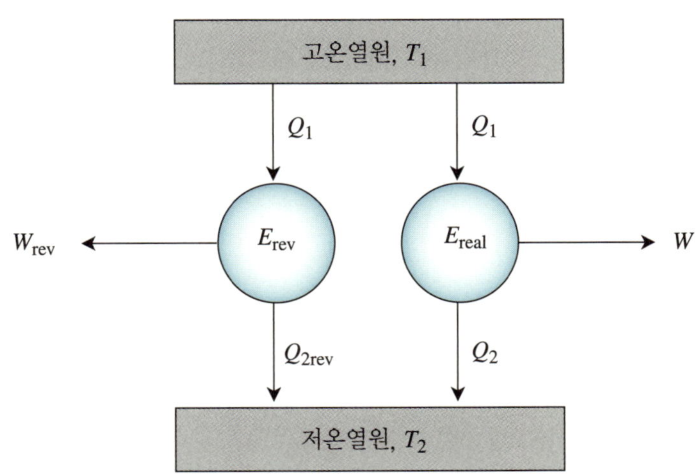

그림 5-13 가역 열기관과 실제 열기관

또한 가역 열기관에서는

$$\frac{Q_1}{T_1} + \frac{(-Q_{2rev})}{T_2} = 0$$

이므로 실제 비가역 열기관에서는 다음의 관계식이 성립한다.

$$\frac{Q_1}{T_1} + \frac{(-Q_2)}{T_2} < 0$$

상기의 식은 다음의 수학적 형태로 정리된다.

$$\sum_{i=1,2} \frac{Q_i}{T_i} < 0$$

또한 열원의 온도가 변하는 실제 비가역사이클에 대하여 앞에서 사용한 미소사이클을 도입하여 위식을 정리하면 다음의 적분식으로 표시된다.

$$\oint \frac{\delta Q}{T} < 0 \tag{5-15}$$

식 (5-15)는 실제 비가역사이클에 적용되며 가역 사이클에 적용되는 식 (5-9)와 조합하면 가역사이클과 실제 비가역사이클에 대하여 다음의 관계식이 성립된다.

$$\oint \frac{\delta Q}{T} \le 0 \tag{5-16}$$

위의 식 (5-16)을 Clausius 부등식(Clausius inequality)이라고 하는데, 이 때 등호는 가역과정, 부등호는 비가역과정에 적용된다.

5-9 비가역과정에서 시스템의 엔트로피 변화

앞의 그림 (5-9)에서 과정 A와 B는 가역과정이고 과정 C는 비가역과정이라고 가정하자. 사이클이 A와 B로 구성되는 경우 가역 사이클로서 Clausius 부등식을 적용하면 다음과 같은 관계식이 성립한다.

$$\oint \frac{\delta Q}{T} = \int_{1A}^{2A} \frac{\delta Q}{T} + \int_{2B}^{1B} \frac{\delta Q}{T} = 0 \qquad ①$$

한편 가역과정 A와 비가역과정 C로 구성된 사이클은 비가역 사이클이 되며 Clausius 부등식을 적용하면 다음과 같다.

$$\oint \frac{\delta Q}{T} = \int_{1A}^{2A} \frac{\delta Q}{T} + \int_{2C}^{1C} \frac{\delta Q}{T} < 0 \qquad ②$$

식①에서 식②를 뺀 후에 정리하면

$$\int_{2B}^{1B} \frac{\delta Q}{T} > \int_{2C}^{1C} \frac{\delta Q}{T}$$

이 된다. 한편 과정 B는 가역과정이고 엔트로피를 정의하는 식 (5-11)과 엔트로피는 상태량임을 이용하면 다음과 같은 관계식이 구해진다.

$$\int_{2B}^{1B} \frac{\delta Q}{T} = \int_{2B}^{1B} dS = \int_{2C}^{1C} dS$$

따라서 다음의 관계식이 유도된다.

$$\int_{2C}^{1C} dS > \int_{2C}^{1C} \frac{\delta Q}{T}$$

위의 식의 의미를 정리하면 일반적으로 다음과 같은 관계식이 성립한다.

$$dS \geq \frac{\delta Q}{T} \qquad (5\text{-}17)$$

식 (5-17)에서 등호는 가역과정, 부등호는 비가역과정에 적용된다.

5-10 이상기체에서의 엔트로피 관계식

이상기체(ideal gas) 혹은 완전가스(perfect gas)는 기체를 구성하는 분자들 사이에 작용하는 인력과 분자의 크기가 무시된다는 가정 하에 $Pv = RT$의 관계식을 만족하고 또한 비열이 일정한 기체를 말한다. 우리가 일상적으로 관찰하는 공기, 산소, 질소 등의 기체는 실제로 이상기체는 아니나 분자간의 거리가 비교적 멀고 분자가 점유하는 체적도 전체에 비하면 작은 관계로 일반적으로 이상기체로 취급된다. 이상기체에서는 내부에너지와 엔탈피가 온도만의 함수로 표시되는 것을 전장에서 다루었다.

이 절에서는 이상기체에 열역학 제1법칙을 적용하여 엔트로피와 다양한 상태량과의 관계식을 유도하고자 한다. 먼저 2장에서 과정에 대한 열역학 제1법칙은 미분량의 관점에서 다음과 같이 표시되는 것을 배웠다.

$$\delta Q = dU + \delta W$$

한편 가역과정에서 $\delta Q = TdS$이고, 단순 압축시스템에서는 $\delta W = PdV$이므로 이 식들을 위식에 대입하여 정리하면 다음과 같다.

$$TdS = dU + PdV \tag{5-18}$$

또한 엔탈피는 $H \equiv U + PV$이므로, $dH \equiv dU + PdV + VdP$를 상기 식에 대입하여 정리하면 다음의 관계식이 얻어진다.

$$TdS = dH - VdP \tag{5-19}$$

한편 식 (5-18)과 식 (5-19)를 단위질량에 대한 상태량으로 표시하면 다음과 같다.

$$Tds = du + Pdv \tag{5-18a}$$

$$Tds = dh - vdP \tag{5-19a}$$

이상기체에서 내부에너지와 엔탈피는 온도만의 함수로 표시되므로

$$du = C_v dT \longrightarrow \Delta u = C_v \Delta T = C_v(T_2 - T_1)$$
$$dh = C_p dT \longrightarrow \Delta h = C_p \Delta T = C_p(T_2 - T_1)$$

의 관계식이 성립한다.

(1) 정적비열 C_v에 의한 엔트로피 표시

식 (5-18a)를 엔트로피에 대해 바꾸어 표현하면 다음과 같다.

$$ds = \frac{1}{T}du + \frac{P}{T}dv$$
$$= C_v \frac{dT}{T} + R\frac{dv}{v}$$

위의 식을 적분하여 엔트로피의 변화량을 정적비열 C_v 관점에서 구해보면 다음과 같다.

$$s_2 - s_1 = C_v \ln \frac{T_2}{T_1} + R \ln \frac{v_2}{v_1} \tag{5-20}$$

(2) 정압비열 C_p에 의한 엔트로피 표시

식 (5-19a)를 엔트로피에 대해 바꾸어 표현하면 다음과 같이 표시된다.

$$ds = \frac{1}{T} dh - \frac{v}{T} dP$$

$$= C_p \frac{dT}{T} - R \frac{dP}{P}$$

상기의 식을 적분하여 엔트로피의 변화량을 C_p의 관점에서 표시해보면 다음과 같다.

$$s_2 - s_1 = C_p \ln \frac{T_2}{T_1} - R \ln \frac{P_2}{P_1} \tag{5-21}$$

(3) 정적비열 C_v와 정압비열 C_p에 의한 엔트로피의 표시

이상기체의 상태방정식인 $Pv = RT$에서 다음의 관계식이 성립된다.

$$\frac{dT}{T} = \frac{dP}{P} + \frac{dv}{v}$$

위식을 이용하면 ds는 다음과 같이 표시된다.

$$ds = C_v \frac{dP}{P} + C_p \frac{dv}{v}$$

위식을 적분하여 엔트로피 변화량을 구해보면

$$s_2 - s_1 = C_v \ln \frac{P_2}{P_1} + C_p \ln \frac{v_2}{v_1} \tag{5-22}$$

로 표시된다.

예제 5-12 체적이 0.1 m^3인 고정된 용기에 압력 1 MPa, 온도 250℃의 공기가 냉각되면서 압력이 0.35 MPa로 변하였다. 다음의 물음에 답하여라.

(1) 용기 내에 있는 공기의 질량을 구하여라.

(2) 공기의 최종 온도를 구하여라.

(3) 엔트로피의 변화를 구하여라.

【풀이】 이상기체 상태방정식에 의해 공기의 질량

$$m = \frac{PV}{RT} = \frac{(1,000)(0.1)}{(0.287)(250 + 273.15)} = 0.666 \text{ kg}$$

공기의 최종온도

$$T_2 = \frac{P_2V_2}{mR} = \frac{(350)(0.1)}{(0.666)(0.287)} = 183 \text{ K}$$

정적과정이므로 엔트로피의 변화는 식 (5-20)을 사용하여 구한다.

$$s_2 - s_1 = C_v \ln\frac{T_2}{T_1} + R\ln\frac{v_2}{v_1} = (0.7165)\left(\ln\frac{183}{250 + 273.15}\right) + 0$$
$$= -0.752 \text{ kJ/kg} \cdot \text{K}$$

$$\therefore S_2 - S_1 = m(s_2 - s_1) = (0.666)(-0.752)$$
$$= -0.501 \text{ kJ/K}$$

■

예제 5-13 예제 5-12에서 용기 안의 물질이 공기대신 수증기로 채워져 있을 경우 수증기의 질량과 엔트로피 변화를 구하여라.

【풀이】 P_1 = 1 MPa, T_1 = 250℃에서 수증기의 비체적, 엔트로피는 각각 $v_1 = 0.2372 \text{ m}^3/\text{kg}$, $s_1 = 6.9247 \text{ kJ/kg} \cdot \text{K}$이다. 수증기의 질량

$$m = \frac{V_1}{v_1} = \frac{0.1}{0.2372} = 0.4215 \text{ kg}$$

한편 최종상태의 비체적 $v_2 = v_1 = 0.2372 \text{ m}^3/\text{kg}$과 $P_2 = 0.35$ MPa

상태는 수증기표를 참조로 하면 습증기임을 알 수 있다. $v_2 = v_{f2} + x_2 \times v_{fg2}$을 이용하면 건도

$$x_2 = \frac{0.2372 - 0.001079}{0.5243 - 0.001079} = 0.451$$

한편 $P_2 = 350$ kpa, $x_2 = 0.443$에서의 엔트로피

$$s_2 = s_{f2} + x_2 s_{fg2} = 1.7275 + (0.451)(5.2130)$$
$$= 4.0800 \text{ kJ/kg} \cdot \text{K}$$

따라서 엔트로피의 변화

$$\therefore S_2 - S_1 = m(s_1 - s_2) = (0.4216)(4.0800 - 6.9247)$$
$$= -1.2224 \text{ kJ/K}$$

■

5-11 엔트로피 증가의 원리

이 절에서는 시스템이 상태변화를 겪을 때 시스템과 환경의 총엔트로피의 변화에 대한 거동을 살펴보자. 그림 (5-14)는 온도가 T_0인 주위에서 온도가 T인 시스템으로 미소량의 열, δQ가 전달되고 시스템은 δW의 일을 하고 있는 것을 보여준다.

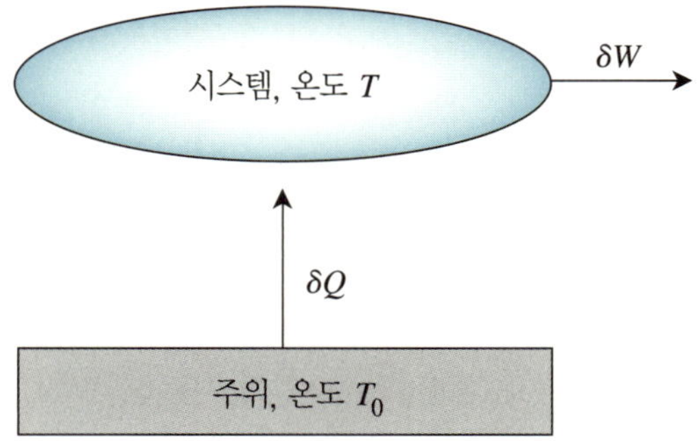

그림 5-14 시스템과 환경의 엔트로피 변화

위의 시스템에 식 (5-17)을 적용하면

$$dS_{sys} \geq \frac{\delta Q}{T}$$

으로 표시된다. 한편 주위에 대해서는 다음의 관계식이 성립한다.

$$dS_{surr} = -\frac{\delta Q}{T_0}$$

따라서 시스템과 주위의 총엔트로피 변화는 다음과 같이 표시된다.

$$dS_{sys} + dS_{surr} \geq \frac{\delta Q}{T} - \frac{\delta Q}{T_0} \tag{5-23}$$

$$\geq \delta Q\left(\frac{1}{T} - \frac{1}{T_0}\right)$$

한편 주위에서 시스템으로 열이 전달되려면 $T_0 > T$, $\delta Q > 0$이 되며, 역으로 시스템에서 주위로 열이 전달되려면 $T_0 < T$, $\delta Q < 0$이 된다. 식 (5-23)에 따르면 다음과 같은 관계식이 성립한다.

$$dS_{sys} + dS_{surr} \geq 0 \tag{5-24}$$

식 (5-24)에서 등호는 가역과정, 부등호는 비가역과정에 적용된다. 식 (5-24)는 엔트로피 증가의 원리(principle of the increase of entropy)로 알려져 있는데, 자연적으로 일어날 수 있는 유일한 과정은 시스템과 주위의 총엔트로피 변화가 0이거나 증가하는 방향으로만 일어나며 이는 곧 과정의 방향성을 지시한다. 그러나 시스템의 엔트로피가 오로지 증가한다고만 생각하는 것은 올바르지 않다. 시스템의 엔트로피가 감소할 수도 있으며, 이 경우 주위의 엔트로피가 증가하여 결국 시스템과 주위의 총엔트로피의 변화는 0이거나(가역과정) 0보다 크게(비가역과정) 된다.

예제 5-14 표준대기압에서 외부와의 열전달이 없는 단열과정으로 100℃ 포화수증기 1 kg이 포화액으로 응축되면서 0℃ 얼음 1 kg을 0℃ 물로 융해시킨다. 이 때 다음 문제에 답하여라.

(1) 포화수증기 엔트로피 변화

(2) 얼음의 엔트로피 변화

(3) 전체의 엔트로피 변화

【풀이】 100℃에서 포화수증기 1 kg이 포화액으로 응축될 때 2,257kJ의 열을 방출하고 동일한 양의 열이 얼음에 전달된다.

포화수증기의 엔트로피 변화

$$\Delta S_v = \frac{Q_v}{T_v} = \frac{-2,257.0}{(100 + 273.15)} = -6.05 \text{ kJ/K}$$

얼음의 엔트로피 변화

$$\Delta S_i = \frac{Q_i}{T_i} = \frac{2,257.0}{(0 + 273.15)} = 8.26 \text{ kJ/K}$$

전체의 엔트로피 변화는 포화수증기와 얼음의 엔트로피 변화를 더한 값

$$\Delta S = \Delta S_v + \Delta S_i = -6.05 + 8.26 = 2.21 \text{ kJ/K}$$ ■

5-12 열역학 제3법칙

1906년 Nernst(W. H. Nernst)는 열역학 과정에서의 엔트로피의 변화 ΔS는 절대온도 T가 0K에 접근함에 따라 0이 된다고 주장하였다. 또한 Planck(M. Planck)는 더 나아가 열역학적인 평형상태에 있는 순수물질의 엔트로피는 절대온도 0K 에 접근함에 따라 0으로 접근한다고 주장하였다. 이것을 열역학 제3법칙(the third law of thermodynamics) 또는 Nernst의 열정리(Nernst' s heat theorem)라고 한다.

한편 절대영도에서는 어떤 물질이 보유한 에너지도 0에 접근하므로 어떤 방법을 사용하더라도 절대온도 0 K에 도달할 수 없다는 결론이 나온다. 통계역학적으로는 모든 시스템이 최저 에너지상태에 있는 것이 절대영도이며, 이 때 시스템의 에너지

는 완전히 확정되어 있다고 할 수 있다. 양자역학에서 불확정성원리(uncertainty principle)에 따르면 에너지가 완전히 확정되어 있는 시스템은 시간의 불확정성이 무한대가 된다. 즉, 절대영도에 도달하려면 무한대의 시간이 필요하며 따라서 실제적으로는 도달할 수 없다는 결론이 나온다.

어떤 임의의 온도 T K에서 어떤 물질의 절대 엔트로피는 0 K의 값을 기준으로 다음의 관계식을 이용하여 구할 수 있다.

$$s_T = \int_0^T C_p \frac{dT}{T} \tag{5-25}$$

여기서 s_T는 온도 T K에서 어떤 물질의 절대 엔트로피를 표시한다. 절대영도에서 순수물질의 엔트로피는 0의 값을 가지며, 이 값을 기준으로 하여 정해진 엔트로피를 절대 엔트로피(absolute entropy)라고 한다.

연습문제 EXERCISE

5-1 저온열원과 고온열원의 온도가 각각 30℃와 500℃ 사이에서 작동하는 Carnot 사이클의 이론열효율을 구하여라.

5-2 Carnot 사이클의 열효율을 나타내는 식을 이용하여 이론열효율이 100%인 열기관은 실제 존재할 수 없다는 것을 설명하여라.

5-3 어느 열기관이 사이클당 2,000 kJ의 일을 얻기 위하여 사이클당 6,000 kJ의 열을 공급받는다. 대기의 온도가 30℃이고 이 열기관이 이상적인 사이클로 작동한다면 고온열원의 온도는 얼마인가?

5-4 어느 화력발전소의 출력이 200 MW이다. 이 발전소의 열효율이 25%라면 시간당 연료소비량은 얼마인가? 단, 연료의 발열량은 25,000 kJ/kg 이다.

5-5 어느 발명가가 새로운 열기관을 발명했다고 주장하고 있다. 이 열기관이 작동하는 최고온도와 최저온도는 각각 500℃, 100℃이고 출력은 50 kW라고 한다. 한편, 사용

연료의 발열량은 43,950 kJ/kg, 연료소모량은 7 kg/h이다. 이 발명가 주장의 타당성을 검증하여라.

5-6 역Carnot 사이클로 작동되는 냉동기가 −15℃에서 150,000 kJ/h의 열을 흡수하여 30℃의 공기 중으로 방출한다. 이 냉동기의 성능계수와 소요동력을 구하여라.

5-7 어느 냉동기에서 필요한 냉동온도는 −5℃이고, 이 온도를 유지하기 위해 시간당 3,500 kJ의 열을 제거하여야 한다. 냉동기 주위온도가 25℃라고 할 경우, 이 냉동기의 최소 소요동력을 계산하여라.

5-8 겨울철 실내에 열펌프를 설치하여 난방하려고 한다. 현재 외기 온도가 −10℃이고 방으로부터 열손실은 15 kW라고 할 때, 열펌프를 구동하여 실내 온도를 20℃로 계속 유지하려고 한다. 이 때 열펌프의 최소 소요동력을 구하여라.

5-9 $P = 5$ kPa인 공기 3 kg이 16 m^3/kg로부터 정압 하에 200℃로 가열될 때 공기에 가해진 열량과 엔트로피 변화량을 구하라. 단, 공기의 $R = 0.287$ kJ/kg · K, $C_P = 1.005$ kJ/kg · K, $C_v = 0.7171$ kJ/kg · K 이다.

5-10 온도가 1,200℃인 고온열원으로부터 800 kJ의 열을 공급받아 700℃의 저온열원으로 열을 방출하는 Carnot 사이클 열기관이 있다. 다음 물음에 답하여라.

(1) 사이클의 열효율을 구하여라.

(2) 사이클 동안의 일을 구하여라.

(3) 저온열원으로 방출되는 열을 구하여라.

(4) 고온열원과 저온열원의 엔트로피 변화를 구하여라.

5-11 열원으로 간주할 수 있는 35℃의 넓은 실내에 100 W의 선풍기가 3시간 동안 작동되었다. 실내 온도의 변화가 없다고 가정하고 선풍기의 효율이 95%라고 할 경우 다음 물음에 답하여라.

(1) 선풍기에 공급된 일을 계산하여라.

(2) 선풍기에서 방출한 열량을 구하여라.

(3) 실내의 엔트로피 변화를 계산하여라.

5-12 열효율이 30%인 열기관이 가역적으로 냉동기나 열펌프로 이용될 수 있다. 이 때 냉동기와 열펌프의 성능계수를 구하여라.

5-13 역 Carnot 사이클로 작동되는 어느 냉동기가 −15℃와 30℃ 사이에서 운전될 때 소요동력이 7 kW일 경우 다음 물음에 답하여라.

(1) 이 냉동기의 성능계수는 얼마인가?

(2) 저온열원에서 시간당 흡수하는 열량을 계산하여라.

5-14 온도가 다른 두 물체를 접촉시키면 열이 고온열원(T_1)으로부터 저온열원(T_2)으로 이동하여 열평형에 도달한다. 지금 고온열원에서 저온열원으로 ΔQ만큼의 열이 이동하였다면 시스템과 주위의 총엔트로피는 증가하는가? 혹은 감소하는가?

5-15 고온열원의 온도 500 K로부터 60 kJ의 열을 받아서 300 K의 저온열원으로 50 kJ의 열을 방출하는 사이클은 가역과정인가? 혹은 비가역과정인가?

5-16 공기 3 kg을 20℃에서 120℃까지 가열할 때 다음의 과정에서 총엔트로피 변화량을 계산하여라. 단, 공기의 정압비열과 정적비열은 각각 1.0035 kJ/kg · K, 0.7165 kJ/kg · K 이다.

(1) 정압과정

(2) 정적과정

5-17 2 kg의 공기가 5 MPa, 300℃에서 300 kPa, 0.56 m^3의 상태로 변하였다. 이 때 공기의 최종온도 및 엔트로피의 변화를 구하여라. 단, 공기의 정압비열은 1.0035 kJ/kg · K, 기체상수는 0.287 kJ/kg · K 이다.

5-18 질량 0.4 kg의 물이 마찰 없는 피스톤-실린더로 된 용기에서 초기온도 200℃에서 최종온도 600℃까지 1 MPa의 정압과정으로 팽창한다. 이 과정 동안 전달된 열량과 엔트로피의 변화를 구하여라.

5-19 가역사이클로 구동되는 0.5 kg의 질량을 가진 밀폐시스템이 있다. 초기 시스템의 온도 500 K, 엔트로피 3 kJ/kg · K로부터 온도가 800 K, 엔트로피 5 kJ/kg · K로 선형적으로 가열된다. 이후 시스템은 원래의 온도 500 K로 단열팽창되며, 마지막으로 등온과정을 거쳐 초기의 온도와 엔트로피 상태로 돌아오면서 사이클을 완성한다. 이 사이클 동안 시스템에 공급된 순수열량과 시스템이 행한 순수일을 구하여라.

5-20 열역학 제3법칙을 설명하여라.

5-21 3kg의 공기가 압력 700 kPa, 온도 650 K로부터 압력 200 kPa, 온도 480 K로 팽창된다. 이 과정에서의 엔트로피 변화를 구하여라.

5-22 Kevin-Plank의 서술이 옳지 않다면 Clausius의 서술도 옳지 않다는 것을 증명해 보아라.

5-23 어떤 발명가가 표준대기압 하에서 물의 빙점과 비등점 사이에서 작동하는 열기관을 제작하였는데 그 때의 열효율이 28.5 % 라고 주장하고 있다. 이 발명가의 주장이 올바른지를 판단하여라.

5-24 이상기체가 스로틀링(throttling) 과정을 거칠 때 엔트로피의 변화에 대하여 설명하여라.

5-25 표준대기압 하에서 물 5 kg을 0℃에서 70℃로 가열할 경우 물의 엔트로피 변화량을 구하여라. 단 가열은 가역과정이고 물의 정압비열은 4.2 kJ/kg · K라고 한다.

5-26 고온체와 저온체의 절대온도가 각각 T_1, T_2인 두 물체가 있다. 고온체에서 저온체로 Q의 열이 전달될 때, 두 물체 전체의 엔트로피는 증가하는지 혹은 감소하는지를 설명하여라.

5-27 제1종 영구기관과 제2종 영구기관에 대하여 설명하고, 각각의 영구기관을 제작하는 것이 불가능한 이유를 설명하여라.

Engineering Thermodynamics

CHAPTER 6

열역학적 사이클

학습내용

6장에서는 화석 연료에서 발생하는 열에너지를 일로 변환하는 여러 열기관에 대해 열역학적 해석을 수행한다. 먼저 증기동력 사이클의 기본인 Rankine 사이클과 실제 육상에서 운송용 동력원으로 활용되고 있는 정적, 정압, 복합 사이클과 항공용 가스터빈의 모델인 Brayton 사이클에 대해 학습한다. 이런 열역학적 사이클 해석으로 열기관의 효율을 향상시켜, 엔진의 연비와 배기가스를 저감할 수 있는 방법을 찾는데 이 장의 학습목표가 있다.

❖ 적용분야

자동차 엔진, 화력 발전소, 비행기 엔진, 각종 냉동기의 성능 향상

Chapter 6 열역학적 사이클

공업열역학을 응용한 열기관은 고온열원에서 받은 열에너지의 일부를 저온열원으로 방출하고 그 차이만큼의 일을 연속적으로 얻는 기계장치이다. 열기관은 크게 내연기관과 외연기관으로 분류된다. 내연기관(internal combustion engine)은 엔진의 내부에서 연료와 공기의 혼합물을 연소시켜 발생하는 열에너지를 이용하여 일을 발생하는데, 동력발생 방식에 따라 실린더-피스톤 엔진, 가스터빈(gas turbine), 로터리엔진(rotary engine), 제트엔진(zet engine), 로켓엔진(rocket engine) 등으로 구분된다. 한편 외연기관은 엔진의 외부에 위치한 보일러에서 작동유체인 물로 부터 고온·고압의 수증기를 발생시키고 이를 통해 동력을 얻는 방식으로 18세기 중반 영국의 제임스 와트가 발명한 증기기관이 대표적이다.

6-1 증기동력 사이클

6-1-1 증기동력 사이클 개요

증기동력 사이클(vapor power cycle)은 일과 열을 전달하는 작동유체로 증기가 사용되는 동력 사이클로서, 사이클이 이루어지는 동안 응축과 증발과정을 통해 액체, 기체 및 액체와 기체가 혼합된 상태 등이 존재한다. 증기동력 사이클의 대표적인 예로는 전기를 공급하는 화력발전소와 원자력발전소가 있다. 증기동력 사이클은 고온부에서 작동유체로 열을 전달하여 증발시키고, 저온부에서 응축과정을 통해 열을 방출하면서 일을 발생하는 사이클로 구성된다. 증기동력 사이클은 전체적으로는 밀폐시스템이나 각각의 구성기기별로는 개방시스템으로 취급된다. 작동유체로는 물과 수증기가 사용되는데 기타 다른 유체를 사용해도 동일한 개념으로 접근한다.

6-1-2 Rankine 사이클(Rankine cycle)

Rankine 사이클은 증기원동소(steam power station)인 증기동력 사이클의 가장 기본이 되는 사이클로서 영국의 Rankine(William John Macquorn Rankine, 1820

~1872)의 이름을 따서 명명되었다. 이 사이클은 기본적으로 그림 (6-1a)와 같이 정압과정의 보일러(boiler)와 응축기(condenser), 가역단열과정의 터빈(turbine)과 펌프로 구성되어 있고, 이에 대한 *T-s* 선도가 (6-1b)에 표시되어 있다. 보일러에서는 펌프에서 W_p의 일을 가하여 고압으로 압축한 액체상태의 물을 받은 후, Q_H의 열로 가열하여 고온·고압의 수증기로 만들어 터빈으로 보낸다. 터빈에서는 팽창과정을 통하여 W_t의 일을 외부에 행하고 저압상태의 습증기 혹은 과열된 수증기로 변하면서 응축기에 유입되며, 응축기에서 공기, 강물, 호수물이나 바닷물 등을 이용하여 Q_L의 열을 방출하면서 포화액체인 물로 변한다.

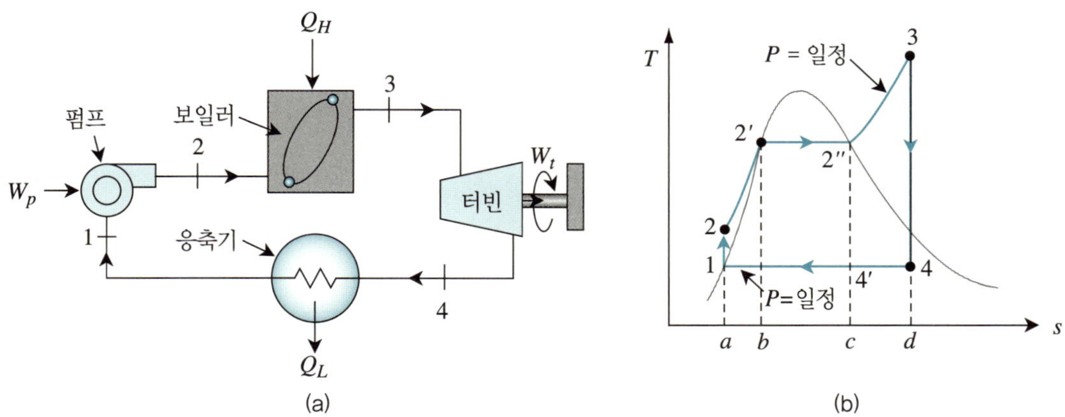

그림 6-1 Rankine 사이클의 구성과 *T-s* 선도

Rankine 사이클은 내부적으로 이상적인 사이클로 다음과 같은 과정으로 구성된다.

과정 1-2 : 펌프에서 일을 받는 이상적인 가역단열 압축과정 또는 등엔트로피 압축과정

과정 2-3 : 보일러에서 가열되어 포화증기 2″이 되고 다시 과열기에서 고온·고압의 과열증기 3으로 가열되는 정압과정

과정 3-4 : 터빈에서 과열증기가 터빈 축을 회전시키면서 일을 하는 가역단열 팽창과정

과정 4-1 : 응축기에서 열을 방출하면서 건도가 높은 습증기를 포화수로 만드는 정압과정

일반적으로 증기원동소는 정상유동과정으로 작동되며 운동에너지와 위치에너지의 변화가 적으므로 이를 무시한다. 증기원동소의 각 열역학적 기계요소에 대해 개방시스템에 대한 열역학 제1법칙을 적용하여 일과 열 및 열효율을 구해보기로 하자.

과정 1-2 : 펌프에서 필요한 일, ω_p

펌프에서 필요로 하는 일("−" 일) ω_p는

$$\omega_p = h_2 - h_1 \tag{6-1}$$

이고 펌프에서의 과정은 등엔트로피 과정이므로 $s_1 = s_2$이다. 한편 물은 액체이므로 비압축성이라 가정하고 미소한 상태변화 과정에 대한 열역학 제1법칙 $Tds = dh - vdP$를 적용하면 펌프일에 대한 식 (6-1)은 다음과 같이 표시된다.

$$\omega_p = h_2 - h_1 = \int_{P_1}^{P_2} v dP = v_1(P_2 - P_1) \tag{6-2}$$

과정 2-3 : 보일러에 공급된 열량, q_B

정압과정인 보일러에 공급된 열량 q_B는

$$q_B = h_3 - h_2 = \int_{s_2}^{s_3} T ds = \overline{T_B}(s_3 - s_2) \tag{6-3}$$

으로 표시된다. 식 (6-3)에서 $\overline{T_B}$는 보일러에 열이 공급될 때의 작동유체의 평균온도로 정의될 수 있으며, 그림 (6-1b) 에서 면적(1−2−2′ −2″−3−d−a−1)이 된다.

과정 3-4 : 터빈에서 발생하는 일, ω_t

터빈에서 팽창과정을 통해 발생하는 일 ω_t는

$$\omega_t = h_3 - h_4 \tag{6-4}$$

이고, 터빈에서의 팽창과정도 등엔트로피 팽창이므로 $s_3 = s_4$이다.

과정 4-1 : 응축기에서의 방출된 열량, q_C

정압과정인 응축기에서의 방출된 열량 q_C는

$$q_C = h_4 - h_1 = \int_{s_1}^{s_4} Tds = T_C(s_4 - s_1) \tag{6-5}$$

이고 식 (6-5) 에서 T_C는 응축기 온도를 말하며, 방출 열량은 그림 (6-1b) 에서 면적 (1−4−d−a−1)으로 표시된다.

한편 증기원동소에서 한 사이클이 진행되는 동안 순수일(net work)은

$$\omega_{net} = \omega_t - \omega_p \tag{6-6}$$

이며, 그림 (6-1b)에서 면적(1−2−2′−2″−3−4−1) 이다. 한편 사이클의 이론열효율은

$$\eta_{\text{th}} = \frac{\omega_{net}}{q_B} = \frac{\text{면적}(1-2-2'-2''-3-4-1)}{\text{면적}(1-2-2'-2''-3-d-a-1)} \tag{6-7a}$$

으로 표시되거나 또는

$$\eta_{\text{th}} = 1 - \frac{q_C}{q_B} = 1 - \frac{\text{면적}(1-4-d-a-1)}{\text{면적}(1-2-2'-2''-3-d-a-1)} \tag{6-7b}$$

으로 표시된다. 한편 $s_1 = s_2$이고 $s_3 = s_4$이므로 식 (6-7b)에 식 (6-3)과 (6-6)를 대입하면 다음과 같이 정리된다.

$$\eta_{\text{th}} = 1 - \frac{T_C}{\overline{T_B}} \tag{6-8}$$

식 (6-8) 에서 Rankine 사이클의 이론열효율을 올리기 위해서는 보일러 열공급 온도 $\overline{T_B}$를 올리거나 응축기의 열방출 온도 T_C를 낮게 하면 된다는 것을 알 수 있다. 또한 Rankine 사이클의 열효율을 향상시키기 위하여 재생 사이클(regeneration cycle)이나 재열 사이클(reheat cycle)을 적용하는 경우가 있는데 다음 절에서 이에 대해 간단히 설명한다.

예제 6-1 응축기의 압력이 10 kPa, 보일러의 압력이 2 MPa로 구동되는 Rankine 사이클이 있다. 보일러 출구에서의 수증기 상태가 포화증기라고 할 경우 Rankine 사이클의 효율을 구하여라.

【풀이】 Rankine 사이클의 열효율은

$$\eta_{\text{th}} = \frac{\omega_{net}}{q_H} = \frac{\omega_t - \omega_p}{q_H}$$

으로 표시된다. 펌프에서 작동유체는 물로서 비압축성 유체라 하고 열역학 제1법칙을 적용하면 펌프 소요일

$$\begin{aligned}\omega_p &= h_2 - h_1 = \int_{P_1}^{P_2} v\,dP = v_1(P_2 - P_1)\\ &= 0.001010\ \text{m}^3/\text{kg} \times (2000 - 10)\text{kPa}\\ &= 2.0\ \text{kJ/kg}\end{aligned}$$

이다. 또한

$$h_2 = h_1 + \omega_p = 191.8 + 2.0 = 193.8\ \text{kJ/kg}$$

보일러에서 열역학 제1법칙을 적용하여 전달된 열량을 구하면

$$q_B = h_3 - h_2 = 2{,}799.5 - 193.8 = 2{,}605.7\ \text{kJ/kg}$$

한편 터빈에서의 과정은 가역단열과정으로서 $s_3 = s_4$이므로 터빈 출구에서의 건도

$$\begin{aligned}s_4 &= s_3 = 6.3409 = s_{f4} + x_4(s_{g4} - s_{f4})\\ &= 0.6493 + x_4(8.1502 - 0.6493)\\ \therefore\ x_4 &= 0.7588\end{aligned}$$

터빈에서의 일은 열역학 제1법칙을 적용하면

$\omega_t = h_3 - h_4$이고 터빈 출구에서의 건도를 알기 때문에

$$\begin{aligned}h_4 = h_{f4} - x_4(h_{g4} - h_{f4}) &= 191.8 + (0.7588)(2{,}548.7 - 191.8)\\ &= 2{,}007.5\ \text{kJ/kg}\end{aligned}$$

$$\therefore\ \omega_t = h_3 - h_4 = 2{,}799.5 - 2{,}007.5 = 792.0\ \text{kJ/kg}$$

따라서 Rankine 사이클의 열효율

$$\eta_{\text{th}} = \frac{\omega_{net}}{q_H} = \frac{\omega_t - \omega_P}{q_H} = \frac{792.0 - 2.0}{2{,}605.7} = 0.304(= 30.4\%)$$ ■

6-1-3 재열 Rankine 사이클과 재생 사이클

Rankine 사이클에서 고압의 보일러에서 나온 수증기는 터빈에서 팽창하여 습증기로 변한다. 이 때 습증기에 포함된 수분은 고속으로 회전하는 터빈 날개를 손상시킬 수 있다. 이런 문제점을 예방하는 수단으로 그림 (6-2)와 같이 터빈을 2단으로 설치하여 고압터빈에서 1차적으로 팽창된 상태 4의 수증기를 재열기(heater)에서 다시 정압과정으로 가열하는 과정을 거치게 한다. 이렇게 하여 수증기는 5의 상태까지 가열된 후 저압터빈에서 다시 팽창시켜 최종적인 터빈 출구에서의 건도를 높게 하는 사이클이 되는데 이를 재열 사이클(reheat cycle)이라고 한다. 펌프에서 과정(1-2)와 터빈에서의 과정(3-4) 및 과정(5-6)은 등엔트로피 과정으로 작동한다.

재열 사이클은 Rankine 사이클의 이론효율의 상승에는 큰 효과가 없으나 터빈 출구에서 높은 건도를 얻을 수 있는 이점과 실제 사이클에서 효율의 상승 효과를 거

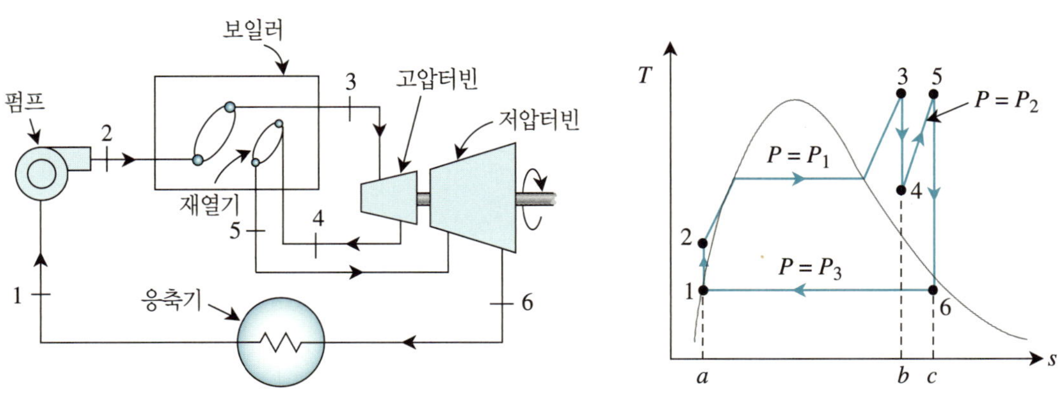

그림 6-2 재열 RAnkine 사이클과 T-s 선도

둘 수 있으므로 많이 사용되고 있다. 보통 재열과정은 보일러 압력이 10~20 MPa 일 경우 1회, 30 MPa 이상일 경우 2회 행한다.

재생 사이클(regenerative cycle)은 터빈에서 팽창 중인 증기의 일부를 추출하거나 터빈 내부로 응축수를 통과시키는 방법을 사용하여 열효율의 향상을 도모한다. 이와 같이 재생 사이클은 작동유체에 열이 공급되는 평균 온도를 높이고 보일러에서 공급되는 열량을 되도록 작게 하여 Carnot 사이클과 동일한 높은 열효율을 갖게 된다. 그림 (6-3)은 과열이 없이 포화수증기를 사용하는 기본 Rankine 사이클에 대한 이상적인 재생 사이클의 개략도와 *T-s* 선도를 보여주고 있다. 펌프에서 나온 상태 2의 작동유체는 터빈을 통과하면서 터빈 내의 습증기로부터 전달되는 열량에 의해 상태 3의 포화액으로 가열된다. 한편 터빈은 과정(4-5)에서 냉각되면서 일을 하고 과정(5-6)에서는 단열 팽창되면서 또한 일을 하게 된다.

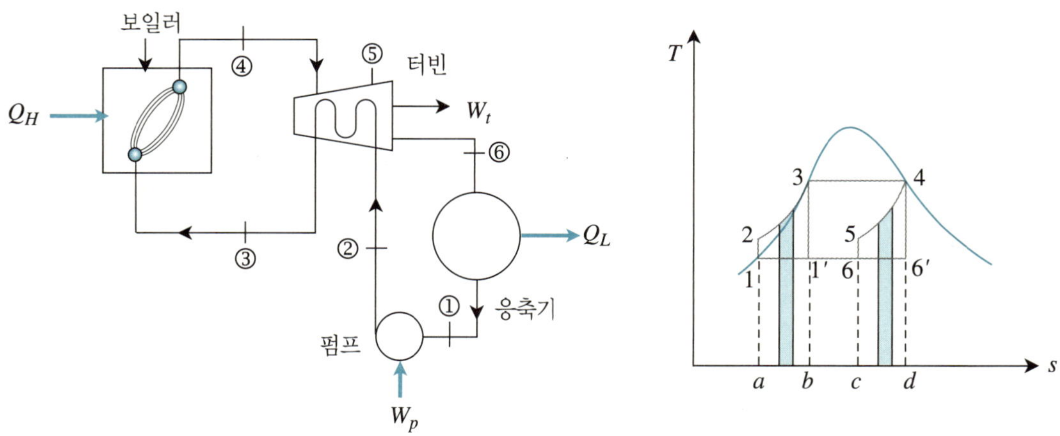

그림 6-3 재생 사이클과 T-s 선도

터빈에서 펌프로의 열교환과정은 열교환면적이 충분히 크다고 가정하여 온도차가 거의 0에 근접하는 이상적인 경우를 고려해 보자. 그림 (6-3)의 *T-s* 선도에서 보일러에서 나온 습증기가 터빈을 통과하면서 방출된 열량을 나타내는 면적(4−5−c−d−4)는 펌프에서 나온 작동유체가 터빈에서 얻은 열량을 표시하는 면적(2−3−b−a−2)와 크기와 형태가 동일하게 된다. 이를 고려할 경우 재생 사이클의 열공급과정은 과정(3-4)에서 행해지고 열방출과정은 과정(6-1)에서 발생하며, T-s 선도에서 과정(2-3)과 과정(5-4)는 서로 평행하다고 볼 수 있으므로 이 사이클의 열효율은

$$\begin{aligned} q_{RE} = 1 - \frac{\text{방출된 열량}}{\text{공급된 열량}} &= 1 - \frac{\text{면적}(1-6-c-a-1)}{\text{면적}(3-4-d-b-3)} \\ &= 1 - \frac{\text{면적}(1'-6'-d-b-1')}{\text{면적}(3-4-d-b-3)} \qquad (6\text{-}9) \\ &= 1 - \frac{T_1}{T_3} \end{aligned}$$

으로 표시된다. 한편 이 열효율은 고온열원의 온도 T_3, 저온열원의 온도 T_1 사이에서 작동되는 Carnot 사이클의 열효율과 동일하다.

6-2 기체 사이클

증기원동소에 적용되는 증기동력 사이클에서는 작동유체의 상변화가 있으나 내연기관의 해석에는 단일상(單一相)만을 취급하는데 이를 기체 사이클이라고 한다. 기체 사이클은 먼저 작동유체를 이상기체로 가정한 공기표준 사이클(air standard cycle)로 정성적인 해석을 하고, 이후 실제적인 여러 요인을 고려하여 실제 엔진에 접근하는 방법을 활용하는 것이 효과적이다. 실제로 연소가 일어나기 전의 작동유체는 연료와 공기의 혼합물이고 이것이 연소 후에는 최초상태와 완전히 다른 연소가스가 발생되므로 이상기체로 가정하는 것은 타당하지 않을 수 있다. 그러나 사이클 동안 작동유체를 이상기체로 가정하여 해석하는 이유는 열역학적인 사이클 분석을 통해 열기관의 정성적인 특성을 파악하는 것이 중요하기 때문이다. 공기표준 사이클은 다음과 같은 가정 하에서 이론적인 해석을 한다.

(1) 작동유체는 이상기체(ideal gas)로 가정한 공기로서, 비열(specific heat)이 항상 일정하고 전 사이클을 통해 가역적으로 작동하며 공기량은 일정하다.
(2) 실제의 엔진에서 존재하는 흡·배기과정이 없으며 흡·배기선은 대기압과 일치한다.
(3) 압축 및 팽창 과정은 가역단열과정(reversible adiabatic process)이다.
(4) 연소과정은 연료 발열량만큼의 열량이 외부 고온열원으로부터 공급되는 열전달과정으로, 배기 및 흡기과정은 작동유체가 외부 저온열원으로 열량을 방출하고 처음 상태로 되돌아가는 과정으로 대치된다.
(5) 열해리 및 열손실 현상 등은 무시한다.

공기표준 사이클은 위와 같은 가정 하에서 작동되므로 실제의 사이클에서는 불가능한 고효율을 갖게 되며, 최고압력, 최고온도 등도 실제의 사이클보다 훨씬 높은 값이 얻어진다. 공기표준 사이클은 열효율, 압력, 온도 등에 대한 여러 인자의 영향을 정성적으로 예측하는데 유리하므로 많이 활용되고 있다.

6-2-1 정적 사이클

정적 사이클(constant volume cycle)은 왕복형 내연기관 중에서 전기점화엔진(spark-ignition engine)의 기본이 되는 이상적인 사이클로서 Otto 사이클(Otto cycle)이라고도 한다. 정적 사이클은 체적이 일정한 상태에서 연소가 일어난다. 그림 (6-4)에 정적 사이클의 P-V 선도와 T-S 선도가 표시되어 있는데 다음과 같이 4개의 과정으로 구성되어 있다.

과정 1-2 : 체적이 V_1에서 V_2로 등엔트로피 과정으로 압축
과정 2-3 : 체적이 일정한 상태에서 외부로부터 기체로 열량 Q_A 공급
과정 3-4 : 체적이 V_2에서 V_1으로 등엔트로피 과정으로 팽창
과정 4-1 : 체적이 일정한 상태에서 기체로부터 외부로 열량 Q_B 방출

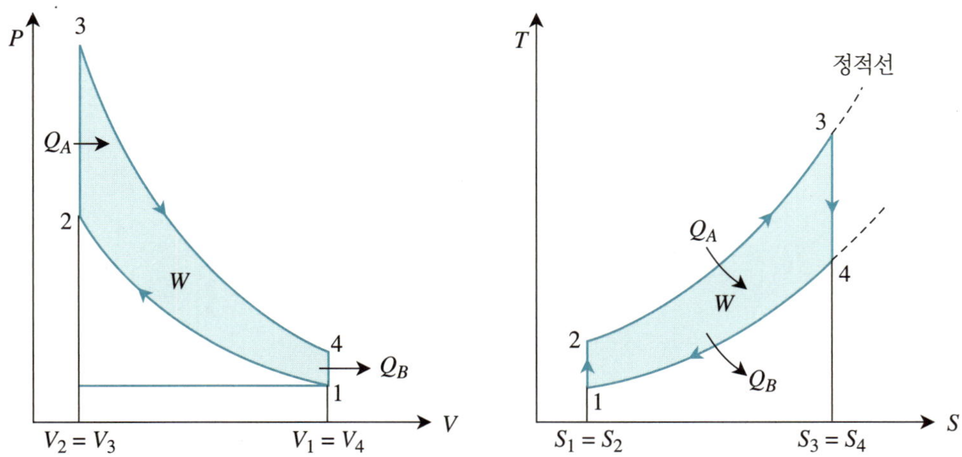

그림 6-4 정적 사이클 선도

기체사이클에서 열역학적인 변수는 다음의 의미로 사용된다.

C_p, C_v : 공기의 정압비열과 정적비열

$k = \dfrac{C_P}{C_v}$: 비열비(specific heat ratio)

m : 작동유체(공기)의 질량

$V_2 = V_3$: 연소실 체적(combustion chamber volume, V_c)

$V_1 = V_4$: 실린더 체적(cylinder volume)

$\varepsilon = \dfrac{V_1}{V_2} = \dfrac{V_4}{V_3}$: 압축비(compression ratio)

$Q_A = mC_v(T_3 - T_2)$: 정적 열공급

$Q_B = mC_v(T_4 - T_1)$: 정적 열방출

위의 정적 사이클의 이론열효율(theoretical thermal efficiency) 즉, 공급열량대비 유효한 일의 비인 η_{th}는 다음과 같이 표시된다.

$$\eta_{th} = \frac{Q_A - Q_B}{Q_A} = 1 - \frac{Q_B}{Q_A} = 1 - \frac{T_4 - T_1}{T_3 - T_2} = 1 - \left(\frac{T_1}{T_2}\right)\left(\frac{(T_4/T_1 - 1)}{(T_3/T_2 - 1)}\right) \quad (6\text{-}10)$$

한편 과정(1-2)와 과정(3-4)는 가역단열 과정 즉, 등엔트로피 과정이므로

$$\frac{T_2}{T_1} = \left(\frac{V_1}{V_2}\right)^{k-1} = \varepsilon^{k-1}, \ \frac{T_3}{T_4} = \left(\frac{V_4}{V_3}\right)^{k-1} = \varepsilon^{k-1} \quad (6\text{-}11)$$

이고 $V_1 = V_4$, $V_2 = V_3$이므로

$$\frac{T_2}{T_1} = \frac{T_3}{T_4} \text{ 또는 } \frac{T_3}{T_2} = \frac{T_4}{T_1} \quad (6\text{-}12)$$

이다. 식 (6-12)를 식 (6-11)에 대입하면 열효율은 다음과 같이 정리된다.

$$\eta_{\mathrm{th}} = 1 - \frac{T_1}{T_2} = 1 - \frac{1}{(V_1/V_2)^{k-1}} = 1 - \frac{1}{\varepsilon^{k-1}} \quad (6\text{-}13)$$

식 (6-13)에 따르면 가솔린엔진의 이상적인 사이클인 정적 사이클의 이론열효율은 오직 압축비(ε)와 비열비(k)에만 의존하며 이들이 증가하면 이론열효율은 증가한다. 그림 (6-5)는 정적 사이클의 압축비와 비열비에 대한 열효율의 변화를 나타내고 있다.

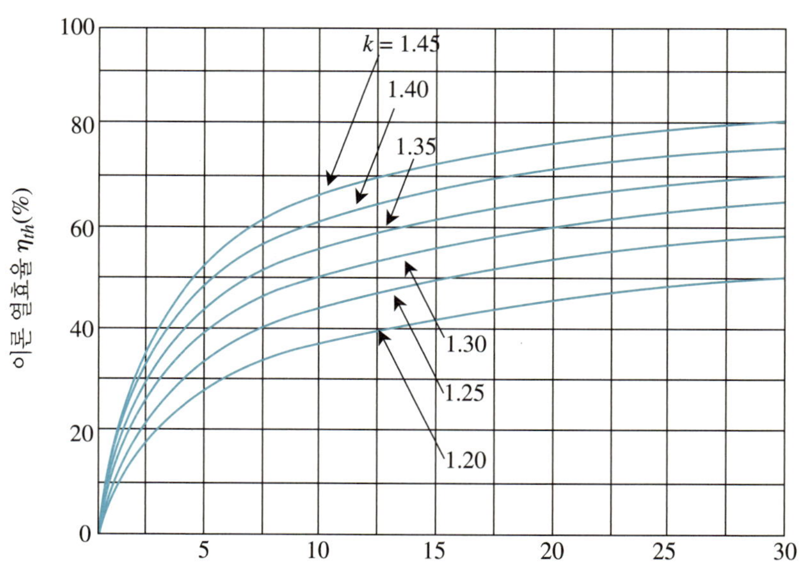

그림 6-5 정적 사이클의 이론열효율

실제로 압축비는 연료의 노킹 특성과 재질의 문제 등으로 인하여 일정 이상의 값을 갖기 힘들며 압축비가 커질수록 열효율의 상승률은 점차로 완만해진다.

예제 6-2 공기를 작동유체로 하는 Otto 사이클에서 압축이 시작되기 전의 온도는 20℃, 압력은 0.1 MPa이다. Otto 사이클에 공급되는 열량이 10 kJ이고 압축비 9.5라고 할 경우 다음 물음에 답하여라.

(1) Otto 사이클의 열효율을 구하여라.

(2) 공기를 압축한 후의 온도를 구하여라.

(3) 한 사이클당 발생하는 일을 구하여라.

【풀이】 (1) Otto 사이클의 열효율은 압축비와 비열비만의 함수로

$$\eta_{th} = 1 - \frac{1}{\varepsilon^{k-1}} = 1 - \frac{1}{9.5^{1.4-1.0}} = 0.594(= 59.4\%)$$

이다.

(2) Otto 사이클의 압축과정은 가역단열압축과정이므로

$$\frac{T_2}{T_1} = \left(\frac{V_1}{V_2}\right)^{k-1} = 9.5^{1.4-1}$$

$$\therefore T_2 = (293.15)(9.5^{0.4}) = 721.4\ \text{K}(448.3℃)$$

(3) Otto 사이클의 열효율을 일과 열의 관점에서 표시하면

$$\eta_{th} = \frac{W}{Q_H} = \frac{W}{10} = 0.594$$

이므로 한 사이클에서 발생되는 일은 $W = 5.9$ kJ이다. ■

6-2-2 정압 사이클

정압 사이클(constant pressure cycle)은 압축착화엔진(compression-ignition engine)의 이상적인 사이클로서 Diesel 사이클(Diesel cycle)이라고도 한다. Diesel (Rudolf Diesel)은 처음에 등온연소를 하는 내연기관의 제작을 시도하였으나 실제

로 만들어진 엔진은 정압연소를 하는 것이 되었으며 이것이 정압 사이클 혹은 Diesel 사이클이라 불리는 이유이다. 그러나 현재와 같이 고속엔진에서는 정압연소는 극히 어려우며 과거 저속 Diesel엔진에 대한 이상적인 공기 사이클로 접근되고 있다. 정압 사이클의 연소는 정압과정에서 발생하며 나머지는 정적 사이클과 동일하게 작동되는데 그림 (6-6)는 정압 사이클의 *P-V* 선도와 *T-S* 선도를 나타낸다.

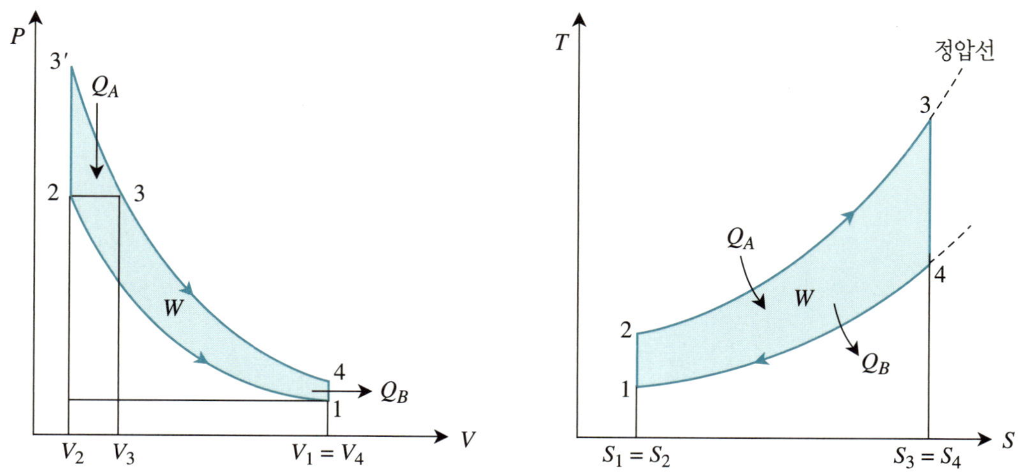

그림 6-6 정압 사이클 선도

정적 사이클과 같은 순서로 정압 사이클의 열효율을 구해보기로 하자. 정압과정에서 연료가 분사되는 기간을 체적으로 표시하면

$$\beta = \frac{V_3}{V_2} \tag{6-14}$$

로 표시되는데. 이를 정압팽창비(constant pressure expansion ratio) 또는 차단비(cut-off ratio)라고 한다. 한편 정압 사이클의 열효율을 구해보면

$$\begin{aligned}\eta_{\text{th}} &= \frac{W_{net}}{Q_A} = 1 - \frac{Q_B}{Q_A} = 1 - \frac{mC_v(T_4 - T_1)}{mC_p(T_3 - T_2)} \\ &= 1 - \frac{T_1(T_4/T_1 - 1)}{kT_2(T_3/T_2 - 1)}\end{aligned} \tag{6-15}$$

으로 표시되는데, 과정(1-2)는 등엔트로피 과정, 과정(2-3)은 정압과정, 과정(3-4)는 등엔트로피 과정이므로 다음의 관계식이 성립한다.

$$
\begin{aligned}
\frac{T_2}{T_1} &= \left(\frac{V_1}{V_2}\right)^{k-1} = \varepsilon^{k-1} \\
\frac{T_3}{T_2} &= \frac{V_3}{V_2} = \beta \\
\frac{T_4}{T_3} &= \left(\frac{V_3}{V_4}\right)^{k-1} \\
\frac{T_4}{T_1} &= \frac{T_4}{T_3}\frac{T_3}{T_2}\frac{T_2}{T_1} = \left(\frac{V_3}{V_2}\frac{V_2}{V_4}\right)^{k-1}\beta\varepsilon^{k-1} = \beta^k
\end{aligned}
\tag{6-16}
$$

식 (6-16)을 열효율에 대한 식 (6-15)에 대입하여 정리하면 정압 사이클의 이론열효율은

$$
\eta_{\text{th}} = 1 - \frac{1}{\varepsilon^{k-1}}\frac{(\beta^k - 1)}{k(\beta - 1)} \tag{6-17}
$$

으로 표시된다. 일반적으로 $\beta > 1$이므로 정압 사이클의 이론열효율은 압축비가 클수록 증가하고 또한 차단비가 증가할수록 감소된다는 것을 알 수 있다. 정적 사이클과 열효율을 비교하면 동일한 압축비에 대하여 정압 사이클의 열효율이 떨어지나 실제 정압 사이클에서는 정적 사이클보다 더 높은 압축비를 사용하므로 큰 문제가 되지 않는다.

예제 6-3 공기가 작동유체인 Diesel 사이클에서 압축 전의 흡입공기의 온도가 20℃, 압력이 0.1 MPa이고 압축 후의 압력이 5 MPa이다. 정압 열공급이 진행되는 동안 정압팽창비는 2.5이다. 이 Diesel 사이클의 열효율을 구하여라.

【풀이】 Diesel 사이클의 열효율은

$$
\eta_{th} = 1 - \frac{1}{\varepsilon^{k-1}}\frac{(\beta^k - 1)}{k(\beta - 1)}
$$

으로 표시되므로 압축비를 구하여야 한다. 압축과정은 가역단열과정이므로

$$\frac{P_2}{P_1} = \frac{5}{0.1} = \left(\frac{V_1}{V_2}\right)^k = \varepsilon^{1.4} \qquad \therefore \varepsilon = 16.4$$

따라서 Diesel 사이클의 열효율은

$$\eta_{th} = 1 - \frac{1}{\varepsilon^{k-1}}\frac{(\beta^k - 1)}{k(\beta - 1)} = 1 - \frac{1}{16.4^{0.4}}\frac{(2.5^{1.4} - 1)}{1.4(2.5 - 1)}$$

$$= 0.594(5\ 59.4\%)$$

■

6-2-3 복합 사이클

복합 사이클(dual cycle 또는 combined cycle))은 고속 Diesel엔진의 이상적인 사이클이나 현재의 내연기관의 사이클은 엄밀하게 말하면 모두 이 사이클에 속한다. 고속 Diesel엔진은 피스톤의 속도가 빠르므로 충분한 연소기간을 설정해주기 위해 연료분사를 압축행정 말 즉, 피스톤이 상사점 근방에 있을 때 연료의 일부를

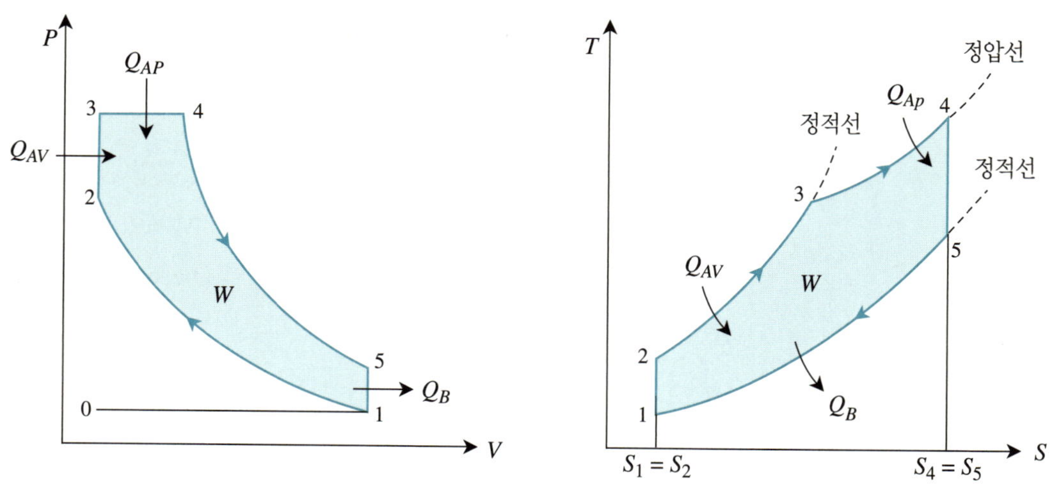

그림 6-7 복합 사이클 선도

분사시켜 정적연소를 시키고, 피스톤이 상사점을 지난 후에 일부의 연료를 분사하여 정압연소를 시킨다. 따라서 연소과정에서 정적연소와 정압연소가 복합적으로 발생하므로 복합 사이클 또는 Sabathe 사이클(Sabathe cycle)이라고 한다. 그림 (6-7)은 복합 사이클의 *P-V* 선도와 *T-S* 선도를 나타낸다.

정적 사이클과 정압 사이클을 참고로 하면 복합 사이클에서의 열효율이 유도될 수 있다. 먼저 정적과정과 정압과정에서의 열공급과 정적과정에서의 방출열량은

$$Q_A = Q_{AV} + Q_{AP} = mC_v(T_3 - T_2) + mC_p(T_4 - T_3) \qquad (6\text{-}18)$$

$$Q_B = mC_v(T_5 - T_1)$$

으로 표시된다. 한편 압축비 $\varepsilon = \frac{V_1}{V_2}$, 차단비 $\beta = \frac{V_4}{V_3}$라고 하고, 새로운 인자로서 정적과정에서의 폭발비(explosion ratio) α를 다음과 같이 정의한다.

$$\alpha = \frac{P_3}{\quad} \qquad (6\text{-}19)$$

이 때 차단비와 폭발비는 항상 1 보다 큰 값을 갖는다. 복합 사이클의 이론열효율은

$$\begin{aligned}\eta_{\text{th}} &= 1 - \frac{W_{net}}{Q_A} = 1 - \frac{Q_B}{Q_A} = 1 - \frac{mC_v(T_5 - T_1)}{mC_v(T_3 - T_2) + mC_p(T_4 - T_3)} \\ &= 1 - \frac{T_1(T_5/T_1 - 1)}{T_2[(T_3/T_2 - 1) + k(T_4/T_2 - T_3/T_2)]}\end{aligned} \qquad (6\text{-}20)$$

으로 표시된다. 과정(1-2)는 등엔트로피 과정, 과정(2-3)은 정적과정, 과정(3-4)는 정압과정, 과정(4-5)는 등엔트로피 과정, 과정(5-1)은 정적과정이므로 다음의 식이 성립한다.

$$\frac{T_2}{T_1} = \left(\frac{V_1}{V_2}\right)^{k-1} = \varepsilon^{k-1}$$

$$\frac{T_3}{T_2} = \frac{P_3}{P_2} = \alpha \qquad (6\text{-}21)$$

$$\frac{T_4}{T_2} = \frac{T_4}{T_3}\frac{T_3}{T_2} = \beta\alpha$$

$$\frac{T_4}{T_3} = \beta$$

$$\frac{T_5}{T_1} = \frac{T_5}{T_4}\frac{T_4}{T_3}\frac{T_3}{T_2}\frac{T_2}{T_1} = \left(\frac{V_4}{V_5}\right)^{k-1}\beta\alpha\varepsilon^{k-1}$$

$$= \left(\frac{V_4}{V_2}\frac{V_2}{V_1}\right)^{k-1}\beta\alpha\varepsilon^{k-1}$$

$$= \left(\beta\frac{1}{\varepsilon}\right)^{k-1}\beta\alpha\varepsilon^{k-1}$$

$$= \alpha\beta^k$$

식 (6-21)을 식 (6-20)에 대입하여 정리하면 복합 사이클의 열효율은 다음과 같이 표시된다.

$$\eta_{th} = 1 - \frac{1}{\varepsilon^{k-1}}\frac{\alpha\beta^k - 1}{(\alpha-1) + k\alpha(\beta-1)} \tag{6-22}$$

식 (6-22)를 살펴보면, 복합 사이클의 열효율은 압축비(ε), 폭발비(α), 차단비(β)의 함수로 표시되며, 압축비와 폭발비가 클수록 그리고 차단비가 감소할수록 열효율이 향상된다는 것을 알 수 있다.

예제 6-4 공기가 작동유체인 복합 사이클의 최저온도와 최저압력이 300 K, 0.1 MPa, 최고온도와 최고압력이 2,500 K와 5 MPa이다. 압축비가 10이라고 할 경우 다음 문제에 답하여라.

(1) 압축 후의 압력과 온도

(2) 폭발비와 정압팽창비

(3) 열효율

(4) 공급열량

【풀이】 (1) 과정(1-2)는 등엔트로피 과정이므로

$$\frac{P_2}{P_1} = \left(\frac{V_1}{V_2}\right)^k \qquad \therefore P_2 = (0.1)(10^{1.4}) = 2.51 \text{ MPa}$$

$$\frac{T_2}{T_1} = \left(\frac{V_1}{V_2}\right)^{k-1} \qquad \therefore T_2 = (300)(10^{0.4}) = 753.6\ \text{K}$$

(2) 폭발비 $\alpha = \frac{P_3}{P_2} = \frac{5.0}{2.51} = 1.99$

정압팽창비 $\beta = \frac{V_4}{V_3} = \frac{T_4}{T_3}$이고 $T_4 = 2{,}500$ K이므로 T_3를 구하면 된다. 과정(2-3)은 정적과정이므로

$$\frac{T_2}{P_2} = \frac{T_3}{P_3} \qquad \therefore T_3 = (T_2)\left(\frac{P_3}{P_2}\right) = (753.6)(1.99) = 1{,}500.0\ \text{K}$$

$\therefore$ 정압팽창비 $\beta = \frac{T_4}{T_3} = \frac{2{,}500}{1{,}500} = 1.67$

(3) 복합 사이클의 열효율은

$$\eta_{th} = 1 - \frac{1}{\varepsilon^{k-1}} \frac{\alpha\beta^k - 1}{(\alpha-1) + k\alpha(\beta-1)}$$

$$= 1 - \frac{1}{10^{0.4}} \frac{(1.99)(1.67^{1.4}) - 1}{(1.99 - 1) + (1.4)(1.99)(1.67 - 1)}$$

$$= 0.571 (= 57.1\%)$$

■

6-2-4 Stirling 사이클과 Ericsson 사이클

Stirling 사이클은 다음의 그림 (6-8)에서와 같이 2개의 등온과정과 2개의 정적과정으로 구성된다. 열의 공급은 정적과정(2-3)과 등온팽창과정(3-4)에서 이루어지며 정적과정(4-1)과 등온압축과정(1-2)에서 열이 방출된다.

그림 (6-8)의 T-S 선도를 살펴보자. 동일한 고온열원과 저온열원 사이에서 정적과정(4-1)에서 방출되는 Q_{41}의 열량으로 정적과정(2-3)에 필요한 열량 Q_{12}를 열교환기를 통해 공급하는 것이 성립될 경우, 외부에서의 열공급은 등온과정(3-4)에서 이루어지고 열방출은 등온과정(1-2)에서 일어난다고 볼 수 있다. 결국 이 사이클

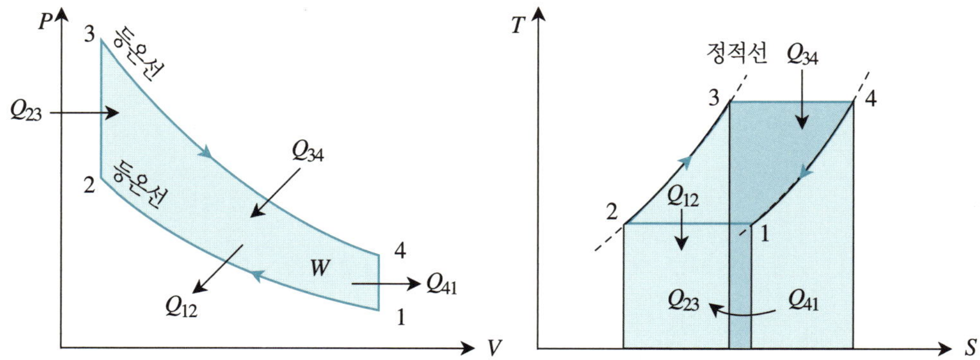

그림 6-8 Stirling 사이클 선도

은 Carnot 사이클과 같은 원리로 작동되므로 고효율을 구현할 수 있다. Stirling 사이클은 고온열원($T_3 = T_4$)에서 열량 Q_{34}를 공급받아 저온열원($T_1 = T_2$)으로 Q_{12}의 열량을 방출하면서 다음의 식과 같이 Carnot 사이클의 열효율을 갖게 된다.

$$\eta_{th} = \frac{Q_{34} - Q_{12}}{Q_{34}} = 1 - \frac{Q_{12}}{Q_{34}} = 1 - \frac{T_1}{T_3} \tag{6-23}$$

이와 같이 방출되는 열량으로 작동유체를 가열하는 것을 재생(regeneration)이라고 한다. Rankine 사이클에서 이상적인 재생기가 있다면 Stirling 사이클에 접근하게 된다.

한편 Stirling 사이클에서 정적과정의 열전달이 정압과정으로 대치된 열기관이 Ericsson 사이클인데 나머지 과정은 Stirling 사이클과 동일하게 구성된다. Ericsson 사이클도 Stirling 사이클과 유사하게 정압과정에서 방출된 열량 Q_{41}으로 정압과정으로 열량 Q_{23}를 가하여 작동유체를 가열한다. 두 사이클 모두 등온압축과정과 등온팽창과정으로 이루어지므로 Carnot 사이클의 열효율과 같은 최대 효율을 갖게 된다. 그림 (6-9)는 Ericsson 사이클의 선도를 표시하고 있다.

Stirling 사이클과 Ericsson 사이클은 실제 등온과정에서의 열전달을 실현하기가 쉽지 않고, 열교환기에서 항상 유한한 온도차에 의한 열전달과 압력손실이 발생하는 문제점 등으로 실용화가 지연되고 있다.

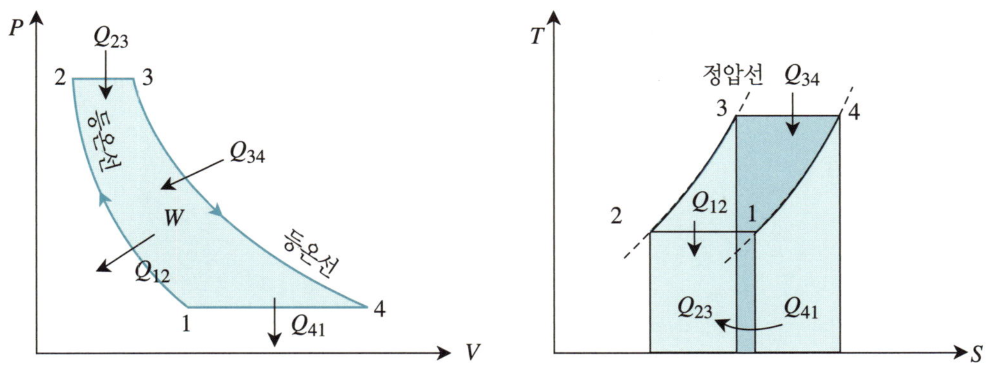

그림 6-9 Ericsson 사이클 선도

6-2-5 Brayton 사이클

회전형 엔진인 가스터빈은 항공기의 동력원으로서 뿐만 아니라 발전과 선박 및 제철소에서 널리 활용되고 있다. 공기표준 Brayton 사이클(Brayton cycle)은 가스터빈에 대한 이상적인 사이클로서 Joule 사이클(Joule cycle)이라고도 한다. Brayton 사이클은 그림 (6-10)과 같이 2개의 정압과정과 2개의 가역단열과정으로 구성되어 있다. Brayton 사이클은 밀폐시스템으로 다음의 과정들로 이루어진다.

과정 1-2 : 압축기에서의 압력 P_1에서 P_2로 등엔트로피 압축
과정 2-3 : 일정한 압력 P_2 하에서 고온열원으로부터 작동유체로 열전달 Q_A
과정 3-4 : 터빈에서 압력 P_2에서 P_1으로 등엔트로피 팽창
과정 4-1 : 일정한 압력 P_1 하에서 작동유체에서 저온열원으로 열전달 Q_B

실제적으로 가스터빈 사이클은 그림 (6-10)에서와 같이 공기가 압축기로 유입되어 압축된 후 연소기로 보내지면, 분사된 연료와 함께 연소되어 고온·고압의 연소가스가 생성되고 이후 터빈에서 팽창하면서 일을 한다. 이후 연소가스는 대기 중으로 방출되면서 사이클을 완성하게 된다.

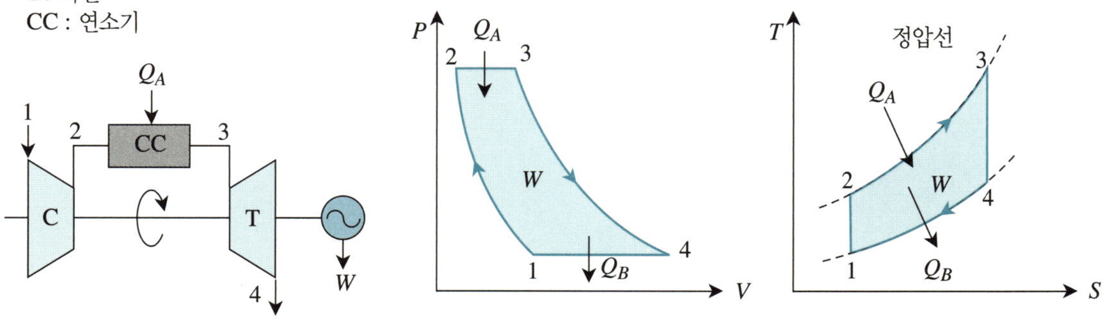

그림 6-10 Brayton 사이클 선도

가스터빈의 이상적인 공기표준 사이클인 Brayton 사이클의 이론열효율은 다음의 식으로 표시된다.

$$\eta_{th} = \frac{W_{net}}{Q_A} = 1 - \frac{Q_B}{Q_A} = 1 - \frac{mC_p(T_4 - T_1)}{mC_p(T_3 - T_2)} \tag{6-24}$$

$$= 1 - \frac{T_1(T_4/T_1 - 1)}{T_2(T_3/T_2 - 1)}$$

한편 $P_1 = P_4$, $P_2 = P_3$이고 과정(1-2)와 과정(3-4)는 가역단열과정이므로

$$\frac{T_2}{T_1} = \left(\frac{P_2}{P_1}\right)^{\frac{k-1}{k}}, \frac{T_3}{T_4} = \left(\frac{P_3}{P_4}\right)^{\frac{k-1}{k}} \longrightarrow \frac{T_2}{T_1} = \frac{T_3}{T_4} \longrightarrow \frac{T_4}{T_1} = \frac{T_3}{T_2} \tag{6-25}$$

의 관계식이 성립한다. 식 (6-25)를 식 (6-24)에 대입하면 다음과 같이 정리된다.

$$\eta_{th} = 1 - \frac{T_1}{T_2} = 1 - \frac{1}{\alpha^{(k-1)/k}} \tag{6-26}$$

식 (6-26)에서 α는 등엔트로피 압력비로서 다음과 같이 정의된다.

$$\alpha = \frac{P_2}{P_1} = \frac{P_3}{P_4} \tag{6-27}$$

Brayton 사이클의 이론적인 열효율은 등엔트로피 압력비 $\boldsymbol{\alpha}$만의 함수로서 등엔트로피 압력비가 커질수록 열효율은 증가하는데, 이 경향을 다음의 그림 (6-11)에 도시하였다.

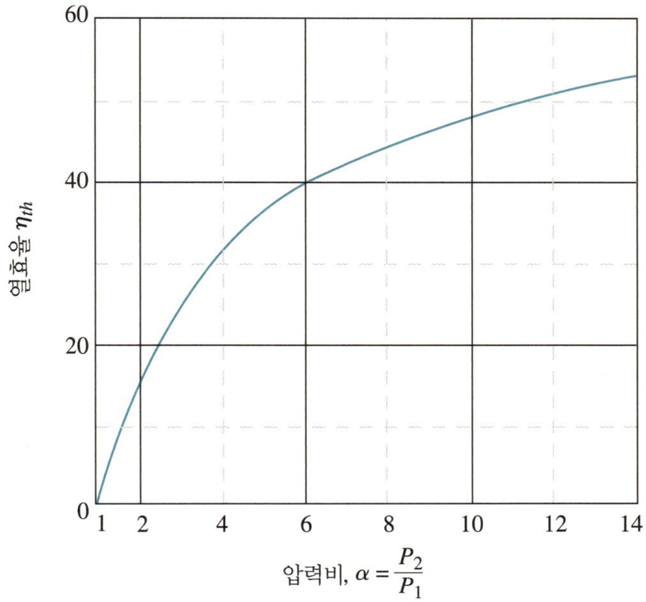

그림 6-11 압력비와 열효율

예제 6-5 Brayton 사이클에서 공기가 압축기에 0.1 MPa, 300 K 상태로 들어간다. 압축기에서 공기는 0.5 MPa로 압축되고 사이클에서의 최고온도는 1,100 K이다. 다음 물음에 답하여라.

(1) 사이클 각 상태에서의 온도와 압력

(2) 공기단위 질량당 압축기와 터빈에서의 일

(3) 공기단위 질량당 공급열량

(4) 사이클 효율

【풀이】 (1) 그림 (6-10)에서 $P_1 = 0.1$ MPa, $T_1 = 300$ K, $P_2 = 0.5$ MPa이다. 과정(1-2)는 등엔트로피 과정이므로

$$T_2 = (T_1)\left(\frac{P_2}{P_1}\right)^{\frac{k-1}{k}} = (300)\left(\frac{0.5}{0.1}\right)^{\frac{0.4}{1.4}} = 475.1 \text{ K}$$

과정(2-3)은 정압과정이므로 $P_2 = P_3 = 0.5$ MPa, $T_3 = 1{,}100$ K이다.

한편 $P_4 = P_1 = 0.1$ MPa이고 과정(3-4)는 등엔트로피 과정이므로

$$T_4 = (T_3)\left(\frac{P_4}{P_3}\right)^{\frac{k-1}{k}} = (1,100)\left(\frac{0.1}{0.5}\right)^{\frac{0.4}{1.4}} = 694.5 \text{ K}$$

(2) 압축기에서의 일과 터빈에서의 일은

$$\omega_C = h_2 - h_1 = C_p(T_2 - T_1)$$
$$= (1.0035)(475.1 - 300) = 175.7 \text{ kJ/kg}$$

$$\omega_T = h_3 - h_4 = C_p(T_3 - T_4)$$
$$= (1.0035)(1,100 - 694.5) = 406.9 \text{ kJ/kg}$$

(3) 고온열원에서의 공급열량은

$$q_H = C_p(T_3 - T_2) = (1.0035)(1,100 - 475.1) = 627.1 \text{ kJ/kg}$$

(4) Brayton 사이클의 열효율은

$$\eta_{th} = 1 - \frac{T_2}{T_1} = 1 - \frac{300}{475.1} = 0.369(= 36.9\%)$$

이 열효율은

$$\eta_{th} = \frac{\omega_{net}}{q_H} = \frac{\omega_T - \omega_C}{q_H} = \frac{406.9 - 175.7}{627.1} = 0.369$$

의 식으로 구해도 당연하지만 동일한 열효율을 갖는다. ■

6-3 냉동 사이클

6-3-1 냉동 사이클의 개요

냉동(refrigeration)이란 시스템인 물체나 주변 공간에서 열을 빼앗아 주위보다 낮은 온도로 만드는 행위를 말한다. 일반적으로 온도가 높은 곳에서 낮은 곳으로 열이 자연스럽게 흘러가면서 일을 하는 기계장치가 열기관이다. 냉동기(refrigerator)

와 열펌프(heat pump)는 열과 일의 흐름이 열기관과 반대 방향으로 일어나는데, 저온열원에서 열을 흡수하는데 주안점을 두면 냉동기, 고온열원으로 열을 방출하는 것을 이용하면 열펌프라고 한다. 그러나 이런 동작은 자연스럽게 일어나지 않고 외부에서 냉동기에 일을 가해야만 가능하다.

Carnot 사이클은 열기관에서 가장 효율이 좋은 열역학적 사이클이며 이를 역으로 작동시키면 역Carnot 사이클이 되며, 이는 어떤 냉동 사이클보다도 성능이 우수한 이상적인 냉동 사이클이 된다. 그러나 모든 과정이 가역과정인 역Carnot 사이클은 실제로 구현하기가 어렵기 때문에 실제로는 증기압축 냉동 사이클이 표준냉동 사이클로 간주되고 있다.

6-3-2 증기압축 냉동 사이클

저온열원에서 고온열원으로 열을 운반하는 동작유체를 냉동에서는 냉매(refrigerant)라고 하는데, 실제로 암모니아, 이산화탄소, 프레온계의 냉매 등이 널리 사용되고 있다. 그림 (6-12)는 실제 증기압축 냉동 사이클을 구성하는 열역학적 주요 부품들을 나타내고 있다.

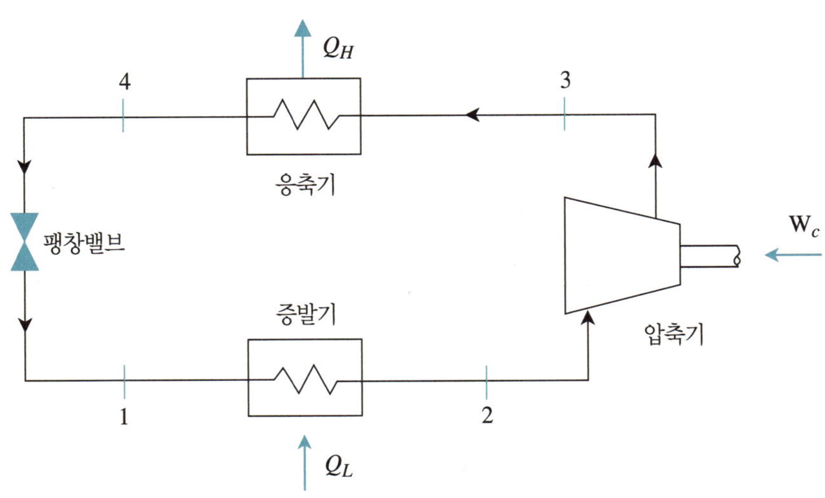

그림 6-12 증기압축 냉동 사이클의 구성

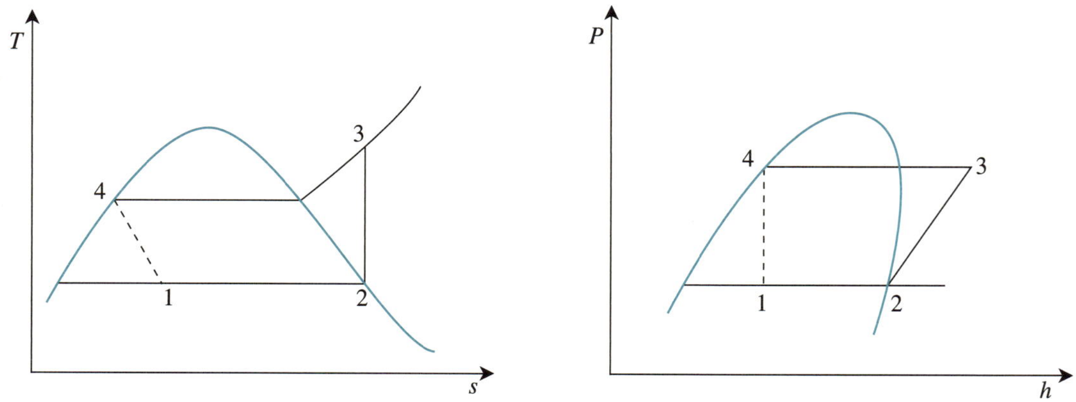

그림 6-13 증기압축 냉동 사이클 선도

일반적으로 표준냉동 사이클의 증발기와 응축기는 정압과정으로 작동되고 팽창밸브에서 등엔탈피팽창을 하므로 P-h 선도가 유용하게 사용되고 있다. 증기압축 냉동 사이클은 다음과 같은 과정으로 작동되며 이는 그림 (6-13)에 도시되어 있다.

과정 1–2 : 냉매가 액체에서 기체로 증발하면서 저온열원으로부터 열을 흡수하는 정압과정

과정 2–3 : 증발된 증기가 가역단열과정으로 압축되는 과정

과정 3–4 : 냉매가 기체에서 액체로 변화면서 냉매로부터 고온열원으로 열이 방출되는 정압과정

과정 4–1 : 액화된 냉매가 팽창밸브(expansion valve) 또는 모세관을 지나면서 교축팽창하여 온도와 압력이 감소하는 과정

여기에서 과정(4-1)은 교축과정으로 엔트로피가 생성되는 비가역과정이므로 표준냉동 사이클은 가역과정으로만 구성된 이상적인 사이클이 될 수 없다.

정상유동과정에서 개방시스템에 대한 열역학 제 1 법칙을 적용하면, 각 장치에 출입하는 일과 열은 다음과 같이 표시된다.

증발기(정압과정 1-2) :	$q_L = h_2 - h_1$	(6-28a)
압축기(가역단열과정 2-3) :	$\omega_c = h_3 - h_2,\ s_2 = s_3$	(6-28b)
응축기(정압과정 3-4) :	$q_H = h_3 - h_4$	(6-28c)
팽창밸브(등엔탈피과정 4-1) :	$h_4 = h_1$	(6-28d)

냉동기의 효율의 척도는 이전 장에서 다루었듯이 성능계수(ε 혹은 COP : coefficient of performance)가 널리 사용되고 있다. 냉동기(refrigerator)의 성능계수는

$$\varepsilon_r = \frac{q_L}{\omega_c} = \frac{h_2 - h_1}{h_3 - h_2} \tag{6-29}$$

으로 표시되며 열펌프의 성능계수는

$$\varepsilon_h = \frac{q_H}{\omega_c} = \frac{h_3 - h_4}{h_3 - h_2} \tag{6-30}$$

으로 표시된다. 한편 식 (6-29)과 (6-30) 사이에는 다음과 같은 관계식이 성립한다.

$$\varepsilon_h = \frac{q_H}{\omega_c} = \frac{\omega_c + q_L}{\omega_c} = 1 + \varepsilon_r \tag{6-31}$$

증발기 출구의 상태를 정확하게 포화증기 상태로 맞추기 어려운데, 실제로는 약간 과열증기 상태로 압축기에 들어가게 된다. 한편 습증기 상태로 압축기에 들어가면 액적이 압축기를 손상시키므로 피해야 한다.

증기 압축식 냉동 사이클과 마찬가지로 흡수식 냉동 사이클도 기본적으로는 유사한 사이클로 구성되어 있다. 증기압축식 냉동 사이클은 증발기에서 나오는 저온·저압의 냉매 증기를 압축기의 작동에 의해 고온·고압의 증기로 변환시키지만, 흡수식 냉동 사이클은 발생기, 흡수기, 펌프 등을 통한 가열로 행하게 된다. 흡수식 냉동기는 압축기가 필요하지 않으므로 소음이 없고 냉동 시스템을 대형화할 수 있는 장점이 있다.

예제 6-6 R-12 냉매를 사용하여 그림 (6-13)과 동일한 냉동 사이클로 작동하는 증기압축 냉동기가 있다. 이 냉동기의 응축기 온도가 40℃, 증발기 온도가 −20℃에서 작동되는 경우 다음 물음에 답하여라.

(1) 증발기에서 흡수하는 열량

(2) 압축기 소요 일량

(3) 냉동기의 성능계수

(4) 동일한 온도에서 작동되는 역 Carnot 냉동 사이클의 성능계수

【풀이】 각 지점에서의 엔탈피를 구하면 $h_1 = h_4 = 74.527$ kJ/kg, $h_2 = 183.058$이고, 압축기에서의 과정은 등엔트로피 과정이므로 $s_2 = s_3 = 0.7082$ kJ/kg·K이다. $P_2 = 0.9607$ MPa에서 보간법을 이용하면 압축기 출구의 온도와 엔탈피는 $T_3 = 50.62$℃, $h_3 = 211.261$ kJ/kg으로 계산된다.

(1) 증발기가 흡수하는 열량

$$q_L = h_2 - h_1 = 183.058 - 74.527 = 108.538 \text{ kJ/kg}$$

(2) 압축기 소요일량

$$\omega_C = h_3 - h_2 = 211.261 - 183.058 = 28.203 \text{ kJ/kg}$$

(3) 냉동기의 성능계수는

$$\varepsilon_r = \frac{q_L}{\omega_c} = \frac{108.538}{28.203} = 3.848$$

(4) 역Carnot 사이클의 성능계수는

$$\varepsilon_{rr} = \frac{T_L}{\qquad} = \frac{-20 + 273.15}{40 - (-20)} = 4.219$$

당연히 증기압축식 냉동 사이클의 성능계수보다 높다. ■

연습문제 EXERCISE

6-1 다음 Rankine 사이클에 대한 물음에 답하여라.

(1) Rankine 사이클을 구성하는 펌프, 보일러, 터빈, 응축기에서의 4개 과정에 대해 설명하고 T-s 선도를 그려 보아라.

(2) Rankine 사이클의 효율을 올리기 위한 방안에 대해 설명하여라.

6-2 Rankine 사이클에서 증기터빈의 입구 증기가 과열증기이고 터빈 출구의 증기는 습증기이다. 터빈에서 단열팽창을 할 때 터빈의 단열효율이 증가하면 습증기의 건도는 어떻게 되는가?

6-3 Rankine 사이클로 작동되는 증기터빈에서 터빈 입구의 온도와 압력이 350℃, 4 MPa이고, 응축기 입구에 압력은 5 kPa인 포화상태로 들어간다. 펌프에서의 일이 무시할 정도로 적을 경우 이 증기터빈의 이론열효율을 구하여라.

6-4 Rankine 사이클로 작동하는 증기원동소에서 터빈 입구의 온도와 압력은 500℃, 2 MPa이고 터빈 출구에서의 압력은 5 kPa이다. 정상유동에서의 증기 유량이 50 ton/h일 경우 다음 물음에 답하여라. 단 펌프에서의 일은 작아서 무시한다.

(1) 터빈에서의 일을 구하여라.

(2) 보일러에 공급된 열량을 계산하여라.

(3) 이 사이클의 열효율을 계산하여라.

(4) 위의 Rankine 사이클처럼 고온열원의 온도가 500℃, 저온열원의 온도가 5 kPa 포화온도인 Carnot 사이클의 열효율을 구하여라.

(5) 증기 유량이 50 ton/h라고 할 경우 터빈의 출력을 계산하여라.

6-5 펌프일이 무시된 Rankine 사이클에서 터빈 입구 과열증기의 온도와 압력이 각각 550℃, 8 MPa, 응축기의 압력이 4 kPa, 터빈의 출력이 75,000 kW인 석탄을 주원료로 하는 화력 발전소가 있다. 터빈과 보일러의 효율이 각각 80%, 90%라고 할 때 다음 물음에 답하여라. 단 석탄의 발열량은 18,800 kJ/kg이다.

(1) 터빈에서 수증기 단위질량당 일을 구하여라.

(2) 정상상태에서의 질량유량률($\dot{m}$)을 구하여라.

(3) 보일러에 공급되어야 하는 총열량을 구하여라.

(4) 이 사이클의 열효율을 구하여라.

(5) 이 화력발전소에서 필요로 하는 석탄의 양을 구하여라.

6-6 다음의 표는 Otto 사이클에서 이상기체로 가정한 3개의 작동유체의 종류와 압축비에 따라 열효율이 변화하는 것을 보여준다. 빈 공간을 계산하여 채워라.

구분	비열비(k)	$\varepsilon = 5$	$\varepsilon = 10$
탄산가스	1.289		
공기	1.400		
헬륨	1.667		

6-7 이상적인 공기표준 사이클인 Otto 사이클의 압축비가 10이고, 압축과정 초기의 온도와 압력은 20℃, 100 kPa이다. 연소과정 동안 공기에 전달되는 열량이 700 kJ/kg이라고 할 경우 다음 물음에 답하여라. 단 공기의 정적비열은 0.7165 kJ/kg · K이고 비열비는 1.40이다.

(1) Otto 사이클의 최고 온도를 구하여라.

(2) Otto 사이클의 열효율을 구하여라.

(3) 같은 온도 범위에서 작동되는 Carnot 사이클의 열효율을 구하여라.

6-8 저속 Diesel엔진의 이상적인 사이클인 정압 사이클은 공기만을 흡입하여 압축하므로 가솔린엔진에 비해 높은 압축비를 적용할 수 있다. 그러나 실제로는 설계상의 이유로 압축비는 15~25 정도로 억제된다. 주어진 압축비(ε)와 정압팽창비(β)에 대한 열효율의 변화를 알아보기 위하여 빈 공간에 적합한 정압 사이클의 열효율을 계산하여 채워라. 단 비열비 k는 1.40 이다.

압축비(ε)	정압팽창비(β)	이론열효율(η_{th})
15.0	1.5	
18.0	1.5	
21.0	1.5	
20.0	1.5	
20.0	2.0	
20.0	2.5	

6-9 공기표준 Diesel 사이클로 작동되는 Diesel 엔진의 압축비가 20이고 정압팽창비가 2이다. 이 Diesel엔진의 출력이 5,000 kW이고, 연료의 발열량은 43,000 kJ/kg이다. 단, 비열비는 1.40으로 한다. 다음 물음에 답하여라.

(1) Diesel엔진의 열효율을 구하여라.

(2) 이 Diesel엔진에 공급되는 단위시간(초)당 연료공급량을 계산하여라.

6-10 공기표준 복합 사이클에서 최저 온도와 압력이 각각 20 ℃, 0.1 MPa 이고 최고 온도와 압력이 1,800℃, 5.45 MPa이다. 압축비가 15이고 비열비가 1.40이라고 할 경우 다음을 구하여라.

(1) 폭발비

(2) 정압팽창비

(3) 이론열효율

6-11 공기표준 Stirling 사이클에서 압축 초기의 압력과 온도가 각각 0.1 MPa, 300 K 이다. 압축비가 8, 정적과정에서 단위질량당 공급열량이 1,200 kJ/kg일라고 할 때 다음 물음에 답하여라.

(1) 사이클 각 상태에서의 온도와 압력

(2) 열효율

(3) 일정한 체적 하에서의 열공급과정과 방출과정을 이상적으로 열교환시킬 때의 열효율

6-12 이상적인 재생기가 달려 있는 공기표준 Ericsson 사이클에서 900 kJ/kg 의 열이 공급되는 온도는 1200 K, 열이 방출되는 온도는 300 K이다. 등온압축과정이 시작되는 압력은 100 kPa일 때 다음 물음에 답하여라.

(1) 사이클의 열효율

(2) 작동유체 단위질량당 필요로 터빈출력과 압축기 동력

6-13 공기표준 Brayton 사이클에서 등엔트로피 압력비가 4이다. 압축기로 들어가는 공기의 온도와 압력이 15℃, 100 kPa이고 사이클의 최고온도는 850℃이다. 공기의 유량은 10 kg/s이고 비열이 일정하다고 가정할 경우 다음 물음에 답하여라. 단 공기의 정압비열은 1.0035 kJ/kg · K이다.

(1) 단위질량당 압축기 소요일

(2) 단위질량당 터빈 일

(3) 터빈의 출력

(4) 사이클의 열효율

6-14 이상적인 냉동사이클인 역 Carnot사이클 과정을 설명하여라. 또한 이상적인 냉동 사이클에서 증발기 온도가 −10℃, 응축기 온도가 40℃일 때 성능계수를 구하여라.

6-15 암모니아를 냉매로 사용하는 증기압축 냉동기가 −4℃와 30℃ 사이에서 작동하고 있다. 냉매는 등엔트로피 압축 후에 포화증기 상태로 압축기를 나가고, 응축기에서 액체로 응축되며 다시 포화액체 상태

로 팽창밸브로 들어간다. 다음 물음에 답하여라.

(1) 사이클의 *P-h* 선도

(2) 냉매 단위질량당 증발기에서 흡수하는 열량

(3) 냉매 단위질량당 압축기의 소요일량

(4) 성능계수

(5) 같은 온도 범위 내에서의 역 Carnot 사이클 냉동기와 열펌프의 성능계수

MEMO

Engineering Thermodynamics

부록

Appendix

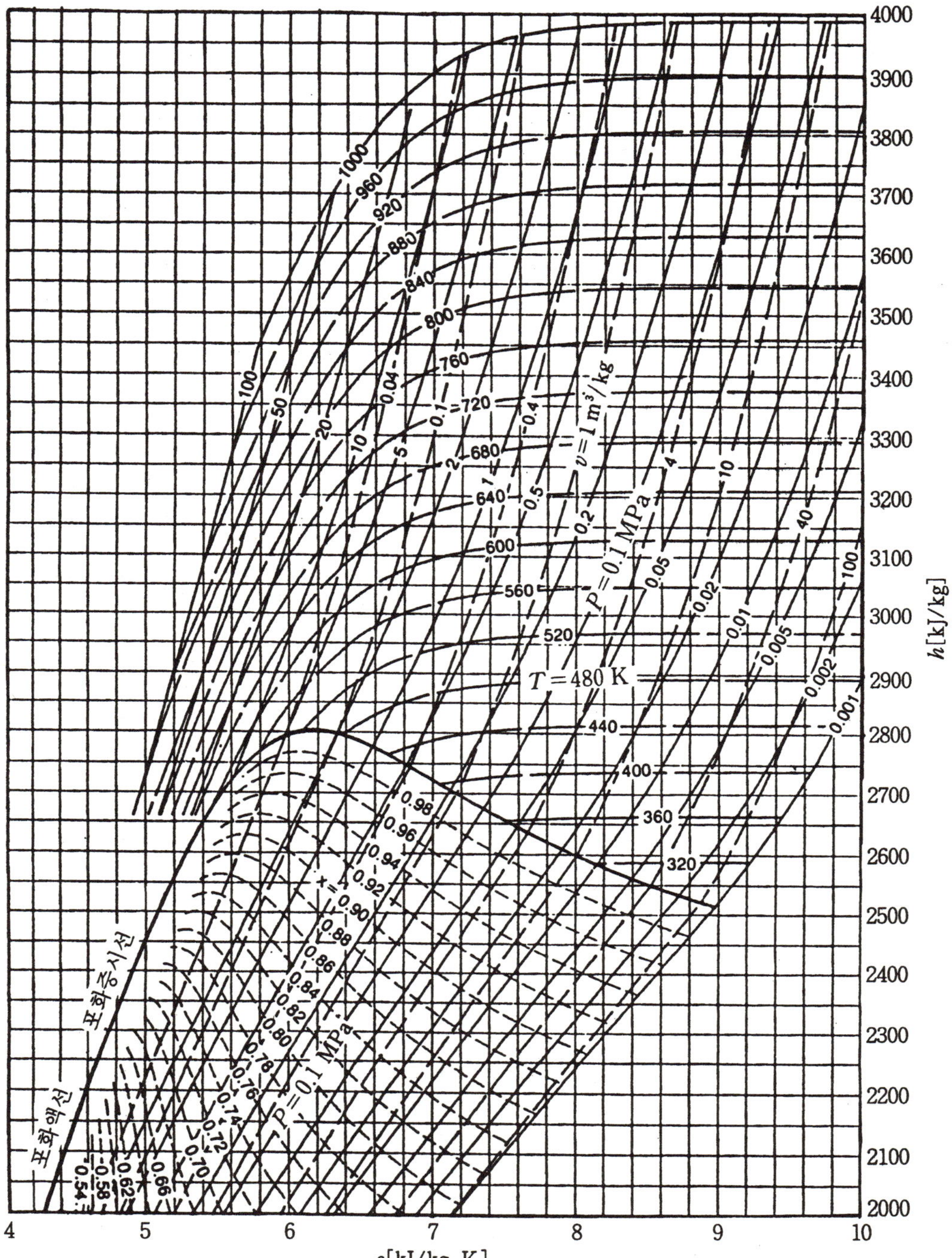

4000
3900
3800
3700
3600
3500
3400
3300
3200
3100
3000
2900
2800
2700
2600
2500
2400
2300
2200
2100
2000
h[kJ/kg]
4
5
6
7
8
9
10
s[kJ/kg·K]
1000
960
920
880
840
800
760
720
680
640
600
560
520
T=480 K
440
400
360
320
v=1 m^3/kg
100
50
20
10
5
2
1
0.4
0.5
0.2
0.1
0.04
0.05
0.02
0.01
0.005
0.002
0.001
P=0.1 MPa
4
10
40
100
0.98
0.96
0.94
0.92
x=0.90
0.88
0.86
0.84
0.82
0.80
0.78
0.76
0.74
0.72
0.70
0.66
0.62
0.58
0.54
P=0.1 MPa
포화증기선
포화액선

그림 1_1 물의 *h–s*선도

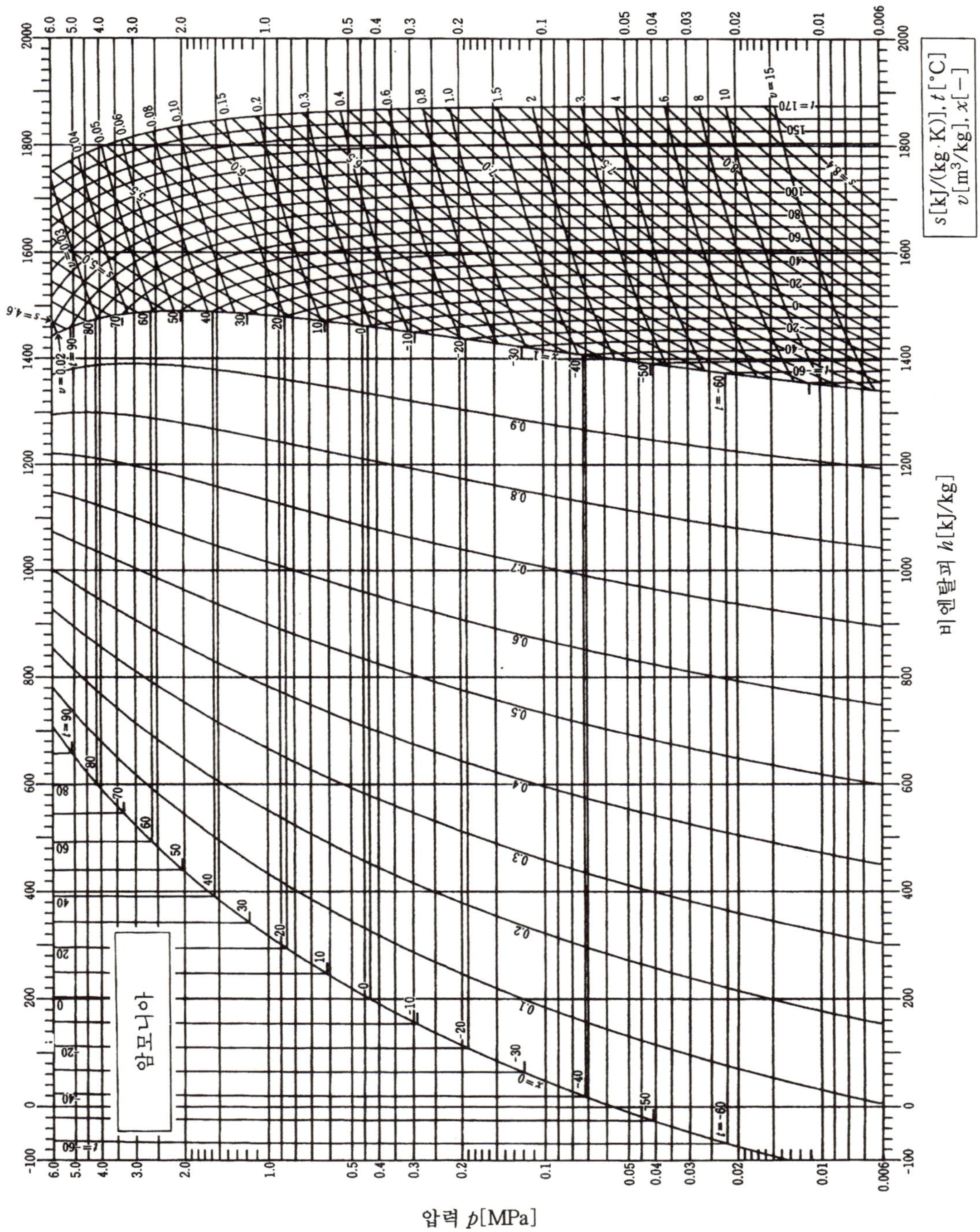

그림 1.2 암모니아의 p–h선도

부록 1 기체의 특성값과 임계상수

표 1-1 주요한 기체의 열적 특성값

기체	화학 기호	원자수	분자량 M	기체상수 R kJ/kg · K	밀도 101.3[kPa] 0°C[kg/m³]	0°C, 저압에서 비열의 값 kJ/kg · K		kJ/kmol · K		$k = \frac{c_p}{c_v}$
						c_p	c_v	c_p	c_v	
헬륨	He	1	4.003	2.007	0.1786	5.234	3.159	20.92	12.59	1.66
아르곤	Ar	1	39.95	0.208	1.782	0.523	0.318	20.92	12.59	1.66
수소	H_2	2	2.016	4.124	0.0899	14.24	10.113	28.62	20.29	1.409
질소	N_2	2	28.01	0.2968	1.250	1.038	0.742	29.12	20.79	1.400
산소	O_2	2	32.00	0.2598	1.428	0.914	0.654	29.25	20.92	1.399
공기	–	–	28.96	0.2871	1.292	1.004	0.715	29.08	20.75	1.402
일산화탄소	CO	2	28.01	0.2968	1.250	1.040	0.743	29.12	20.79	1.400
일산화질소	NO	2	30.01	0.2771	1.339	0.997	0.741	29.96	21.63	1.385
염화수소	HCl	2	36.46	0.2280	1.627	0.799	0.569	29.12	20.79	1.40
수증기	H_2O	3	18.02	0.4651	–	1.858	1.397	33.47	25.15	1.33
이산화탄소	CO_2	3	44.01	0.1889	1.964	0.819	0.630	36.07	27.74	1.301
이산화질소	NO_2	3	44.01	0.1807	2.053	0.862	0.673	37.91	29.60	1.281
아황산가스	SO_2	3	64.06	0.1298	2.858	0.608	0.478	38.87	30.54	1.272
암모니아	NH_3	4	17.03	0.4882	0.7599	2.054	1.565	34.98	26.65	1.313
아세틸렌	C_2H_2	4	26.04	0.3193	1.162	1.512	1.215	42.38	34.06	1.255
메탄	CH_4	5	16.04	0.5183	0.7158	2.155	1.632	34.60	26.28	1.319
메틸클로라이드	CH_3Cl	5	50.49	0.1647	2.253	0.736	0.573	37.11	28.79	1.29
에틸렌	C_2H_4	6	28.05	0.2964	1.252	1.611	1.289	41.92	33.60	1.249
에탄	C_2H_6	8	30.07	0.2765	1.342	1.728	1.443	51.92	43.26	1.20
에틸클로라이드	C_2H_5Cl	8	64.51	0.1289	2.878	1.339	1.155	84.94	74.48	1.16
R-12	$CClF_2$	5	120.9	0.0688	5.796	0.615	0.540	74.39	65.27	1.136
R-22	$CHClF_2$	5	86.48	0.0962	4.301	0.636	0.375	54.98	46.44	1.184
프로판	C_3H_8	11	44.09	0.1888	2.019	1.548	1.358	68.28	59.87	1.14
n-부탄	C_4H_{10}	14	58.12	0.1432	2.703	1.916	1.728	111.4	100.4	1.11

표 1-2 임계상수

명칭	화학식	분자량	온도[K]	압력[MPa]	체적[m^3/kmol]
네온	Ne	20.183	44.4	2.76	0.0416
메탄	CH_4	16.04	3190.4	4.60	0.0992
메틸알코올	CH_3OH	32.042	512.6	8.09	0.1180
물	H_2O	18.015	647.3	22.12	0.0571
벤젠	C_6H_6	78.114	562.2	4.89	0.2590
불소	F_2	37.997	144.3	5.22	0.0663
브롬	Br_2	159.808	588.0	10.30	0.1272
사염화탄소	CCl_4	153.823	556.4	4.56	0.2759
산소	O_2	31.999	154.6	5.04	0.0734
수소(normal)	H_2	2.016	33.2	1.30	0.0651
아산화질소	N_2O	44.013	309.6	7.24	0.0974
아세틸렌	C_2H_2	26.038	308.3	6.14	0.1127
아르곤	Ar	39.948	150.8	4.87	0.0749
암모니아	NH_3	17.031	405.5	11.35	0.0725
에탄	C_2H_6	30.070	305.4	4.88	0.1483
에틸렌	C_2H_4	28.054	282.4	5.04	0.1304
아텔알코올	C_2H_5OH	46.069	513.9	6.14	0.1671
염소	Cl_2	70.906	416.9	7.98	0.1238
염화메틸	CH_3Cl	50.488	416.3	6.70	0.1389
이산화질소	NO_2	46.006	431.0	10.1	0.1678
이산화탄소	CO_2	44.01	304.8	7.38	0.0939
이산화황	SO_2	64.063	430.8	7.88	0.1222
일산화질소	NO	30.006	180.0	6.48	0.0577
일산화탄소	CO	28.01	132.9	3.50	0.0932
중수소(normal)	D_2	4.032	38.4	1.66	0.00

표 1-2 (계속)

명칭	화학식	분자량	온도[K]	압력[MPa]	체적[m^3/kmol]
질소	N_2	28.013	126.2	3.39	0.0898
크립톤	Kr	83.80	209.4	5.50	0.0912
크세논	Xe	131.30	289.7	5.84	0.1184
클로로포름	$CHCl_3$	119.378	536.4	5.37	0.2389
프로판	C_3H_8	44.094	369.8	4.25	0.2030
프로펜	C_3H_6	42.081	364.9	4.60	0.1810
프로핀	C_3H_4	40.065	402.4	5.63	0.1640
헬륨	He	4.003	5.19	0.227	0.0574
헬륨3	He	3.017	3.31	0.114	0.0729
n-부탄	C_4H_{10}	58.124	425.2	3.80	0.2550
n-옥산	C_8H_{18}	114.232	568.8	2.49	0.4920
n-펙탄	C_5H_{16}	72.151	469.7	3.37	0.3040
n-헥산	C_6H_{15}	86.178	507.5	3.01	0.3700
n-헵탄	C_7H_{16}	100.205	540.3	2.74	0.4320
R-12	CCl_2F_2	120.914	385.0	4.14	0.2167
R-123	$CHCl_2CF_3$	152.93	456.9	3.67	0.2781
R-134a	CF_3CH_2F	102.03	374.2	4.06	0.1980
R-141b	CH_3CCl_2F	116.95	481.5	4.54	0.2520
R-142b	CH_3CClF_2	100.495	410.3	4.25	0.2310
R-152a	CHF_2CH_3	66.05	386.4	4.52	0.1795
R-21	$CHCl_2F$	102.923	451.6	5.18	0.1964
R-22	$CHClF_2$	86.469	369.3	4.97	0.1656

표 2-1 포화증기 : 온도기준

온도 [°C]	압력 [MPa]	비체적[m³/kg]		내부에너지[kJ/kg]			엔탈피[kJ/kg]			엔트로피[kJ/kg · K]		
		포화액	포화증기	포화액	증발	포화증기	포화액	증발	포화증기	포화액	증발	포화증기
T	p	v_f	v_g	u_f	u_{fg}	u_g	h_f	h_{fg}	h_g	s_f	s_{fg}	s_g
0.01	0.6113	0.001000	206.14	0.00	2375.3	2375.3	0.01	2501.3	2501.4	0.0000	9.5162	9.1562
5	0.8721	0.001000	147.12	20.97	2361.3	2382.3	20.98	2489.6	2510.6	0.0761	8.9469	9.0257
10	1.2276	0.001000	106.38	42.00	2347.2	2389.2	42.01	2477.7	2519.8	0.1510	8.7498	8.9008
15	1.7051	0.001001	77.93	62.99	2333.1	2396.1	62.99	2465.9	2528.9	0.2245	8.5569	8.7814
20	2.339	0.001002	57.79	83.95	2319.0	2402.9	83.96	2454.1	2538.1	0.2966	8.3706	8.6672
25	3.169	0.001003	43.36	104.88	2304.9	2409.8	104.89	2442.3	2547.2	0.3674	8.1905	8.5580
30	4.246	0.001004	32.89	125.78	2290.8	2416.6	125.79	2430.5	2556.3	0.4369	8.0164	8.4533
35	5.628	0.001006	25.22	146.67	2276.7	2423.4	146.68	2418.6	2565.3	0.5053	7.8478	8.3531
40	7.384	0.001008	19.52	167.56	2262.6	2430.1	167.57	2406.7	2574.3	0.5725	7.6845	8.3531
45	9.593	0.001010	15.26	188.44	2248.4	2436.8	188.45	2394.8	2583.2	0.6387	7.5261	8.1648
50	12.349	0.001012	12.03	209.32	2234.2	2443.5	209.33	2382.7	2592.1	0.7038	7.3725	8.0763
55	15.758	0.001015	9.568	230.21	2219.9	2450.1	230.23	2370.7	2600.9	0.7679	7.2234	7.9913
60	19.940	0.001017	7.671	251.11	2205.5	2456.6	251.13	2358.5	2609.6	0.8312	7.0784	7.9096
65	25.03	0.001020	6.197	272.02	2191.1	2463.1	272.06	2346.2	2618.3	0.8935	6.9375	7.8310
70	31.19	0.001023	5.042	292.95	2176.6	2469.6	292.98	2333.8	2626.8	0.9549	6.8004	7.7553
75	38.58	0.001026	4.131	313.05	2162.0	2475.9	313.93	2321.4	2635.3	1.0155	6.6669	7.6824
80	47.39	0.001029	3.407	334.86	2147.4	2482.2	334.91	2308.8	2643.7	1.0753	6.5369	7.6122
85	57.83	0.001033	2.828	355.84	2132.6	2488.4	355.90	2296.0	2651.9	1.1343	6.4102	7.5445
90	70.14	0.001036	2.361	376.85	2117.7	2494.5	376.92	2283.2	2660.1	1.1925	6.2866	7.4791
95	84.55	0.001040	1.982	397.88	2102.7	2500.6	397.96	2270.2	2668.1	1.2500	6.1659	7.4159
100	101.325	0.001044	1.6729	418.94	2087.6	2506.5	419.04	2257.0	2676.1	1.3069	6.0480	7.3549
105	120.82	0.001048	1.4194	440.02	2072.3	2512.4	440.15	2243.7	2683.8	1.3630	5.9328	7.2958

표 2-1 (계속)

온도 [°C] T	압력 [MPa] p	비체적[m³/kg] 포화액 v_f	비체적[m³/kg] 포화증기 v_g	내부에너지[kJ/kg] 포화액 u_f	내부에너지[kJ/kg] 증발 u_{fg}	내부에너지[kJ/kg] 포화증기 u_g	엔탈피[kJ/kg] 포화액 h_f	엔탈피[kJ/kg] 증발 h_{fg}	엔탈피[kJ/kg] 포화증기 h_g	엔트로피[kJ/kg·K] 포화액 s_f	엔트로피[kJ/kg·K] 증발 s_{fg}	엔트로피[kJ/kg·K] 포화증기 s_g
110	0.14327	0.001052	1.2102	461.14	2057.0	2518.1	461.30	2230.2	2691.5	1.4185	5.8202	7.2387
115	0.16906	0.001056	1.0366	482.30	2041.4	2523.7	482.48	2216.5	2699.0	1.4734	5.7100	7.1833
120	0.19853	0.001060	0.8919	503.50	2025.8	2529.3	503.71	2202.6	2706.3	1.5276	5.6020	7.1296
125	0.2321	0.001065	0.7706	524.74	2009.9	2534.6	524.99	2188.5	2713.5	1.5813	5.4962	7.0775
130	0.2701	0.001070	0.6685	546.02	1993.9	2539.9	546.31	2174.2	2720.5	1.6344	5.3925	7.0269
135	0.3130	0.001075	0.5822	567.35	1977.7	2545.0	567.69	2159.6	2727.3	1.6870	5.2907	6.9777
140	0.3613	0.001080	0.5089	588.74	1961.3	2550.0	589.13	2144.7	2733.9	1.7391	5.1908	6.9299
145	0.4154	0.001085	0.4463	610.18	1944.7	2554.9	610.63	2129.6	2740.3	1.7907	5.0926	6.8833
150	0.4758	0.001091	0.3928	631.68	1927.9	2559.5	632.20	2114.3	2746.5	1.8418	4.9960	6.8379
155	0.5431	0.001096	0.3468	653.24	1910.8	2564.1	653.84	2098.6	2752.4	1.8925	4.9010	6.7935
160	0.6178	0.001102	0.3071	674.87	1893.5	2568.4	675.55	2082.6	2758.1	1.9427	4.8075	6.7502
165	0.7005	0.001108	0.2727	696.56	1876.0	2572.5	697.34	2066.2	2763.5	1.9925	4.7153	6.7078
170	0.7917	0.001114	0.2428	718.33	1858.1	2576.5	719.21	2049.5	2768.7	2.0419	4.6244	6.6663
175	0.8920	0.001121	0.2168	740.17	1840.0	2580.2	741.17	2032.4	2773.6	2.0909	4.5347	6.6256
180	1.0021	0.001127	0.19405	762.09	1821.6	2583.7	763.22	2015.0	2778.2	2.1396	4.4461	6.5857
185	1.1227	0.001134	0.17409	784.10	1802.9	2587.0	785.37	1997.1	2782.4	2.1879	4.3586	6.5465
190	1.2544	0.001141	0.15654	806.19	1783.8	2590.0	807.62	1978.8	2786.4	2.2359	4.2720	6.5079
195	1.3978	0.001149	0.14105	828.37	1764.4	2592.8	829.98	1960.0	2790.0	2.2835	4.1863	6.4698
200	1.5538	0.001157	0.12736	850.65	1744.7	2595.3	852.45	1940.7	2793.2	2.3309	4.1014	6.4323
205	1.7230	0.001164	0.11521	873.04	1724.5	2597.5	875.04	1921.0	2796.0	2.3780	4.0172	6.3952
210	1.9062	0.001173	0.10441	895.53	1703.9	2599.5	897.76	1900.7	2798.5	2.4248	3.9337	6.3585
215	2.104	0.001181	0.09479	918.14	1682.9	2601.1	920.62	1879.9	2800.5	2.4714	3.8507	6.3221
220	2.318	0.001190	0.08619	940.87	1661.5	2602.4	943.62	1858.5	2802.1	2.5178	3.7683	6.2861
225	2.548	0.001199	0.07849	963.73	1639.6	2603.3	966.78	1836.5	2803.3	2.5639	3.6863	6.2503
230	2.795	0.001209	0.07158	986.74	1617.2	2603.9	990.12	1813.8	2804.0	2.6099	3.6047	6.2146

표 2-1 (계속)

온도 [°C] T	압력 [MPa] p	비체적[m³/kg] 포화액 v_f	포화증기 v_g	내부에너지[kJ/kg] 포화액 u_f	증발 u_{fg}	포화증기 u_g	엔탈피[kJ/kg] 포화액 h_f	증발 h_{fg}	포화증기 h_g	엔트로피[kJ/kg · K] 포화액 s_f	증발 s_{fg}	포화증기 s_g
235	3.060	0.001219	0.06537	1009.89	1594.2	2604.1	1013.62	1790.5	2804.2	2.6558	3.5233	6.1791
240	3.344	0.001229	0.05976	1033.21	1570.8	2604.0	1037.32	1766.5	2803.3	2.7015	3.4422	6.1437
245	3.648	0.001240	0.05471	1056.71	1546.7	2603.3	1061.23	1741.7	2803.0	2.7471	3.3612	6.1083
250	3.973	0.001251	0.05013	1080.39	1522.0	2602.4	1085.36	1716.2	2801.5	2.7927	3.2802	6.0730
255	4.319	0.001263	0.04598	1104.28	1496.7	2600.9	1109.73	1689.8	2799.5	2.8383	3.1992	6.0375
260	4.688	0.001276	0.04221	1128.39	1470.6	2599.0	1134.37	1662.5	2796.9	2.8838	3.1181	6.0019
265	5.081	0.001289	0.03877	1152.74	1443.9	2596.6	1159.28	1634.4	2793.6	2.9294	3.0368	5.9662
270	5.499	0.001302	0.03564	1177.36	1416.3	2593.7	1184.51	1605.2	2789.7	2.9751	2.9551	5.9301
275	5.942	0.001317	0.03279	1202.25	1387.9	2590.2	1210.07	1574.9	2785.0	3.0208	2.8730	5.8938
280	6.412	0.001332	0.03017	1227.46	1358.7	2586.1	1235.99	1543.6	2779.6	3.0668	2.7903	5.8571
285	6.909	0.001348	0.02777	1253.00	1328.4	2581.4	1262.31	1511.0	2773.3	3.1130	2.7070	5.8199
290	7.436	0.001366	0.02577	1278.92	1297.1	2576.0	1289.07	1477.1	2766.2	3.1594	2.6227	5.7821
295	7.993	0.001384	0.02354	1305.2	1264.7	2569.9	1316.3	1441.8	2758.1	3.2062	2.5375	5.7437
300	8.581	0.001404	0.02167	1332.0	1231.0	2563.0	1344.0	1404.9	2749.0	3.2534	2.4511	5.7045
305	9.202	0.001425	0.019948	1359.3	1195.9	2555.2	1372.4	1366.4	2738.7	3.3010	2.3633	5.6643
310	9.856	0.001447	0.018350	1387.1	1159.4	2546.4	1401.3	1326.0	2727.3	3.3493	2.2737	5.6230
315	10.547	0.001472	0.016867	1415.5	1121.1	2536.6	1431.0	1283.5	2714.5	3.3982	2.1821	5.5804
320	11.274	0.001499	0.015488	1444.6	1080.9	2525.5	1461.5	1238.6	2700.1	3.4480	2.0882	5.5362
330	12.845	0.001561	0.012996	1505.3	993.7	2498.9	1525.3	1140.6	2665.9	3.5507	1.8909	5.4417
340	14.586	0.001638	0.010797	1570.3	894.3	2464.6	1594.2	1027.9	2622.0	3.6594	1.6763	5.3357
350	16.513	0.001740	0.008813	1641.9	776.6	2418.4	1670.6	893.4	2563.9	3.7777	1.4335	5.2112
360	18.651	0.001893	0.006945	1725.2	626.3	2351.5	1760.5	720.5	2481.0	3.9147	1.1379	5.0526
370	21.03	0.002213	0.004925	1844.0	384.5	2228.5	1890.5	441.6	2332.1	4.1106	0.6865	4.7971
374.14	22.09	0.003155	0.003155	2029.6	0	2029.6	2099.3	0	2099.3	4.4298	0	4.4298

표 2-2 포화증기 : 압력기준

압력 [kPa] p	온도 [°C] T	비체적[m³/kg] 포화액 v_f	포화증기 v_g	내부에너지[kJ/kg] 포화액 u_f	증발 u_{fg}	포화증기 u_g	엔탈피[kJ/kg] 포화액 h_f	증발 h_{fg}	포화증기 h_g	엔트로피[kJ/kg · K] 포화액 s_f	증발 s_{fg}	포화증기 s_g
0.6113	0.01	0.001000	206.14	0.00	2375.3	2375.3	0.01	2501.3	2501.4	0.0000	9.1562	9.1562
1.0	6.98	0.001000	129.21	29.30	2355.7	2385.0	29.30	2484.9	2514.2	0.1059	8.8697	8.9756
1.5	13.03	0.001001	87.98	54.71	2338.6	2393.3	54.71	2470.6	2525.3	0.1957	8.6322	8.8279
2.0	17.50	0.001001	67.00	73.48	2326.0	2399.5	73.48	2460.0	2533.5	0.2607	8.5569	8.7237
2.5	21.08	0.001002	54.25	88.48	2315.9	2404.4	88.49	2451.6	2540.0	0.3120	8.4629	8.6432
3.0	24.08	0.001003	45.67	101.04	2307.5	2408.5	101.05	2444.5	2545.5	0.3545	8.3311	8.5776
4.0	28.96	0.001004	34.80	121.45	2293.7	2415.2	121.46	2432.9	2554.4	0.4226	8.0520	8.4746
5.0	32.88	0.001005	28.19	137.81	2282.7	2420.5	137.82	2423.7	2561.5	0.4764	7.9187	8.3951
7.5	40.29	0.001008	19.24	168.78	2261.7	2430.5	168.79	2406.0	2574.8	0.5764	7.6750	8.2515
10	45.81	0.001010	14.67	191.82	2246.1	2437.9	191.83	2392.8	2584.7	0.6493	7.5009	8.1502
15	53.97	0.001014	10.02	225.92	2222.8	2448.7	225.94	2373.1	2599.1	0.7549	7.2536	8.0085
20	60.06	0.001017	7.649	251.38	2205.4	2456.7	251.40	2358.3	2609.7	0.8320	7.0766	7.9085
25	64.97	0.001020	6.204	271.90	2191.2	2463.1	271.93	2346.3	2618.2	0.8931	6.9383	7.8314
30	69.10	0.001022	5.229	289.20	2179.2	2468.4	289.23	2336.1	2625.3	0.9439	6.8247	7.7686
40	75.87	0.001027	3.993	317.53	2159.5	2477.0	317.53	2319.2	2636.8	1.0259	6.6441	7.6700
50	81.33	0.001030	3.240	340.44	2143.4	2483.9	340.49	2305.4	2645.9	1.0910	6.5029	7.5939
75	91.78	0.001037	2.217	384.31	2112.4	2496.7	384.39	2278.6	2663.0	1.2130	6.2434	7.4564
MPa												
0.100	99.63	0.001043	1.6940	417.36	2088.7	2506.1	417.46	2258.0	2675.5	1.3026	6.0568	7.3594
0.125	105.99	0.001048	1.3749	444.19	2069.3	2513.5	444.32	2241.0	2685.4	1.3740	5.9104	7.2844
0.150	111.37	0.001053	1.1593	466.94	2052.7	2519.7	467.11	2226.5	2693.6	1.4336	5.7897	7.2233
0.175	116.06	0.001057	1.0036	486.80	2038.1	2524.9	486.99	2213.6	2700.6	1.4849	5.6868	7.1717

표 2-2 (계속)

압력 [MPa] p	온도 [°C] T	비체적[m³/kg]		내부에너지[kJ/kg]			엔탈피[kJ/kg]			엔트로피[kJ/kg · K]		
		포화액 v_f	포화증기 v_g	포화액 u_f	증발 u_{fg}	포화증기 u_g	포화액 h_f	증발 h_{fg}	포화증기 h_g	포화액 s_f	증발 s_{fg}	포화증기 s_g
0.200	120.23	0.001061	0.8857	504.49	2025.0	2529.5	504.70	2201.9	2706.7	1.5301	5.5970	7.1271
0.225	124.00	0.001065	0.7933	520.47	2013.1	2533.6	520.72	2191.3	2712.1	1.5706	5.5173	7.0878
0.250	127.44	0.001067	0.7187	535.10	2002.1	2537.2	535.37	2181.5	2716.9	1.6072	5.4455	7.0527
0.275	130.60	0.001070	0.6573	548.59	1991.9	2540.5	548.89	2172.4	2721.3	1.6408	5.3801	7.0209
0.300	133.55	0.001073	0.6058	561.15	1982.4	2543.6	561.47	2163.8	2725.3	1.6718	5.3201	6.9919
0.325	136.30	0.001076	0.5620	572.90	1973.5	2546.4	573.25	2155.8	2729.0	1.7006	5.2646	6.9652
0.350	138.88	0.001079	0.5243	583.95	1965.0	2548.9	584.33	2148.1	2732.4	1.7275	5.2130	6.9405
0.375	141.32	0.001081	0.4914	594.40	1956.9	2551.3	594.81	2140.8	2735.6	1.7528	5.1647	6.9175
0.40	143.63	0.001084	0.4625	604.31	1949.3	2553.6	604.74	2133.8	2738.6	1.7766	5.1193	6.8959
10.45	147.93	0.001088	0.4140	622.77	1934.9	2557.6	623.25	2120.7	2738.6	1.8207	5.0359	6.8565
10.50	151.86	0.001093	0.3749	639.68	1921.6	2561.2	640.23	2108.5	2748.7	1.8607	4.9606	6.8213
0.55	155.48	0.001097	0.3427	655.32	1902.2	2564.5	655.93	2097.0	2753.0	1.8973	4.8920	6.7893
0.60	158.85	0.001101	0.3157	669.90	1897.5	2567.4	670.56	2086.3	2756.8	1.9312	4.8288	6.7600
0.65	162.01	0.001104	0.2927	683.56	1886.5	2570.1	684.28	2076.0	2760.3	1.9627	4.7703	6.7331
0.70	164.97	0.001108	0.2729	696.44	1876.1	2572.5	697.22	2066.3	2763.5	1.9922	4.7158	6.7080
0.75	167.78	0.001112	0.2556	708.64	1866.1	2574.7	709.47	2057.0	2766.4	2.0200	4.6647	6.6847
0.80	170.43	0.001115	0.2404	720.22	1856.6	2576.8	721.11	2048.0	2769.1	2.0462	4.66616	6.6628
0.85	172.96	0.001118	0.2270	731.27	1847.4	2578.7	732.22	2039.3	2771.6	2.0710	4.5711	6.6421
0.90	175.38	0.001121	0.2150	741.83	1838.6	2580.5	742.83	2031.1	2773.9	2.0946	4.5280	6.6226
0.95	177.69	0.001124	0.2042	751.95	1830.2	2582.1	753.02	2023.1	2776.1	2.1172	4.4869	6.6041
1.00	179.91	0.001127	0.19444	761.68	1822.0	2583.6	762.81	2015.3	2778.1	2.1387	4.4478	6.5865
1.10	184.09	0.001133	0.17753	780.09	1806.3	2586.4	781.34	2000.4	2781.7	2.1792	4.3744	6.5536
1.20	187.99	0.001139	0.16333	797.29	1791.5	2588.8	798.65	1986.2	2784.8	2.2166	4.3067	6.5233
1.30	191.64	0.001144	0.15125	813.44	1777.5	2591.0	814.93	1972.7	2787.6	2.2515	4.2438	6.4953
1.40	195.07	0.001149	0.14084	828.70	1764.1	2592.8	830.30	1959.7	2790.0	2.2842	4.1850	6.4693
1.50	198.32	0.001154	0.13177	843.16	1751.3	2594.3	844.89	1947.3	2792.2	2.3150	4.1298	6.4448

표 2-2 (계속)

압력 [MPa] p	온도 [°C] T	비체적[m³/kg] 포화액 v_f	비체적 포화증기 v_g	내부에너지[kJ/kg] 포화액 u_f	내부에너지 증발 u_{fg}	내부에너지 포화증기 u_g	엔탈피[kJ/kg] 포화액 h_f	엔탈피 증발 h_{fg}	엔탈피 포화증기 h_g	엔트로피[kJ/kg·K] 포화액 s_f	엔트로피 증발 s_{fg}	엔트로피 포화증기 s_g
1.75	205.76	0.001116	0.11349	876.46	1721.4	2597.8	878.50	1917.9	2796.4	2.3851	4.0044	6.3896
2.00	212.42	0.001117	0.09963	906.44	1693.8	2600.3	908.79	1890.7	2799.5	2.4474	3.8935	6.3409
2.25	218.45	0.001187	0.08875	933.83	1668.2	2602.0	936.49	1865.2	2801.7	2.5035	3.7937	6.2972
2.5	223.99	0.001197	0.07998	959.11	1644.0	2603.1	962.11	1841.0	2803.1	2.5547	3.7028	6.2575
3.0	233.90	0.001217	0.06668	1004.78	1599.3	2604.1	1008.42	1795.7	2804.2	2.6457	3.5412	6.1869
3.5	242.60	0.001235	0.05707	1045.43	1558.3	2603.7	1049.75	1753.7	2803.4	2.7253	3.4000	6.1253
4	250.40	0.001252	0.04978	1082.31	1520.0	2602.3	1087.31	1714.1	2801.4	2.7964	3.2737	6.0701
5	263.99	0.001286	0.03944	1147.81	1449.3	2597.1	1154.23	1640.1	2794.3	2.9202	3.0532	5.9734
6	275.64	0.001319	0.03244	1205.44	1384.3	2589.7	1213.35	1571.0	2784.3	3.0267	2.8625	5.8892
7	285.55	0.001351	0.02737	1257.55	1323.0	2580.5	1267.00	1505.1	2772.1	3.1211	2.6922	5.8133
8	295.06	0.001384	0.02352	1305.57	1264.2	2569.8	1316.64	1441.3	2758.0	3.2068	2.5364	5.7432
9	303.40	0.001418	0.02048	1350.51	1207.3	2557.8	1363.26	1378.9	2742.1	3.2858	2.3915	5.6772
10	311.06	0.001452	0.018026	1393.04	1151.4	2544.4	1407.56	1317.1	2724.7	3.3596	2.2544	5.6141
11	318.15	0.001489	0.015987	1433.7	1096.0	2529.8	1450.1	1255.5	2705.6	3.4295	2.1233	5.5527
12	324.75	0.001527	0.014263	1473.0	1040.7	2513.7	1491.3	1193.6	2684.9	3.4962	1.9962	5.4924
13	330.93	0.001567	0.012780	1511.1	985.0	2496.1	1531.5	1130.7	2662.2	3.5606	1.8718	5.4323
14	336.75	0.001611	0.011485	1548.6	928.2	2476.8	1571.1	1066.5	2637.6	3.6232	1.7485	5.3717
15	342.24	0.001658	0.010337	1585.6	869.8	2455.5	1610.5	1000.0	2610.5	3.6848	1.6249	5.3098
16	347.44	0.001711	0.009306	1622.7	809.0	2431.7	1650.1	930.6	2580.6	3.7461	1.4994	5.2455
17	352.37	0.001770	0.008364	1660.2	744.8	2405.0	1690.3	856.9	2547.2	3.8079	1.3698	5.1777
18	357.06	0.001840	0.007489	1698.9	675.4	2374.3	1732.0	777.1	2509.1	3.8715	1.2329	5.1044
19	361.54	0.001924	0.006657	1739.9	598.1	2338.1	1776.5	688.0	2464.5	3.9388	1.0839	5.0228
20	365.81	0.002036	0.005834	1785.6	507.5	2293.0	1826.3	583.4	2409.7	4.0139	0.9130	4.9269
21	369.89	0.002207	0.004952	1842.1	388.5	2230.6	1888.4	446.2	2334.6	4.1075	0.6938	4.8013
22	373.80	0.002742	0.003568	1961.9	125.2	2087.1	2022.2	143.4	2165.6	4.3110	0.2216	4.5327
22.09	374.14	0.003155	0.003155	2029.6	0	2029.6	2099.3	0	2099.3	4.4298	0	4.4298

표 2-3 과열증기 : 압력기준(T : °C, v : m^3/kg, u, h : kJ/kg·K)

T	v	u	h	s	v	u	h	s	v	u	h	s
	p = 0.01 MPa(45.81)				p = 0.050 MPa(81.33)				p = 0.10 MPa(99.63)			
포화	14.674	2437.9	2584.7	8.1502	3.240	2483.9	2645.9	7.5939	1.6940	2506.1	52675.5	7.3594
50	14.869	2443.9	2592.6	8.1749								
100	17.196	2515.5	2687.5	8.4479	3.418	2511.6	2682.5	7.6947	1.6958	2506.7	2676.2	7.3614
150	19.512	2587.9	2783.0	8.6882	3.889	2585.6	2780.1	7.9401	1.9364	2582.8	2776.4	7.6134
200	21.825	2661.3	2879.5	8.9038	4.356	2659.9	2877.7	8.1580	2.172	2658.1	2875.3	7.8343
250	24.136	2736.0	2977.3	9.1002	4.820	2735.0	2976.0	8.3556	2.406	2733.7	2974.3	8.0333
300	26.445	2812.1	3076.5	9.2813	5.284	2811.3	3075.5	8.5373	2.639	2810.4	3074.3	8.2158
400	31.063	2968.9	3279.6	9.6077	6.209	2968.5	3278.9	8.8642	3.103	2967.9	3278.2	8.5435
500	35.679	3132.3	3489.1	9.8978	7.134	3132.0	3488.7	9.1546	3.565	3131.6	3448.1	8.8342
600	40.295	3302.5	3705.4	10.1608	8.057	3302.2	3705.1	9.4178	4.028	3301.9	3704.7	9.0976
700	44.911	3479.6	3928.7	10.4028	8.981	3479.4	3928.5	9.5699	4.490	3479.2	3928.2	9.3398
800	49.526	3663.8	4159.0	10.6281	9.904	3663.6	4158.9	9.8852	4.952	3663.5	4158.6	9.5652
	p = 0.20 MPa(120.23)				p = 0.30 MPa(133.55)				p = 0.40 MPa(143.63)			
포화	0.8857	2529.5	2706.7	7.1272	0.6058	2543.6	2725.3	6.9919	0.4625	2553.6	2738.6	6.8959
150	0.9596	2576.9	2768.8	7.2795	0.6339	2570.8	2761.0	7.0778	0.4728	2564.5	2752.8	6.9299
200	1.0803	2654.4	2870.5	7.5066	0.7163	2650.7	2865.6	7.3115	0.5342	2646.8	2860.5	7.1706
250	1.1988	2731.2	2971.0	7.7086	0.7964	2728.7	2967.6	7.5166	0.5951	2726.1	2964.2	7.3789
300	1.3162	2808.6	3071.8	7.8926	0.8753	2806.7	3069.3	7.7022	0.6548	2804.8	3066.8	7.5662
400	1.5493	2966.7	3276.6	8.2218	1.0315	2965.6	3275.0	8.0330	0.7726	2964.4	3273.4	7.8985
500	1.7814	3130.8	3487.1	8.5133	1.1867	3130.0	3486.0	8.3251	0.8893	3129.2	3484.9	8.1913
600	2.013	3301.4	3704.0	8.7770	1.3414	3300.8	3703.2	8.5892	1.0055	3300.2	3702.4	8.4558
700	2.244	3478.8	3927.6	9.0194	1.4957	3478.4	3927.1	8.8319	1.1215	3477.9	3926.5	8.6987
800	2.475	3663.1	4158.2	9.2449	1.6499	3662.9	4157.8	9.0576	1.2372	3662.4	4157.3	8.9244

표 2-3 (계속)

T	v	u	h	s	v	u	h	s	v	u	h	s
	p = 0.50 MPa(151.86)				p = 0.60 MPa(158.85)				p = 0.80 MPa(170.43)			
포화	0.3749	2561.2	2748.7	6.8213	0.3157	2567.4	2756.8	6.7600	0.2404	2576.8	2769.1	6.6628
200	0.4249	2642.9	2885.4	7.0592	0.3520	2638.9	2850.1	6.9665	0.2608	2630.6	2839.3	6.8158
250	0.4744	2723.5	2960.7	7.2709	0.3938	2720.9	2957.2	7.1816	0.2931	2715.5	2950.0	7.0384
300	0.5226	2802.9	3064.2	7.4599	0.4344	2801.0	3061.6	7.3724	0.3241	2797.2	3056.5	7.2328
350	0.5701	2882.6	3167.7	7.6329	0.4742	2881.2	3165.7	7.5464	0.3544	2878.2	3161.7	7.4089
400	0.6173	2963.2	3271.9	7.7938	0.5137	2962.1	3270.3	7.7079	0.3843	2959.7	3267.1	7.5716
500	0.7109	3128.4	3483.9	8.0873	0.5920	3127.6	3482.8	8.0021	0.4433	3126.0	3480.6	7.8673
600	0.8041	3299.6	3701.7	7.3522	0.6697	3299.1	3700.9	8.2674	0.5018	3297.9	3699.4	8.1333
700	0.8969	3477.5	3925.9	8.5952	0.7472	3477.0	3925.3	8.5107	0.5601	3476.2	3924.2	8.3770
800	0.9896	3662.1	4156.9	8.8211	0.8245	3661.8	4156.5	8.7367	0.6181	3661.1	4155.6	8.6033
900	1.0822	3853.6	4394.7	9.0329	0.9017	3853.4	4394.4	8.9486	0.6761	3852.8	4393.7	8.8153
	p = 1.00 MPa(179.91)				p = 1.20 MPa(187.99)				p = 1.40 MPa(195.07)			
포화	0.19444	2583.6	2778.1	6.5865	0.16333	2588.8	2784.8	6.5233	0.14084	2592.8	2790.0	6.4693
200	0.2060	2621.9	2827.9	6.6940	0.16930	2612.8	2815.9	6.5898	0.14302	2603.1	2803.3	6.4975
250	0.2372	2709.9	2942.6	6.9247	0.19234	2704.2	2935.0	6.8294	0.16350	2698.3	2927.2	6.7467
300	0.2579	2793.2	3051.2	7.1229	0.2138	2789.2	3045.8	7.0317	0.18228	2785.2	3040.4	6.9534
350	0.2825	2875.2	3157.7	7.3011	0.2345	2872.2	3153.6	7.2121	0.2003	2869.2	3149.5	7.1360
400	0.3066	2957.3	3263.9	7.4651	0.2548	2954.9	3260.7	7.3774	0.2178	2952.5	3257.5	7.3026
500	0.3541	3124.4	3478.5	7.7622	0.2946	3122.8	3476.3	7.6759	0.2521	3121.1	3474.1	7.6027
600	0.4011	3296.8	3697.9	8.0290	0.3339	3295.6	3696.3	7.9435	0.2860	3294.4	3694.8	7.8710
700	0.4478	3475.3	3921.1	8.2731	0.3729	3474.4	3922.0	8.1881	0.3195	3473.6	3920.8	8.1160
800	0.4943	3660.4	4154.7	8.4996	0.4118	3659.7	4153.8	8.4148	0.3528	3659.0	4153.0	8.3431
900	0.5407	3852.2	4392.9	8.7118	0.4505	3851.6	4392.2	8.6272	0.3861	3851.1	4391.5	8.5556

표 2-3 (계속)

T	v	u	h	s	v	u	h	s	v	u	h	s
	p = 1.60 MPa(201.41)				p = 1.80 MPa(207.15)				p = 2.00 MPa(212.42)			
포화	0.12380	2596.0	2794.0	6.4218	0.11042	2598.4	2797.1	6.3794	0.09963	2600.3	2799.5	6.3409
225	0.13287	2644.7	2857.3	6.5518	0.11673	2636.6	2846.7	6.4808	0.10377	2628.3	2835.8	6.4147
250	0.14184	2692.3	2919.2	6.6732	0.12497	2686.0	2911.0	6.6066	0.11144	2679.6	2902.5	6.5453
300	0.15862	2781.1	3034.8	6.8844	0.14021	2776.9	3029.2	6.8226	0.12547	2772.6	3023.5	6.7664
350	0.17456	2866.1	3145.4	7.0694	0.15457	2863.0	3141.2	7.0100	0.13857	2859.8	3137.0	6.9563
400	0.19005	2950.1	3254.2	7.2374	0.16847	2947.7	3250.9	7.1794	0.15120	2945.2	3247.6	7.1271
500	0.2203	3119.5	3472.0	7.5390	0.19550	3117.9	3469.8	7.4825	0.17568	3116.2	3467.6	7.4317
600	0.2500	3293.3	3693.2	7.8080	0.2220	3292.1	3691.7	7.7523	0.19960	3290.9	3690.1	7.7024
700	0.2794	3472.7	3919.7	8.0535	0.2482	3471.8	3918.5	7.9983	0.2232	3470.9	3917.4	7.9487
800	0.3086	3658.3	4152.1	8.2808	0.2742	3657.9	4151.2	8.2258	0.2467	3657.0	4150.3	8.1765
	p = 2.50 MPa(223.99)				p = 3.00 MPa(233.90)				p = 3.50 MPa(242.60)			
포화	0.07998	2603.1	2803.1	6.2575	0.06668	2604.1	2804.2	6.1869	0.05707	2603.7	2803.4	6.1253
225	0.08027	2605.6	2806.3	6.2639								
250	0.08700	2662.6	2880.1	6.4085	0.07058	2644.0	2855.8	6.2872	0.05872	2623.7	2829.2	6.1749
300	0.09890	2761.6	3008.8	6.6438	0.08114	2750.1	2993.5	6.5390	0.06842	2738.0	2977.5	6.4461
350	0.10976	2851.9	3126.3	6.8403	0.09053	2843.7	3115.3	6.7428	0.07678	2835.3	3104.0	6.6579
400	0.12010	2939.1	3239.3	7.0148	0.09936	2932.8	3230.9	6.9212	0.08453	2926.4	3222.3	6.8405
450	0.13014	3025.5	3350.8	7.1746	0.10787	3020.4	3344.0	7.0834	0.09196	3015.3	3337.2	7.0052
500	0.13998	3112.1	3462.1	7.3234	0.11619	3108.0	3456.5	7.2338	0.09918	3103.0	3450.9	7.1572
600	0.15930	3288.0	3686.3	7.5960	0.13243	3285.0	3682.3	7.5085	0.11324	3282.1	3678.4	7.4339
700	0.17832	3468.7	3914.5	7.8435	0.14838	3466.0	3911.7	7.7571	0.12699	3464.3	3908.8	7.6837
800	0.19716	3655.3	4148.2	8.0720	0.16414	3653.5	4145.9	7.9862	0.14056	3651.8	4143.7	7.9134

표 2-3 (계속)

T	v	u	h	s	v	u	h	s	v	u	h	s
	p = 4.0 MPa(250.40)				p = 4.5 MPa(257.49)				p = 2.00 MPa(263.99)			
포화	0.04978	2602.3	2801.4	6.0701	0.04406	2600.1	2798.3	6.0198	0.03944	2597.1	2794.3	5.9734
275	0.05457	2667.9	2886.2	6.2285	0.04730	2650.3	2863.2	6.1401	0.04141	2631.3	2838.3	6.0544
300	0.05884	2725.3	2960.7	6.3615	0.05135	2712.0	2943.1	6.2828	0.04532	2698.0	2924.5	6.2084
350	0.06645	2826.7	3092.5	6.5821	0.05840	2817.8	3080.6	6.5131	0.05194	2808.7	3068.4	6.4493
400	0.07341	2919.9	3213.6	6.7690	0.06475	2913.3	3204.7	6.7047	0.05781	2906.6	3195.7	6.6459
450	0.08002	3010.2	3330.3	6.9363	0.07074	3005.0	3323.3	6.8746	0.06330	2999.7	3316.2	6.8186
500	0.08643	3099.5	3445.3	7.0901	0.07651	3095.3	3439.6	7.0301	0.06857	3091.0	3433.8	6.9759
600	0.09885	3279.1	3674.4	7.3688	0.08765	3276.0	3670.5	7.3110	0.07869	3273.0	3666.5	6.2586
700	0.11095	3462.1	3905.9	7.6198	0.09847	3459.9	3903.0	7.5631	0.08849	3457.6	3900.1	6.5122
800	0.12287	3650.0	4141.5	7.8502	0.10911	3648.3	4139.3	7.7942	0.09811	3646.6	4137.1	6.7440
900	0.13469	3843.6	4382.3	8.0647	0.11965	3842.2	4380.6	8.0091	0.10762	3840.7	4378.8	6.9593
	p = 6.0 MPa(275.64)				p = 7.0 MPa(285.88)				p = 8.0 MPa(295.06)			
포화	0.03244	2589.7	2784.3	5.8892	0.02737	2580.5	2772.1	5.8133	0.02352	2569.8	2758.0	5.7432
300	0.03616	2662.7	2884.2	6.0674	0.02947	2632.2	2838.4	5.9305	0.02426	2590.9	2785.0	5.7906
350	0.04223	2789.6	3043.0	6.3335	0.03524	2769.4	3016.0	6.2283	0.02995	2747.7	2987.3	6.1301
400	0.04739	2892.9	3177.2	6.5408	0.03993	2878.6	3158.1	6.4478	0.03432	2863.8	3138.3	6.3634
450	0.05214	2988.9	3301.8	6.7193	0.04416	2978.0	3287.1	6.6327	0.03817	2966.7	3272.0	6.5551
500	0.05665	3082.2	3422.2	6.8803	0.04814	3073.4	3410.3	6.7975	0.04175	3064.3	3398.3	6.7240
550	0.06101	3174.6	3540.6	7.0288	0.05195	3167.2	3530.9	6.9486	0.04516	3159.8	3521.0	6.8778
600	0.06525	3266.9	3658.4	7.1677	0.05565	3260.7	3650.3	7.0894	0.04845	3254.4	3642.0	6.0206
700	0.07352	3453.1	3894.2	7.4234	0.06283	3448.5	3888.3	7.3476	0.05481	3443.9	3882.4	6.2812
800	0.08160	3643.1	4132.7	7.6566	0.06981	3639.5	4128.2	7.5822	0.06097	3636.0	4123.8	6.5173
900	0.08958	3837.8	4375.3	7.8727	0.07669	3835.0	4371.8	7.7991	0.06702	3832.1	4368.3	6.7351

표 2-3 (계속)

T	v	u	h	s	v	u	h	s	v	u	h	s
	p = 9.0 MPa(303.40)				p = 10.0 MPa(311.06)				p = 12.5 MPa(327.89)			
포화	0.02048	2557.8	2742.1	5.6772	0.018026	2544.4	2724.7	5.6141	0.013495	2505.1	2673.8	5.4624
325	0.02327	2646.6	2856.0	5.8712	0.019861	2610.4	2809.1	5.7568				
350	0.02580	2724.4	2956.6	6.0361	0.02242	2699.2	2923.4	5.9443	0.016126	2624.6	2826.2	5.7118
400	0.02993	2848.4	3117.8	6.2854	0.02641	2832.4	3096.5	6.2120	0.02000	2789.3	3039.3	6.0417
450	0.03350	2955.2	3256.6	6.4844	0.02975	2943.4	3240.9	6.4190	0.02299	2912.5	3199.8	6.2719
500	0.03677	3055.2	3386.1	6.6576	0.03279	3045.8	3373.7	3.5966	0.02560	3021.7	3341.8	6.4618
550	0.03987	3152.2	3511.0	6.8142	0.03564	3144.6	3500.9	6.7561	0.02801	3125.0	3475.2	6.6290
600	0.04285	3248.1	3633.7	6.9589	0.03837	3241.7	3625.3	6.9029	0.03029	3225.4	3604.0	6.7810
650	0.04574	3343.6	3755.3	7.0943	0.04101	3338.2	3748.2	7.0398	0.03248	3324.4	3730.4	6.9218
700	0.04857	3439.3	3876.5	7.2221	0.04358	3434.7	3870.5	7.1687	0.03460	3422.9	3855.3	6.0536
800	0.05409	3632.5	4119.3	7.4596	0.04859	3628.9	4114.8	7.4077	0.03869	3620.0	4103.6	6.2965
	p = 15.0 MPa(342.24)				p = 17.5 MPa(354.75)				p = 20.0 MPa(365.81)			
포화	0.010337	2455.5	2610.5	5.3098	0.007920	2390.2	2528.8	5.1419	0.005834	2293.0	2409.7	4.9269
350	0.011470	2520.4	2692.4	5.4421								
400	0.015649	2740.7	2975.5	5.8811	0.012447	2685.0	2902.9	5.7213	0.009942	3619.3	2818.1	5.5540
450	0.018445	2879.5	3156.2	6.1404	0.015174	2844.2	3109.7	6.0184	0.012695	2806.2	3060.1	5.9017
500	0.02028	2996.6	3308.6	6.3443	0.017358	2970.3	3274.1	6.2383	0.014768	2942.9	3238.2	6.1401
550	0.02293	3104.7	3448.6	6.5199	0.019288	3083.9	3421.4	6.4230	0.016555	3062.4	3393.5	6.3348
600	0.02491	3208.6	3582.3	6.6776	0.02103	3191.5	3560.1	6.5866	0.018178	3174.0	3537.6	6.5048
650	0.02680	3310.3	3712.3	6.8224	0.02274	3296.0	3693.9	6.7357	0.019693	3281.4	3675.3	6.6582
700	0.02861	3410.9	3840.1	6.9572	0.02434	3398.7	3824.6	6.8736	0.02113	3386.4	3809.0	6.7993
800	0.03210	3610.9	4092.4	7.2040	0.02738	3601.8	4081.1	7.1244	0.02385	3592.7	4069.7	7.0544
900	0.03546	3811.9	4343.8	7.4279	0.03031	3804.7	4335.1	7.3507	0.02645	3797.5	4326.4	7.2830

표 2-3 (계속)

T	v	u	h	s	v	u	h	s	v	u	h	s
	p = 2.50 MPa				p = 30.0 MPa				p = 35.0 MPa			
포화												
375	0.0019731	1798.7	1848.0	4.0320	0.0017892	1737.8	1791.5	3.9305	0.0017003	1702.9	1762.4	3.8722
400	0.006004	2430.1	2580.2	5.1418	0.002790	2067.4	2151.1	4.4728	0.002100	1914.1	1987.6	4.2126
425	0.007881	2609.2	2806.3	5.4723	0.005303	2455.1	2614.2	5.1504	0.003428	2253.4	2373.4	4.7747
450	0.009162	2720.7	2949.7	5.6744	0.006735	2619.3	2821.4	5.4424	0.004961	2498.9	2672.4	5.1962
500	0.011123	2884.3	3162.4	5.9592	0.008678	2820.7	3081.1	5.7905	0.006927	2751.9	2994.4	5.6282
550	0.012724	3017.5	3335.6	6.1765	0.010168	2970.3	3275.4	6.0342	0.008345	1912.0	3213.0	5.9026
600	0.014137	3137.9	3491.4	6.3602	0.011446	3100.5	3443.9	6.2331	0.009527	3062.0	3395.5	6.1179
650	0.015433	3251.6	3637.4	6.5229	0.012596	3221.0	3598.8	6.4058	0.010575	3189.8	3559.9	6.3010
700	0.016646	3361.3	3777.5	6.6707	0.013661	3335.8	3745.6	6.5606	0.011533	3309.8	3713.5	6.4631
800	0.018912	3574.3	4047.1	6.9345	0.015623	3555.5	4024.2	6.8332	0.013278	3536.7	4001.5	6.7450
900	0.021045	3783.0	4309.1	7.1680	0.017448	3768.5	4291.9	7.0718	0.014833	3754.0	4274.9	6.9886
	p = 40.0 MPa				p = 50.0 MPa				p = 60.0 MPa			
포화												
375	0.0016407	1677.2	1742.8	3.8290	0.0015594	1638.6	1716.6	3.7636	0.0015028	1603.4	1699.5	3.7141
400	0.0019077	1854.6	1930.9	4.1135	0.0017309	1788.1	1874.6	4.0031	0.0016335	1745.4	1843.4	3.9318
425	0.002532	2096.9	2198.1	4.5029	0.002007	1959.7	2060.0	4.2734	0.0018165	1892.7	2001.7	4.1626
450	0.003693	2365.1	2512.8	4.9459	0.002486	2159.6	2284.0	4.5884	0.002085	2053.9	2179.0	4.4121
500	0.005622	2678.4	2903.3	5.4700	0.003892	2525.5	2720.1	5.1726	0.002956	2390.6	2567.9	4.9321
550	0.006984	2869.7	3149.1	5.7785	0.005118	2763.6	3019.5	5.5485	0.003956	2658.8	2896.2	5.3441
600	0.008094	3022.6	3346.4	6.0114	0.006112	2942.0	3247.6	5.8178	0.004834	2861.1	3151.2	5.6452
650	0.009063	3158.0	3520.6	6.2054	0.006966	3093.5	3441.8	6.0342	0.005595	3028.8	3364.5	5.8829
700	0.009941	3283.6	3681.2	6.3750	0.007727	3230.5	3616.8	6.2189	0.006272	3177.2	3553.5	6.0824
800	0.011523	3517.8	3978.7	6.6662	0.009076	3479.8	3933.6	6.5290	0.007459	3441.5	3889.1	6.4109
900	0.012962	3739.4	4257.9	6.9150	0.010283	3710.3	4224.4	6.7882	0.008508	3681.0	4191.5	6.6805

표 2-4 압축액(T : °C, v : m^3/kg, u, h : kJ/kg·K)

T	v	u	h	s	v	u	h	s	v	u	h	s
	p = 5 MPa(263.99)				p = 10 MPa(311.06)				p = 15 MPa(342.24)			
포화	0.0012859	1147.8	1154.2	2.9202	0.0014524	1393.0	1407.6	3.3596	0.0016581	1585.6	1610.5	3.6848
0	0.0009977	0.04	5.04	0.0001	0.0009952	0.09	10.04	0.0002	0.0009928	0.15	15.05	0.0004
20	0.0009995	83.65	88.65	0.2956	0.0009972	83.36	93.33	0.2945	0.0009950	83.06	97.99	0.2934
40	0.0010056	166.95	171.97	0.5705	0.0010034	166.35	176.38	0.5686	0.0010013	165.76	180.78	0.5666
60	0.0010149	250.23	255.30	0.8285	0.0010127	249.36	259.49	0.8258	0.0010105	248.51	263.67	0.8232
80	0.0010268	333.72	338.85	1.0720	0.0010245	332.59	342.83	1.0688	0.0010222	331.48	346.81	1.0656
100	0.0010410	417.52	422.72	1.3030	0.0010385	416.12	426.50	1.2992	0.0010366	414.74	430.28	1.2955
120	0.0010576	501.80	507.09	1.5233	0.0010549	500.08	510.64	1.5189	0.0010522	498.40	514.19	1.5145
140	0.0010768	586.76	592.15	1.7343	0.0010737	584.68	595.42	1.7292	0.0010707	582.66	598.72	1.7242
160	0.0010988	672.62	678.12	1.9375	0.0010953	670.13	681.08	1.9317	0.0010918	667.71	684.09	1.9260
180	0.0011240	759.63	765.25	2.1341	0.0011199	756.65	767.84	2.1275	0.0011159	753.76	770.50	2.1210
200	0.0011530	848.1	853.9	2.3215	0.0011480	844.5	856.0	2.3178	0.0011433	841.0	858.2	2.3104
220	0.0011866	938.4	944.4	2.5128	0.0011805	934.1	945.9	2.5039	0.0011748	929.9	947.5	2.4953
240	0.0012264	1031.4	1037.5	2.6979	0.0012187	1026.0	1038.1	2.6872	0.0012114	1020.8	1039.0	2.6771
260	0.0012749	1127.9	1134.3	2.8830	0.0012645	1121.1	1133.7	2.8699	0.0012550	1114.6	1133.4	2.8576
280					0.0013216	1220.9	1234.1	3.0548	0.0013084	1212.5	1232.1	3.0393
300					0.0013972	1328.4	1342.3	3.2469	0.0013770	1316.6	1337.3	3.2260
320									0.0014724	1431.1	1453.2	3.4247
340									0.0016311	1567.5	1591.9	3.6546

표 2-4 (계속)

T	v	u	h	s	v	u	h	s	v	u	h	s
	p = 20 MPa(365.81)				p = 30 MPa				p = 50 MPa			
포화												
0	0.002036	1785.6	1826.3	4.0139	0.0009856	0.25	29.82	0.0001	0.0009776	0.20	49.03	0.0014
20	0.0009904	0.19	20.01	0.0004	0.0009886	82.17	111.84	0.2899	0.0009804	81.00	130.02	0.2848
40	0.0009928	82.77	102.62	0.2923	0.0009951	164.04	193.89	0.5607	0.0009872	161.86	211.21	0.5527
60	0.0009992	165.17	185.16	0.5646	0.0010042	246.06	276.19	0.8154	0.0009962	242.98	292.79	0.8052
80	0.0010084	247.68	267.85	0.8206	0.0010156	328.30	358.77	1.0561	0.0010073	324.34	374.70	1.0440
100	0.0010199	330.40	350.80	1.0624	0.0010290	410.78	441.66	1.2844	0.0010201	405.88	456.89	1.2703
120	0.0010337	413.39	434.06	1.2917	0.0010445	493.59	524.93	1.5018	0.0010348	487.65	539.39	1.4857
140	0.0010496	496.76	517.76	1.5102	0.0010621	576.88	608.75	1.7098	0.0010515	569.77	622.35	1.6915
160	0.0010678	580.69	602.04	1.7193	0.0010821	660.82	693.28	1.9096	0.0010703	652.41	705.92	1.8891
180	0.0010885	665.35	687.12	1.9204	0.0011047	745.59	778.73	2.1024	0.0010912	735.69	790.25	2.0794
200	0.0011120	750.95	773.20	2.1147	0.0011302	831.4	865.3	2.2893	0.0011146	819.7	875.5	2.2634
220	0.0011338	837.7	860.5	2.3031	0.0011590	918.3	953.1	2.4711	0.0011408	904.7	961.7	2.4419
240	0.0011693	925.9	949.3	2.4870	0.0011920	1006.9	1042.6	2.6490	0.0011702	990.7	1049.2	2.6158
260	0.0012046	1016.0	1040.0	2.6674	0.0012303	1097.4	1134.3	2.8243	0.0012034	1078.1	1138.2	2.7860
280	0.0012462	1108.6	1133.5	2.8459	0.0012755	1190.7	1229.0	2.9986	0.0012415	1167.2	1229.3	2.9537
300	0.0012965	1204.7	1230.6	3.0248	0.0013304	1287.9	1327.8	3.1741	0.0012860	1258.7	1323.0	3.1200
320	0.0013596	1306.1	1333.3	3.2071	0.0013997	1390.9	1432.7	3.3539	0.0013388	1353.3	1420.2	3.2868
340	0.0014437	1415.7	1444.6	3.3979	0.0014920	1501.7	1546.5	3.5426	0.0014032	1452.0	1522.1	3.4557
360	0.0015684	1539.7	1571.0	3.6075	0.0016265	1626.6	1675.4	3.7494	0.0014838	1556.0	1630.2	3.6291
380	0.0018226	1702.8	1739.3	3.8772	0.0018691	1781.4	1837.5	4.0012	0.0015884	1667.2	1746.6	3.8101

표 3-1 포화증기

온도 [°C] T	압력 [kPa] p	비체적[m³/kg] 포화액 v_f	증발 u_{fg}	포화증기 v_g	엔탈피[kJ/kg] 포화액 h_f	증발 h_{fg}	포화증기 h_g	엔트로피[kJ/kg · K] 포화액 s_f	증발 s_{fg}	포화증기 s_g
−50	40.88	0.001424	2.6239	2.6254	−44.3	1416.7	1372.4	−0.1942	6.3502	6.1561
−48	45.96	0.001429	2.3518	2.3533	−35.5	1411.3	1375.8	−0.1547	6.2696	6.1149
−46	51.55	0.001434	2.1126	2.1140	−26.6	1405.8	1379.2	−0.1156	6.1902	6.0746
−44	57.69	0.001439	1.9018	1.9032	−17.8	1400.3	1382.5	−0.0768	6.1120	6.0352
−42	64.42	0.001444	1.7155	1.7170	−8.9	1394.7	1385.8	−0.0382	6.0349	5.9967
−40	71.77	0.001449	1.5506	1.5521	0.0	1389.0	1389.0	0.0000	5.9589	5.9589
−38	79.80	0.001454	1.4043	1.4058	8.9	1383.3	1392.2	0.0380	5.8840	5.9220
−36	88.54	0.001460	1.2742	1.2757	17.9	1377.6	1395.4	0.0757	5.8101	5.8858
−34	98.05	0.001465	1.1582	1.1597	26.8	1371.8	1398.5	0.1132	5.7372	5.8504
−32	108.37	0.001470	1.0547	1.0562	35.7	1365.9	1401.6	0.1504	5.6652	5.8156
−30	119.55	0.001476	0.9621	0.9635	44.7	1360.0	1404.6	0.1873	5.5942	5.7815
−28	131.64	0.001481	0.8790	0.8805	53.6	1354.0	1407.6	0.2240	5.5241	5.7481
−26	144.70	0.001487	0.8044	0.8059	62.6	1347.9	1410.5	0.2605	5.4548	5.7153
−24	158.78	0.001492	0.7373	0.7388	71.6	1341.8	1413.4	0.2967	5.3864	5.6831
−22	173.93	0.001498	0.6768	0.6783	80.7	1335.6	1416.2	0.3327	5.3188	5.6515
−20	190.22	0.001504	0.6222	0.6237	89.7	1329.8	1419.0	0.3684	5.2520	5.6205
−18	207.71	0.001510	0.5728	0.5743	98.8	1322.9	1421.7	0.4040	5.1860	5.5900
−16	226.45	0.001515	0.5280	0.5296	107.8	1316.5	1424.4	0.4393	5.1207	5.5600
−14	246.51	0.001521	0.4874	0.4889	116.9	1310.0	1427.0	0.4744	5.0561	5.5305
−12	267.95	0.001528	0.4505	0.4520	126.0	1303.5	1429.5	0.5093	4.9922	5.5015

표 3-1 (계속)

온도 [°C] T	압력 [kPa] p	비체적[m³/kg] 포화액 v_f	증발 u_{fg}	포화증기 v_g	엔탈피[kJ/kg] 포화액 h_f	증발 h_{fg}	포화증기 h_g	엔트로피[kJ/kg·K] 포화액 s_f	증발 s_{fg}	포화증기 s_g
−10	290.85	0.001534	0.4169	0.4185	135.2	1296.8	1432.0	0.5440	4.9290	5.4730
−8	315.25	0.001540	0.3863	0.3878	144.3	1290.1	1434.4	0.5785	4.8664	5.4449
−6	341.25	0.001546	0.3583	0.3599	153.5	1283.3	1436.8	0.6128	4.8045	5.4173
−4	368.90	0.001553	0.3328	0.3343	162.7	1276.4	1439.1	0.6469	4.7432	5.3901
−2	398.27	0.001559	0.3094	0.3109	171.9	1269.4	1441.3	0.6808	4.6825	5.3633
0	429.44	0.001566	0.2879	0.2895	181.1	1262.4	1443.5	0.7145	4.6223	5.3369
2	462.49	0.001573	0.2683	0.2698	190.4	1255.2	1445.6	0.7481	4.5627	5.3108
4	497.49	0.001580	0.2502	0.2517	199.6	1248.0	1447.6	0.7815	4.5037	5.2852
6	534.51	0.001587	0.2335	0.2351	208.9	1240.6	1449.6	0.8148	4.4451	5.2599
8	573.64	0.001594	0.2182	0.2198	218.3	1233.2	1451.5	0.8479	4.3871	5.2350
10	614.95	0.001601	0.2040	0.2056	227.6	1225.7	1453.3	0.8808	4.3295	5.2104
12	658.52	0.001608	0.1910	0.1926	237.0	1218.1	1455.1	0.9136	4.2725	5.1861
14	704.44	0.001616	0.1789	0.1805	246.4	1210.4	1456.8	0.9463	4.2159	5.1621
16	752.79	0.001623	0.1677	0.1693	255.9	1202.6	1458.5	0.9788	4.1597	5.1385
18	803.66	0.001631	0.1574	0.1590	265.4	1194.7	1460.0	1.0112	4.1039	5.1151
20	857.12	0.001639	0.1477	0.1494	274.9	1186.7	1461.5	1.0434	4.0486	5.0920
22	913.27	0.001647	0.1388	0.1405	284.4	1178.5	1462.9	1.0755	3.9937	5.0692
24	972.19	0.001655	0.1305	0.1322	294.0	1170.3	1464.3	1.1075	3.9392	5.0467
26	1033.97	0.001663	0.1228	0.1245	303.6	1162.0	1465.6	1.1394	3.8850	5.0244
28	1098.71	0.001671	0.1156	0.1173	313.2	1158.6	1466.8	1.1711	3.8312	5.0023
30	1166.49	0.001680	0.1089	0.1106	322.9	1145.0	1467.9	1.2028	3.7777	4.9805
32	1237.41	0.001689	0.1027	0.1044	332.6	1136.4	1469.0	1.2343	3.7246	4.9589
34	1311.55	0.001698	0.0969	0.0986	342.3	1127.6	1469.9	1.2656	3.6718	4.9374

표 3-1 (계속)

온도 [°C] T	압력 [kPa] p	비체적[m^3/kg]			엔탈피[kJ/kg]			엔트로피[kJ/kg · K]		
		포화액 v_f	증발 u_{fg}	포화증기 v_g	포화액 h_f	증발 h_{fg}	포화증기 h_g	포화액 s_f	증발 s_{fg}	포화증기 s_g
36	1389.3	0.001707	0.0914	0.0931	352.1	1118.7	1470.8	1.2969	3.6192	4.9161
38	1469.92	0.001716	0.0863	0.0880	361.9	1109.7	1471.5	1.3281	3.5669	4.8950
40	1554.33	0.001726	0.0815	0.0833	371.7	1100.5	1472.2	1.3591	3.5148	4.8740
42	1642.35	0.001735	0.0771	0.0788	381.6	1091.2	1472.8	1.3901	3.4630	4.8530
44	1734.09	0.001745	0.0728	0.0746	391.5	1081.7	1473.2	1.4209	3.4112	4.8322
46	1829.65	0.001756	0.0689	0.0707	401.5	1072.0	1473.5	1.4518	3.3595	4.8113
48	1929.13	0.001766	0.0652	0.0669	411.5	1062.2	1473.7	1.4826	3.3079	4.7905
50	2032.62	0.001777	0.0617	0.0635	421.7	1052.0	1473.7	1.5135	3.2561	4.7696

표 3-2 과열증기(T : °C, p : kPa, v : m^3/kg, h : kJ/kg, s : kJ/kg·K)

압력[kPa] (포화온도)[°C]		온도[°C] −20	−10	0	10	20	30	40	50	60	70	80	100
50 (−46.54)	v	2.4474	2.5481	2.6482	2.7479	2.8473	2.9464	3.0453	3.1441	3.2427	3.3413	3.4397	
	h	1435.8	1457.0	1478.1	1499.2	1520.4	1541.7	1563.0	1584.5	1606.1	1627.8	1649.7	
	s	6.3256	6.4077	6.4865	6.5625	6.6360	6.7073	6.7766	6.8441	6.9099	6.9743	7.0372	
75 (−39.18)	v	1.6233	1.6915	1.7591	1.8263	1.8932	1.9597	2.0261	2.0923	2.1584	2.2244	2.2903	
	h	1433.0	1454.7	1476.1	1497.5	1518.9	1540.3	1561.8	1583.4	1605.1	1626.9	1648.9	
	s	6.1190	6.2028	6.2828	6.3597	6.4339	6.5058	6.5756	6.6434	6.7096	6.7742	6.8373	
100 (−33.61)	v	1.2110	1.2631	1.3145	1.3654	1.4160	1.4664	1.5165	1.5664	1.6163	1.6659	1.7155	1.8145
	h	1430.1	1452.2	1474.1	1495.7	1517.3	1538.9	1560.5	1582.2	1604.1	1626.0	1648.0	1692.6
	s	5.9695	6.0552	6.1366	6.2144	6.2894	6.3618	6.4321	6.5003	6.5668	6.6316	6.6950	6.8177
125 (−29.08)	v	0.9635	1.0059	1.0476	1.0889	1.1297	1.1703	1.2107	1.2509	1.2909	1.3309	1.3707	1.4501
	h	1427.2	1449.8	1472.0	1493.9	1515.7	1537.5	1559.3	1581.1	1603.0	1625.0	1647.2	1691.8
	s	5.8512	5.9398	6.0217	6.1006	6.1763	6.2494	6.3201	6.3887	6.4555	6.5206	6.5842	6.7072
150 (−25.23)	v	0.7984	0.8344	0.8697	0.9045	0.9388	0.9729	1.0068	1.0405	1.0740	1.1074	1.1408	1.2072
	h	1424.1	1447.3	1469.8	1492.1	1514.1	1536.1	1558.0	1580.0	1602.0	1624.1	1646.3	1691.1
	s	5.7526	5.8424	5.9266	6.0066	6.0831	6.1568	6.2280	6.2970	6.3641	6.4295	6.4933	6.6167
200 (−18.86)	v		0.6199	0.6471	0.6738	0.7001	0.7261	0.7519	0.7774	0.8029	0.8282	0.8533	0.9035
	h		1442.0	1465.5	1488.4	1510.9	1533.2	1555.5	1577.7	1599.9	1622.2	1644.6	1689.6
	s		5.6863	5.7735	5.8559	5.9342	6.0091	6.0813	6.1512	6.2189	6.2849	6.3491	6.4732
250 (−13.67)	v		0.4910	0.5135	0.5354	0.5568	0.5780	0.5989	0.6196	0.6401	0.6605	0.6809	0.7212
	h		1436.6	1461.0	1484.5	1507.6	1530.3	1552.9	1575.4	1597.8	1620.3	1642.8	1688.2
	s		5.5609	5.6517	5.7365	5.8165	5.8928	5.9661	6.0368	6.1052	6.1717	6.2365	6.3613
300 (−9.23)	v			0.4243	0.4430	0.4613	0.4792	0.4968	0.5143	0.5316	0.5488	0.5658	0.5997
	h			1456.3	1480.6	1504.2	1527.4	1550.3	1573.0	1595.7	1618.4	1641.1	1686.7
	s			5.5493	5.6366	5.7186	5.7963	5.8707	5.9423	6.0114	6.0785	6.1437	6.2693

표 3-2 (계속)

압력[kPa] (포화온도)[°C]		온도[°C]											
		−20	−10	0	10	20	30	40	50	60	70	80	100
350 (−5.35)	v			0.3605	0.3770	0.3929	0.4086	0.4239	0.4391	0.4541	0.4689	0.4837	0.5129
	h			1451.5	1476.5	1500.7	1524.4	1547.6	1570.7	1593.6	1616.5	1639.3	0685.2
	s			5.4600	5.5502	5.6342	5.7135	5.7890	5.8615	5.9314	5.9990	6.0647	6.1910
400 (−1.89)	v			0.3125	0.3274	0.3417	0.3556	0.3692	0.3826	0.3959	0.4090	0.4220	0.4478
	h			1446.5	1472.4	1497.2	1521.3	1544.9	1568.3	1591.5	1614.5	1637.6	1683.7
	s			5.3803	5.4735	5.5597	5.6405	5.7173	5.7907	5.8613	5.9296	5.9957	6.1228
450 (1.26)	v			0.2752	0.2887	0.3017	0.3143	0.3266	0.3387	0.3506	0.3624	0.3740	0.3971
	h			1441.3	1468.1	1493.6	1518.2	1542.2	1565.9	1589.3	1612.6	1635.8	1682.2
	s			5.3078	5.4042	5.4926	5.5752	5.6532	5.7275	5.7989	5.8678	5.9345	6.0623
		20	**30**	**40**	**50**	**60**	**70**	**80**	**100**	**120**	**140**	**160**	**180**
500 (4.14)	v	0.2698	0.2813	0.2926	0.3036	0.3144	0.3251	0.3357	0.3565	0.3771	0.3975		
	h	1489.9	1515.0	1539.5	1563.4	1587.1	1610.6	1634.0	1680.7	1727.5	1774.7		
	s	5.4314	5.5157	5.5950	5.6704	5.7425	5.8120	5.8793	6.0079	6.1301	6.2472		
600 (9.29)	v	0.2217	0.2317	0.2414	0.2508	0.2600	0.2691	0.2781	0.2957	0.3130	0.3302		
	h	1482.4	1508.6	1533.8	1558.5	1582.7	1606.6	1630.4	1677.7	0724.9	1772.4		
	s	5.3222	5.4102	5.4923	5.5697	5.6436	5.7144	5.7826	5.9129	6.0363	6.1541		
700 (13.81)	v	0.1874	0.1963	0.2048	0.2131	0.2212	0.2291	0.2369	0.2522	0.2672	0.2821		
	h	1474.5	1501.9	1528.1	1553.4	1578.2	1602.6	1626.8	1674.6	1722.4	1770.2		
	s	5.2259	5.3179	5.4029	5.4826	5.5582	5.6303	5.6997	5.8316	5.9562	6.0749		
800 (17.86)	v	0.1615	0.1696	0.1773	0.1848	0.1920	0.1991	0.2060	0.2196	0.2329	0.2459	0.2589	
	h	1466.3	1495.0	1495.0	1548.3	1573.7	1598.6	1623.1	1671.6	1719.8	1768.0	1816.4	
	s	5.1387	5.2351	5.2351	5.4053	5.4827	5.5562	5.6268	5.7603	5.8861	6.0057	6.1202	
900 (21.54)	v		0.1488	0.1488	0.1627	0.1693	0.1757	0.1820	0.1942	0.2061	0.2178	0.2294	
	h		1488.0	1488.0	1543.0	1569.1	1594.4	1619.4	1668.5	1717.1	1765.7	1814.4	
	s		5.1593	5.1593	5.3354	5.4147	5.4897	5.5614	5.6968	5.8237	5.9442	6.0594	

표 3-2 (계속)

압력[kPa] (포화온도)[°C]		온도[°C] 20	30	40	50	60	70	80	100	120	140	160	180
1000 (24.91)	v		0.1321	0.1388	0.1450	0.1511	0.1570	0.1627	0.1739	0.1847	0.1954	0.2058	0.2162
	h		1480.6	1510.0	1537.7	1564.4	1590.3	1615.6	1665.4	1714.5	1763.4	1812.4	1861.7
	s		5.0889	5.1840	5.2713	5.3525	5.4292	5.5021	5.6392	5.7674	5.8888	6.0047	6.1159
1200 (30.96)	v			0.1129	0.1185	0.1238	0.1289	0.1338	0.1434	0.1526	0.1616	0.1705	0.1792
	h			1497.1	1526.6	1554.7	1581.7	1608.0	1659.2	1709.2	1758.9	1808.5	1858.2
	s			5.0629	5.1560	5.2416	5.3215	5.3970	5.5379	5.6687	5.7919	5.9091	6.0214
1400 (36.28)	v			0.0944	0.0995	0.1042	0.1088	0.1132	0.1216	0.1297	0.1376	0.1452	0.1528
	h			1483.4	1515.1	1544.7	1573.0	1600.2	1652.8	1703.9	1754.3	1804.5	1854.7
	s			4.9534	5.0530	5.1434	5.2270	5.3053	5.4501	5.5836	5.7087	5.8273	5.9406
1600 (41.05)	v				0.0851	0.0895	0.0937	0.0977	0.1053	0.1126	0.1195	0.1263	0.1330
	h				1502.9	1534.4	1564.0	1592.3	1646.4	1698.5	1749.7	1800.5	1851.2
	s				4.9584	5.0543	5.1419	5.2232	5.3722	5.5084	5.6355	5.7555	5.8699
1800 (45.39)	v				0.0739	0.0781	0.0820	0.0856	0.0926	0.0992	0.1055	0.1116	0.1177
	h				1490.0	1523.5	1554.6	1584.1	1639.8	1693.1	1745.1	1796.5	1847.7
	s				4.8693	4.9715	5.0635	5.1482	5.3018	5.4409	5.5699	5.6914	5.8069
2000 (49.38)	v				0.0648	0.0688	0.0725	0.0760	0.0824	0.0885	0.0943	0.0999	0.1054
	h				1476.1	1512.0	1544.9	1575.6	1633.2	1687.6	1740.4	1792.4	1844.1
	s				4.7834	4.8930	4.9902	5.0786	5.2371	5.3793	5.5104	5.6333	5.7499

표 4-1 R-12의 포화증기표(온도기준)

온도 [°C] T	포화압력 [kPa] p_{sat}	비체적[m³/kg] 포화액 v_f	비체적[m³/kg] 포화증기 v_g	내부에너지[kJ/kg] 포화액 u_f	내부에너지[kJ/kg] 포화증기 u_g	엔탈피[kJ/kg] 포화액 h_f	엔탈피[kJ/kg] 증발 h_{fg}	엔탈피[kJ/kg] 포화증기 h_g	엔트로피[kJ/kg · K] 포화액 s_f	엔트로피[kJ/kg · K] 포화증기 s_g
−40	0.06417	0.0006595	0.24191	−0.04	154.07	0	169.59	169.59	0	0.7274
−35	0.08071	0.0006656	0.19540	4.37	156.13	4.42	167.48	171.90	0.0187	0.7219
−30	0.10041	0.0006720	0.15938	8.79	158.20	8.86	165.33	174.20	0.0371	0.7170
−28	0.10927	0.0006746	0.14728	10.58	159.02	10.65	164.46	175.11	0.0444	0.7153
−26	0.11872	0.0006773	0.13628	12.35	159.84	12.43	163.59	176.02	0.0517	0.7135
−25	0.12368	0.0006786	0.13117	13.25	160.26	13.33	163.15	176.48	0.0552	0.7126
−24	0.12880	0.0006800	0.12628	14.13	160.67	14.22	162.71	176.93	0.0589	0.7119
−22	0.13953	0.0006827	0.11717	15.92	161.48	16.02	161.82	177.83	0.0660	0.7103
−20	0.15093	0.0006855	0.10885	17.72	162.31	17.82	160.92	178.74	0.0731	0.7087
−18	0.16304	0.0006883	0.10124	19.51	163.12	19.62	160.01	179.63	0.0802	0.7073
−15	0.18260	0.0006926	0.09102	22.20	164.35	22.33	158.64	180.97	0.0906	0.7051
−10	0.21912	0.0007000	0.07665	26.72	166.39	26.87	156.31	183.19	0.1080	0.7019
−5	0.26096	0.0007078	0.06496	31.27	168.42	31.45	153.93	185.37	0.1251	0.6991
0	0.30861	0.0007159	0.05539	35.83	170.44	36.05	151.48	187.53	0.1420	0.6965
4	0.35124	0.0007227	0.04895	39.51	172.04	39.76	149.47	189.23	0.1553	0.6946
8	0.39815	0.0007297	0.04340	43.21	173.63	43.50	147.41	190.91	0.1686	0.6929
12	0.44962	0.0007370	0.03860	46.93	175.20	47.26	145.30	192.56	0.1817	0.6913
16	0.50591	0.0007446	0.03442	50.67	176.78	51.05	143.14	194.19	0.1948	0.6898

표 4-1 (계속)

온도 [°C] T	포화압력 [kPa] p_{sat}	비체적[m³/kg] 포화액 v_f	포화증기 v_g	내부에너지[kJ/kg] 포화액 u_f	포화증기 u_g	엔탈피[kJ/kg] 포화액 h_f	증발 h_{fg}	포화증기 h_g	엔트로피[kJ/kg · K] 포화액 s_f	포화증기 s_g
20	0.56729	0.0007525	0.03078	54.44	178.32	54.87	140.91	195.78	0.2078	0.6884
24	0.63405	0.0007607	0.02759	58.25	179.85	58.73	138.61	197.34	0.2207	0.6871
26	0.66954	0.0007650	0.02614	60.17	180.61	60.68	137.44	198.11	0.2271	0.6865
28	0.70648	0.0007694	0.02478	62.09	181.36	62.63	136.24	198.87	0.2335	0.6859
30	0.74490	0.0007739	0.02351	64.01	182.11	64.59	135.03	199.62	0.2400	0.6853
32	0.78485	0.0007785	0.02231	65.96	182.85	66.57	133.79	200.36	0.2463	0.6847
34	0.82636	0.0007832	0.02118	67.90	183.59	68.55	132.53	201.09	0.2527	0.6842
36	0.86948	0.0007880	0.02012	69.86	184.31	70.55	131.25	201.80	0.2591	0.6836
38	0.91423	0.0007929	0.01912	71.84	185.03	72.56	129.94	202.51	0.2655	0.6831
40	0.96065	0.0007980	0.01817	73.82	185.74	74.59	128.61	203.20	0.2718	0.6825
42	1.0088	0.0008033	0.01728	75.82	186.45	76.63	127.25	203.88	0.2782	0.6820
44	1.0587	0.0008086	0.01644	77.82	187.13	78.68	125.87	204.54	0.2845	0.6814
48	1.1639	0.0008199	0.01488	88.88	188.51	82.83	123.00	205.83	0.2973	0.6802
52	1.2766	0.0008318	0.01349	86.00	189.83	87.06	119.99	207.05	0.3101	0.6791
56	1.3972	0.0008445	0.01224	90.18	191.10	91.36	116.84	208.20	0.3229	0.6779
60	1.5259	0.0008581	0.01111	94.43	192.31	95.74	113.52	209.26	0.3358	0.6765
112	4.1155	0.001792	0.00179	175.98	175.98	183.35	0	183.35	0.5687	0.5687

표 4-2 R-12의 과열증기표

T [°C]	v [m³/kg]	h [kJ/kg]	s [kJ/kg · K]	v [m³/kg]	h [kJ/kg]	s [kJ/kg · K]	v [m³/kg]	h [kJ/kg]	s [kJ/kg · K]
	0.05 MPa			0.10 MPa			0.15 MPa		
−20.0	0.341857	181.042	0.7912	0.167701	179.861	0.7401			
−10.0	0.356227	186.757	0.8133	0.175222	185.707	0.7628	0.114716	184.619	0.7318
0.0	0.370508	192.567	0.8350	0.182647	191.628	0.7849	0.119866	190.660	0.7543
10.0	0.384716	198.471	0.8562	0.189994	197.628	0.8064	0.124932	196.762	0.7763
20.0	0.398863	204.469	0.8770	0.197277	203.707	0.8275	0.129930	202.927	0.7977
30.0	0.412959	210.557	0.8974	0.204506	209.866	0.8482	0.134873	209.160	0.8186
40.0	0.427012	216.733	0.9175	0.211691	216.104	0.8684	0.139768	215.463	0.8390
50.0	0.441030	222.997	0.9372	0.218839	222.421	0.8883	0.144625	221.835	0.8591
60.0	0.455017	229.344	0.9565	0.225955	228.815	0.9078	0.149450	228.277	0.8787
70.0	0.468978	235.774	0.9755	0.233044	235.285	0.9269	0.154247	234.789	0.8980
80.0	0.482917	242.282	0.9942	0.240111	241.829	0.9457	0.159020	241.371	0.9169
90.0	0.496838	248.868	1.0126	0.247159	248.446	0.9642	0.163774	248.020	0.9354
	0.02 MPa			0.25 MPa			0.30 MPa		
0.0	0.088608	189.669	0.7320	0.069752	188.644	0.7139	0.057150	187.583	0.6984
10.0	0.092550	195.878	0.7543	0.073024	194.969	0.7366	0.059984	194.034	0.7216
20.0	0.096418	202.135	0.7760	0.076218	201.322	0.7587	0.062734	200.490	0.7440
30.0	0.100228	208.446	0.7972	0.079350	207.715	0.7801	0.065418	206.969	0.7658
40.0	0.103989	214.814	0.8178	0.082431	214.153	0.8010	0.068049	213.480	0.7869
50.0	0.107710	221.243	0.8381	0.085470	220.642	0.8214	0.070635	220.030	0.8075
60.0	0.111397	227.735	0.8578	0.088474	227.185	0.8413	0.073185	226.627	0.8276
70.0	0.115055	234.291	0.8772	0.091449	233.785	0.8608	0.075705	233.273	0.8473
80.0	0.118690	240.910	0.8962	0.094398	240.443	0.8800	0.078200	239.971	0.8665
90.0	0.122304	247.593	0.9149	0.097327	247.160	0.8987	0.080673	246.723	0.8852
100.0	0.125901	254.339	0.9332	0.100238	253.936	0.9171	0.083 127	253.530	0.9038

표 4-2 (계속)

T	*v*	*h*	*s*	*v*	*h*	*s*	*v*	*h*	*s*
110.0	**0.129483**	**261.147**	**0.9512**	**0.103134**	**260.770**	**0.9352**	**0.085566**	**260.391**	**0.9220**
	0.40 MPa			**0.50 MPa**			**0.60 MPa**		
20.0	0.045836	198.762	0.7199	0.035646	196.935	0.6999			
30.0	0.047971	205.428	0.7423	0.037464	203.814	0.7230	0.030422	202.116	0.7063
40.0	0.050046	212.095	0.7639	0.039214	210.656	0.7452	0.031966	209.154	0.7291
50.0	0.052072	218.779	0.7849	0.040911	217.484	0.7667	0.033450	216.141	0.7511
60.0	0.054059	225.488	0.8054	0.042565	224.315	0.7875	0.034887	223.104	0.7723
70.0	0.056014	232.230	0.8253	0.044184	231.161	0.8077	0.036285	230.062	0.7929
80.0	0.057941	239.012	0.8448	0.045774	238.031	0.8275	0.037653	237.027	0.8129
90.0	0.059846	245.837	0.8638	0.047340	244.932	0.8467	0.038995	244.009	0.8324
100.0	0.061731	252.707	0.8825	0.048886	251.869	0.8656	0.040316	251.016	0.8514
110.0	0.063600	259.624	0.9008	0.050415	258.845	0.8840	0.041619	258.053	0.8700
120.0	0.065455	266.590	0.9187	0.051929	265.862	0.9021	0.042907	265.124	0.8882
130.0	0.067298	273.605	0.9364	0.053430	272.923	0.9198	0.044181	272.231	0.9061
	0.70 MPa			**0.80 MPa**			**0.90 MPa**		
40.0	0.026761	207.580	0.7148	0.022830	205.924	0.7016	0.019744	204.170	0.6980
50.0	0.028100	214.745	0.7373	0.024068	213.290	0.7248	0.020912	211.765	0.7131
60.0	0.029387	221.854	0.7590	0.025247	220.558	0.7469	0.022012	219.212	0.7358
70.0	0.030632	228.931	0.7799	0.026380	227.766	0.7682	0.023062	226.564	0.7575
80.0	0.031843	235.997	0.8002	0.027447	234.941	0.7888	0.024072	233.856	0.7785
90.0	0.033027	243.066	0.8199	0.028545	242.101	0.8088	0.025051	241.113	0.7987
100.0	0.034189	250.146	0.8392	0.029588	249.260	0.8283	0.026005	248.355	0.8184
110.0	0.035332	257.247	0.8579	0.030612	256.428	0.8472	0.026937	255.593	0.8376
120.0	0.036458	264.374	0.8763	0.031619	263.613	0.8657	0.027851	262.839	0.8562
130.0	0.037572	271.531	0.8943	0.032612	270.820	0.8838	0.028751	270.100	0.8745
140.0	0.038673	278.720	0.9119	0.033592	278.055	0.9016	0.029639	277.381	0.8923
150.0	0.039764	285.946	0.9292	0.034563	285.320	0.9189	0.030515	284.687	0.9098

표 4-2 (계속)

T	*v*	*h*	*s*	*v*	*h*	*s*	*v*	*h*	*s*
	1.00 MPa			1.20 MPa			1.40 MPa		
50.0	0.018366	210.162	0.7021	0.014483	206.661	0.6812			
60.0	0.019410	217.810	0.7254	0.015463	214.805	0.7060	0.012579	211.457	0.6876
70.0	0.020397	225.319	0.7476	0.016368	222.687	0.7293	0.013448	219.822	0.7123
80.0	0.021341	232.739	0.7689	0.017221	230.398	0.7514	0.014247	227.891	0.7355
90.0	0.022251	240.101	0.7895	0.018032	237.995	0.7727	0.014997	235.766	0.7575
100.0	0.023133	247.430	0.8094	0.018812	245.518	0.7931	0.015710	243.512	0.7785
110.0	0.023993	254.743	0.8287	0.019567	252.993	0.8129	0.016393	251.170	0.7988
120.0	0.024835	262.053	0.8475	0.020301	260.441	0.8320	0.017053	258.770	0.8183
130.0	0.025661	269.369	0.8659	0.021018	267.875	0.8507	0.017695	266.334	0.8373
140.0	0.026474	276.699	0.8839	0.021721	275.307	0.8689	0.018321	273.877	0.8558
150.0	0.027275	284.047	0.9015	0.022412	282.745	0.8867	0.018934	281.411	0.8738
160.0	0.028068	291.419	0.9187	0.023093	290.195	0.9041	0.019535	288.946	0.8914
	1.60 MPa			1.80 MPa			2.00 MPa		
70.0	0.011208	216.650	0.6959	0.009406	213.049	0.6794			
80.0	0.011984	225.177	0.7204	0.010187	222.198	0.7057	0.008704	218.859	0.6909
90.0	0.012698	233.390	0.7433	0.010884	230.835	0.7298	0.009406	228.056	0.7166
100.0	0.013366	241.397	0.7651	0.011526	239.155	0.7524	0.010035	236.760	0.7402
110.0	0.014000	249.264	0.7859	0.012126	247.264	0.7739	0.010615	245.154	0.7624
120.0	0.014608	257.035	0.8059	0.012697	255.228	0.7944	0.011159	253.341	0.7835
130.0	0.015195	264.742	0.8253	0.013244	263.094	0.8141	0.011676	261.384	0.8037
140.0	0.015765	272.406	0.8440	0.013772	270.891	0.8332	0.012172	269.327	0.8232
150.0	0.016320	280.044	0.8623	0.014284	278.642	0.8518	0.012651	277.201	0.8420
160.0	0.016864	287.669	0.8801	0.014784	286.364	0.8698	0.013116	285.027	0.8603
170.0	0.017398	295.290	0.8975	0.015272	294.069	0.8874	0.013570	292.822	0.8781
180.0	0.017923	302.914	0.9145	0.015752	301.767	0.9046	0.014013	300.598	0.8955

표 4-2 (계속)

T	v	h	s	v	h	s	v	h	s
		2.50 MPa			3.00 MPa			3.50 MPa	
90.0	0.006595	219.562	0.6823						
100.0	0.007264	229.852	0.7103	0.005231	220.529	0.6770			
110.0	0.007837	239.271	0.7352	0.005886	232.068	0.7075	0.004324	222.121	0.6750
120.0	0.008351	248.192	0.7582	0.006419	242.208	0.7336	0.004959	234.875	0.7078
130.0	0.008827	256.794	0.7798	0.006887	251.632	0.7573	0.005456	245.661	0.7349
140.0	0.009273	265.180	0.8003	0.007313	260.620	0.7793	0.005884	255.524	0.7591
150.0	0.009697	273.414	0.8200	0.007709	269.319	0.8001	0.006270	264.846	0.7844
160.0	0.010104	281.540	0.8390	0.008083	277.817	0.8200	0.006626	273.817	0.8023
170.0	0.010497	289.589	0.8574	0.008439	286.171	0.8391	0.006961	282.545	0.8222
180.0	0.010879	297.583	0.8752	0.008782	294.422	0.8575	0.007279	291.100	0.8413
190.0	0.011250	305.540	0.8926	0.009114	302.597	0.8753	0.007584	299.528	0.8597
200.0	0.011614	313.472	0.9095	0.009436	310.718	0.8927	0.007878	307.864	0.8775

T	v	h	s
		4.00 MPa	
120.0	0.003736	224.863	0.6771
130.0	0.004325	238.443	0.7111
140.0	0.004781	249.703	0.7386
150.0	0.005172	259.904	0.7630
160.0	0.005522	269.492	0.7854
170.0	0.005845	278.684	0.8063
180.0	0.006147	287.602	0.8262
190.0	0.006434	296.326	0.8453
200.0	0.006708	304.906	0.8636
210.0	0.006972	313.380	0.8813
220.0	0.007228	321.774	0.8985
230.0	0.007477	330.108	0.9152

찾아보기

영문

국문

ㄱ

ㄴ

ㄷ

ㅁ

ㅈ

ㅊ

ㅋ

ㅌ

ㅍ

ㅎ

참고문헌

- 열역학의 이해, 사이텍미디어, 윤도영외 공역(O. Levenspiel 원저)
- 공업열역학, 범한서적, 김광선외 공역(M. J. Moron, H. N. Shapiro 원저)
- 열역학, 교보문고, 최병륜외 공역(W. Z. Black, J. G. Hartley 원저)
- 공업열역학, 희중당, 노승탁 역(J. R. Howell, R. O. Buckius 원저)
- 공업열역학, 청문각, 엄기찬, 양한주 저
- 열역학 입문, 문운당, 김찬중 저
- 최신 공업열역학, 문운당, 노승탁 저
- 공업열역학, 문운당, 전흥신외 공저
- 공업열역학, 사이텍미디어, 문종훈외 공역(Keith Sherwin 원저)
- 국제단위계, 제7개정판, 한국표준과학연구원
- Fundamentals of classical thermodynamics, Wiley, G. J. Van Wylen, R. E. Sonntag
- Handbook of heat transfer fundamentals, Rohsenow Hartnett Ganic

공업열역학

초판 1쇄발행	2005년 8월 15일
초판 3쇄발행	2014년 2월 28일
저자	박광서, 오태균
발행인	김호석
발행처	도서출판 대가
주소	경기도 고양시 일산동구 장항동 892 유국타워 1014호
전화	(02) 305-0210, 306-0210
팩스	(031) 905-0221
E-mail	dga1023@hanmail.net
Homepage	www.bookdaega.com
등록	제 311-47호
값	17,000원

ISBN 978-89-90999-23-8 93550